"十三五"职业教育系列教材

机械制图
（第二版）

JIXIE ZHITU

主　编　卢　杉　史文涛
副主编　袁训东　郑喜平　关洪涛
编　写　刘长喜　原新来　王翠芳　孙　备
主　审　焦　锋

内 容 提 要

本书采用我国最新颁布的《技术制图》《机械制图》国家标准，适用性较强。主要内容包括：制图的基本知识和技能，正投影法与三视图，物体上点、线和面的投影，基本体的三视图，组合体的视图与尺寸注法，轴测图，机件常用的表达方法，标准件和常用件，零件图，装配图，零部件测绘。课程教学学时建议安排 60～90 学时。本书可单独使用，也可与卢杉编写的《机械制图习题集（第二版）》配套使用。本书提供电子课件。

本书可作为高职高专院校机械类、近机类各专业机械制图课程的教材，也可供其他专业师生和工程技术人员参考。

图书在版编目（CIP）数据

机械制图 / 卢杉，史文涛主编 . —2 版 . —北京：中国电力出版社，2017.5（2023.9 重印）
"十三五"职业教育规划教材
ISBN 978-7-5198-0719-1

Ⅰ．①机… Ⅱ．①卢…②史… Ⅲ．①机械制图-高等职业教育-教材 Ⅳ．① TH126

中国版本图书馆 CIP 数据核字（2017）第 094244 号

出版发行：中国电力出版社
地　　址：北京市东城区北京站西街 19 号（邮政编码 100005）
网　　址：http://www.cepp.sgcc.com.cn
责任编辑：周巧玲（010-63412539）
责任校对：郝军燕
装帧设计：赵姗姗
责任印制：吴　迪

印　　刷：三河市航远印刷有限公司
版　　次：2013 年 6 月第一版　2017 年 5 月第二版
印　　次：2023 年 9 月北京第五次印刷
开　　本：787 毫米 ×1092 毫米　16 开本
印　　张：16.75
字　　数：409 千字
定　　价：50.00 元

版权专有　侵权必究

本书如有印装质量问题，我社营销中心负责退换

前　言

　　机械制图是高职院校机械类或近机械类专业的一门实践性很强的重要的技术基础课。编者以高等职业教育制图课程基本要求（机械类专业）为指导思想，以适应高等职业教育的发展为目标，根据高职高专人才培养方案、课程体系、课程标准等相关改革的教学要求，结合多年来制图教学改革实践经验，以培养学生绘图能力和读图能力为主线，以"必需、够用"为度，编写了本书及配套的习题集。

　　本书文字简练、通俗易懂、便于自学。书中的作图步骤多以分步叙述的形式出现，便于阅读掌握；采用表格式的图例，配以扼要的文字说明，便于图文对照；附表穿插在有关章节中，便于学生参考查阅。本书采用我国最新颁布的《技术制图》《机械制图》国家标准，适用性较强。

　　本书主要内容包括：制图的基本知识和技能，正投影法与三视图，物体上点、线和面的投影，基本体的三视图，组合体的视图与尺寸注法，轴测图，机件常用的表达方法，标准件和常用件，零件图，装配图，零部件测绘。作为高职高专院校机械类或近机械类专业教材，本书既适用于高职院校教学要求，又能满足广大工程技术人员的自学需要。课程教学学时建议安排60～90学时。

　　本书的编写团队由具有丰富教学经验的高职院校教师和具有丰富工程经验的企业技术人员组成。本书由焦作大学卢杉、焦作制动器集团有限公司史文涛任主编，山东科技职业学院袁训东、郑州精益达汽车零部件有限公司郑喜平、河南中轴股份有限公司关洪涛任副主编，黑龙江工程学院刘长喜、河南中轴中汇汽车零部件有限公司原新来、焦作大学王翠芳和孙备参编。具体编写分工如下：王翠芳（第1章）、袁训东（第2、4章）、孙备（第3章）、郑喜平（第5、6章）、关洪涛（第7章）、刘长喜（第8、10章）、史文涛（第9章）、原新来（第11章）、卢杉（附录）。

　　本书由河南理工大学焦锋主审，并提出了宝贵的意见和建议，在此表示感谢。

　　由于编者水平所限，本书难免有所疏漏，恳请广大读者批评指正。

编　者

2017.4

目　　录

前言

1 制图的基本知识和技能 ·· 1
　　1.1 国家标准《技术制图》与《机械制图》的基本规定 ······························· 1
　　1.2 绘图工具和仪器及其使用方法 ··· 9
　　1.3 几何绘图 ·· 11
　　1.4 平面图形的画法 ·· 14
　　1.5 徒手绘图 ·· 19
2 正投影法与三视图 ··· 21
　　2.1 正投影法及三视图的形成 ·· 21
　　2.2 物体的三视图 ·· 23
3 物体上点、线和面的投影 ·· 28
　　3.1 物体上点的投影 ·· 28
　　3.2 物体上直线的投影 ·· 33
　　3.3 物体上平面的投影 ·· 42
4 基本体的三视图 ··· 49
　　4.1 平面几何体及其表面上点、线的投影 ·· 50
　　4.2 曲面几何体及其表面上点、线的投影 ·· 55
　　4.3 截交线 ·· 60
　　4.4 相贯线 ·· 70
　　4.5 立体的尺寸注法 ·· 78
5 组合体的视图与尺寸注法 ·· 80
　　5.1 绘制组合体的视图 ·· 80
　　5.2 识读组合体的视图 ·· 86
　　5.3 组合体的尺寸注法 ·· 94
6 轴测图 ·· 100
　　6.1 轴测图的基本知识 ·· 100
　　6.2 正等轴测图 ·· 101
　　6.3 斜二等轴测图 ·· 107
7 机件常用的表达方法 ·· 111
　　7.1 视图 ·· 111
　　7.2 剖视图 ·· 115
　　7.3 断面图 ·· 129
　　7.4 其他表达方法 ·· 133

  7.5 表达方法综合应用举例 ································· 139
  7.6 第三角画法 ··· 143
8 标准件和常用件 ··· 146
  8.1 螺纹 ·· 146
  8.2 螺纹连接件 ··· 153
  8.3 齿轮 ·· 157
  8.4 键连接和销连接 ······································ 161
  8.5 滚动轴承 ··· 164
  8.6 弹簧 ·· 167
9 零件图 ·· 171
  9.1 零件图的作用和内容 ································ 171
  9.2 零件图的视图选择和表达方案 ·················· 172
  9.3 零件的结构工艺 ······································ 176
  9.4 零件图尺寸标注 ······································ 180
  9.5 零件图技术要求 ······································ 184
  9.6 典型零件图 ··· 198
  9.7 零件图的绘制与识读 ································ 206
10 装配图 ··· 212
  10.1 装配图的内容 ·· 212
  10.2 装配图的表达方案 ································· 215
  10.3 装配图的视图选择 ································· 218
  10.4 装配图的尺寸标注、零件序号和明细表 ··· 219
  10.5 装配结构的合理性 ································· 221
  10.6 绘制装配图的方法和步骤 ························ 224
  10.7 识读装配图和由装配图拆画零件图 ·········· 229
11 零部件测绘 ·· 234
  11.1 部件测绘 ·· 234
  11.2 零件测绘 ·· 240
  11.3 零件尺寸的测量 ····································· 244
  11.4 测绘项目指导书 ····································· 247
附录 ··· 250
参考文献 ·· 261

1 制图的基本知识和技能

1.1 国家标准《技术制图》与《机械制图》的基本规定

图样是工程上用以表达设计意图和交流技术思想的重要工具,是现代工业生产中必不可少的技术资料。为了适应现代化生产、管理的需要和便于技术交流,它的格式、内容、画法等都应当有统一的规定,这个统一的规定就是国家标准《技术制图》与《机械制图》。

国家标准(简称"国标")代号为 GB,它是由"国标"两个字的汉语拼音字母的第一个字母 G 和 B 组成的。例如 GB/T 14689—2008,后面的两组数字分别表示标准的序号和标准颁布的年份;国家标准分为强制性的国家标注和推荐性的国家标注,T 表示推荐性的国家标准。

图样在国际上也有统一的标准,即 ISO 标准(international standardization organization),这个标准是由国际标准化组织制定的。我国从 1978 年加入国际标准化组织后,国家标准的许多内容已经与 ISO 标准相同了。

本节介绍国家标准《技术制图》与《机械制图》中有关图纸幅面及格式、比例、字体、图线、尺寸注法等规定的内容。

1.1.1 图纸幅面和格式(GB/T 14689—2008)

为了统一图纸幅面,便于装订和管理,并符合缩微复制原件的要求,绘制技术图样应按以下规定选用幅面和格式。

1. 图纸幅面和尺寸代号

(1)图纸幅面是指由图纸宽度(B)与长度(L)组成的图面。标准图幅大小有 5 种,代号为 A0~A4。绘制图样时应优先采用表 1-1 中规定的图纸图幅。

表 1-1　　　　　　　　图纸基本幅面代号及尺寸　　　　　　　　(mm)

幅面代号	$B×L$	a	c	e
A0	841×1189	25	10	20
A1	594×841	25	10	20
A2	420×594	25	10	10
A3	297×420	25	5	10
A4	210×297	25	5	10

注　A0(全开)面积 $1m^2$,A1 幅面为 A0 面积的一半,A2 幅面为 A1 的一半,依此类推。

(2)必要时允许选用加长基本幅面,其尺寸必须由基本幅面短边按整数倍增加后得出(见图 1-1)。例如,A3 幅面要加长至 3 倍,则长边 420 不变,短边为 297×3=891,因此其幅面尺寸为 420mm×891mm。

2. 图框格式

(1)在图纸上必须用粗实线画出图框和标题栏的框线,图框格式有不留装订边和留有装订边两种,但同一产品的图样只能采用一种格式。

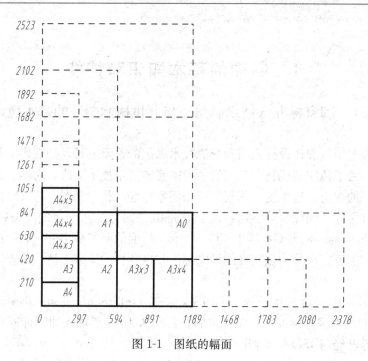

图 1-1 图纸的幅面

（2）不留装订边的图纸，其图框格式如图 1-2 和图 1-3 所示，尺寸规定参见表 1-1。

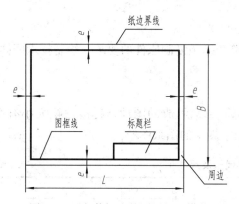

图 1-2 不留装订边的图纸幅面横装

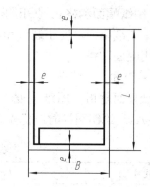

图 1-3 不留装订边的图纸幅面竖装

（3）留有装订边的图纸。其图框格式如图 1-4 和图 1-5 所示，尺寸规定参见表 1-1。

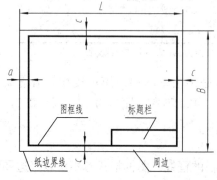

图 1-4 留装订边的图纸幅面横装

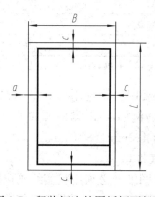

图 1-5 留装订边的图纸幅面竖装

3. 标题栏（GB/T 10609.1—2008）及其方位

按 GB/T 10609.1—2008 的规定，标题栏一般由更改区、签字区、其他区和名称及代号区组成，也可按实际需要增加或减少。看图的方向与看标题栏的方向一致，即标题栏中的文字方向为看图方向。

图 1-6 所示为教学用标题栏。标题栏的位置应位于图纸的右下角。

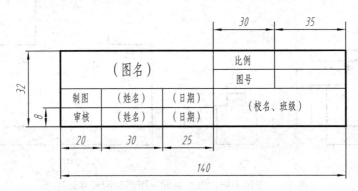

图 1-6　教学用标题栏

1.1.2　比例

1. 定义

图样中机件要素的线性尺寸与实际机件相应要素的线性尺寸之比称为比例。必须注意，角度尺寸与比例无关，即不论用何种比例绘图，角度均按实际大小绘制。GB/T 14690—1993《技术制图　比例》对比例的选用作了明确规定。绘图时，首先应由表 1-2 的系列中选取适当的比例，必要时，也允许选取表 1-3 中的比例。

表 1-2　　　　　　　　　　标准比例系列

与实物相同	1∶1				
缩小比例	1∶1.5 1∶10^n	1∶2 1∶1.5×10^n	1∶2.5 1∶2×10^n	1∶3 1∶2.5×10^n	1∶4 1∶5×10^n
放大比例	2∶1	2.5∶1	4∶1	5∶1	(10×n)∶1

注　n 为正常数。

表 1-3　　　　　　　　　　比例系列

种　类	比　　例				
放大比例	4∶1 4×10^n∶1	2.5∶1 2.5×10^n∶1			
缩小比例	1∶1.5 1∶1.5×10^n	1∶2.5 1∶2.5×10^n	1∶3 1∶3×10^n	1∶4 1∶4×10^n	1∶6 1∶6×10^n

注　n 为正整数。

2. 选用方法

绘制同一机件的各个视图一般应采取相同的比例。并在标题栏的比例栏中填写，如 1∶1、1∶2、2∶1 等。当某个视图需用不同比例，如机件的某一细节需局部放大时，则必须在该放大图样旁另行标注。

为了从图样上直接反映出实物的大小，绘图时应尽量采用原值比例。若机件太大或太小，可采用缩小或放大比例，但不论采用何种比例，图上所注的尺寸数值均应为机件的实际尺寸，如图1-7所示。

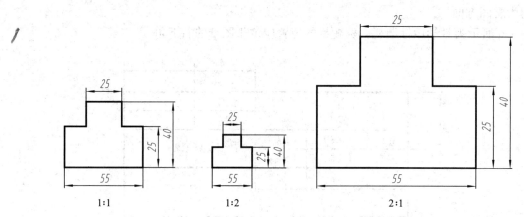

图1-7 采用不同比例绘制同一图形时的尺寸标注

1.1.3 字体（GB/T 14691—1993）

字体指的是图中文字、字母、数字的书写形式。GB/T 14691—1993《技术制图 字体》规定了对字体的要求。

1. 汉字

图样只需要用数字和文字来说明机件的大小和技术要求。国家标准规定书写的字体必须字体端正、笔画清楚、排列整齐、间隔均匀。汉字应写成长仿宋体，并采用国家正式公布推行的《汉字简化方案》中规定的简化字。长仿宋字的书写要领是：横平竖直，注意起落，结构匀称，填满方格。

长仿宋体的书写示例如下：

机械图样中的汉字数字各种字母必须写
得字体端正笔画清楚排列整齐间隔均匀

字体的号数即字体的高度（用 h 表示）必须规范，其公称尺寸系列为1.8、2.5、3.5、5、7、10、14、20mm。汉字的高度 h 不应小于3.5mm，其字宽一般为 $h/\sqrt{2}$。

2. 数字

数字有阿拉伯数字和罗马数字两种，均有正体和斜体之分。常用的是斜体字，其字头向右倾斜，与水平方向约呈75°，书写示例如下：

0123456789

阿拉伯数字示例（斜体）

I II III IV V VI VII VIII

罗马数字示例（斜体）

3. 字母

字母有拉丁字母和希腊字母两种，常用的是拉丁字母，我国的汉语拼音字母与它的写法一样，每种均有大写和小写、正体和斜体之分。写斜体字时，通常字头向右倾斜与水平线约呈 75°。拉丁字母与希腊字母的书写示例如下：

ABCDEFGHIJKLMN

拉丁字母示例（斜体）

$\alpha \beta \gamma \delta \varepsilon \zeta \eta \Theta \iota \kappa \lambda \mu \nu \xi$

希腊字母示例（斜体）

4. 应用示例

用作指数、分数、极限偏差、注脚等的数字及字母一般采用小一号的字体。字体的应用示例如下：

$10^3 \quad S^{-1} \quad D_1 \quad T_d \quad \varnothing 20^{+0.010}_{-0.023} \quad 7°^{+1°}_{-2°} \quad \frac{3}{5}$

1.1.4 图线（GB/T 4457.4—2002）

1. 图线的线型及应用

绘图时应采用国家标准规定的图线。

国家标准《技术制图》中规定了 15 种基本图线，常用图线的线型、宽度和在图样上的一般应用见表 1-4，应用举例如图 1-8 所示。

表 1-4 图线的线型及应用

图线名称	图线型式	代号	图线宽度（mm）	图线应用举例（见图 1-8）
细实线	———————	01.1	约 $d/2$	A1 为尺寸线和尺寸界线；A2 为剖面线；A3 为重合断面的轮廓线
波浪线	～～～	01.1	约 $d/2$	B1 为断裂处的边界线；B2 为视图与视图的分界线
双折线	—／\—／\—	01.1	约 $d/2$	C1 为断裂处的边界线
粗实线	———————	01.2	$d=0.13\sim2$	D1 为可见轮廓线；D2 为相贯线；D3 为剖切符号用线等
细虚线	－ － － －	02.1	约 $d/2$	E1 为不可见轮廓线
粗虚线	━ ━ ━ ━	02.2	d	允许表面处理的表示线
细点画线	—·—·—	04.1	约 $d/2$	F1 为轴线；F2 为对称中心线；F3 为剖切线等
粗点画线	━·━·━	04.2	d	限定范围表示线
细双点画线	—··—··—	05.1	约 $d/2$	J1 为相邻零件的轮廓线；J2 为极限位置的轮廓线等

注 1. 表中图线的应用，列举的只是常见例子。
 2. 代号中的前两位表示基本线型，最后一位表示线宽种类，其中，"1"表示细，"2"表示粗。

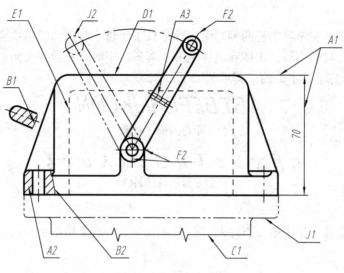

图 1-8　图线应用举例

在机械图样中，图线的宽度只有粗线和细线两种，其粗线的宽度为 d，细线的宽度为 $d/2$。在同一图样中，同类图线的宽度应一致。

各种图线的线型宽度 d，应按图样的大小和复杂程度在 0.18、0.25、0.35、0.5、0.7、1、1.4、2mm 中选择。

2. 图线的画法

在同一图样中，同类图线的宽度应一致。虚线、点画线、双点画线的线段长度和间隔应各自大致相等。画图时应注意图线相交、相接、相切处的规定画法，见表 1-5。

表 1-5　图线间的规定画法

图线间关系	图形示例	说　　明
虚线在粗实线延长线上		虚线为实线的延长线时，粗实线应画到分界点，留间隙后再画虚线
虚线与虚线、虚线与其他图线相交		虚线与虚线交接或虚线与其他图线交接时，应是线段交接
虚线相切		圆弧虚线与直虚线相切时，圆弧虚线应画至切点处，留空隙后再画直虚线
点画线与轮廓线相交		1. 点画线或双点画线的两端不应是点，点画线与点画线或其他图线交接时，应是线段交接 2. 点画线或双点画线，当在较小图形中绘制有困难时，可用细实线代替

1.1.5 尺寸注法（GB/T 4458.4—2003，GB/T 16675.2—2012）

尺寸是图样的重要内容之一，是制造机件的直接依据，是图样中指令性最强的部分。因此，在标注尺寸时，必须严格遵守国家标准的有关规定，做到"正确、完整、清晰、合理"，否则会引起读图混乱，甚至给生产带来损失。

1. 标注尺寸的基本规则

（1）机件的真实大小应以图样上所注的尺寸数值为依据，与图形的大小及绘图的准确度无关。

（2）图样中的尺寸以 mm（毫米）为单位时，不需标注计量单位的代号或名称。如果采用其他单位，则必须注明相应的计量单位。

（3）图样中所标注的尺寸，为该图样所示机件的最后完工尺寸，否则应另加说明。

（4）机件的每一尺寸，一般只标注一次，并应标注在反映该结构最清晰的图形上。

（5）标注尺寸时，应尽可能使用符号和缩写词。常用的符号和缩写词见表 1-6。

表 1-6　　常用的符号和缩写词

名词	直径	半径	球直径	球半径	厚度	正方形	45°倒角	深度	沉孔或锪平	埋头孔	均布
符号或缩写词	ϕ	R	$S\phi$	SR	t	□	C	↓	⌴	∨	EQS

2. 尺寸的组成

每个尺寸都是尺寸界线、尺寸线、尺寸线终端和尺寸数字组成的，如图 1-9 所示。

（1）尺寸界线。用细实线绘制，由图形的轮廓、轴线或对称中心线引出，也可以利用轮廓线、轴线或对称中心线作为尺寸界线，表示尺寸的范围。通常，尺寸界线应与尺寸线垂直，并超出尺寸线终端 3～5mm。必要时，允许尺寸界线与尺寸线倾斜，如图 1-10 所示。

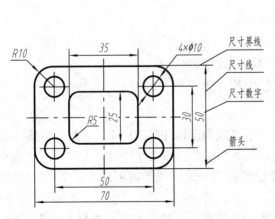

图 1-9　尺寸的基本要素及标注示例

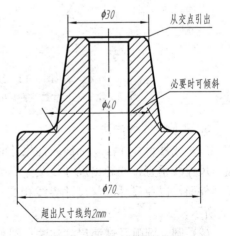

图 1-10　尺寸界线的画法

（2）尺寸线。尺寸线用来表示尺寸度量的方向，位于尺寸界线之间，用细实线绘制，尺寸线不能用其他图线代替，也不能与其他图线重合或画在其延长线上。

标注线性尺寸时，尺寸线必须与所标注的线段平行，尺寸线与轮廓线以及尺寸线之间的距离应大致相等，一般不宜小于 7mm。在标注相互平行的尺寸时，应使较小的尺寸靠近图

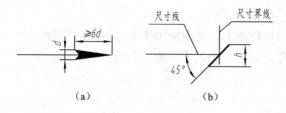

图 1-11 尺寸线终端的画法
(a) 箭头形式；(b) 斜线形式

形，较大的尺寸依次向外分布，如图 1-9 所示的尺寸 30 和 50、50 和 70。

（3）尺寸线终端。尺寸线终端有箭头和斜线两种形式，如图 1-11 所示。在同一张图样中应尽量采用同一种尺寸线终端形式。机械图样中一般采用箭头作为尺寸线的终端。

（4）尺寸数字。尺寸数字表示机件的实际大小。尺寸数字一般应注写在尺寸线的上方，也允许注写在尺寸线的中断处。尺寸数字的书写方法如下：水平方向尺寸数字，字头朝上，标注在尺寸线的上方；垂直方向尺寸数字，字头朝左，标注在尺寸线的左方；倾斜数字字头保持向上的趋势，如图 1-12（a）所示。应尽量避免在 30°范围内标注尺寸，当无法避免时，可参照如图 1-12（b）的形式标注。尺寸数字不允许被任何图线通过，当尺寸数字有必要注写在图线处时，应将该图线断开，如图 1-9 所示的线性尺寸 25。

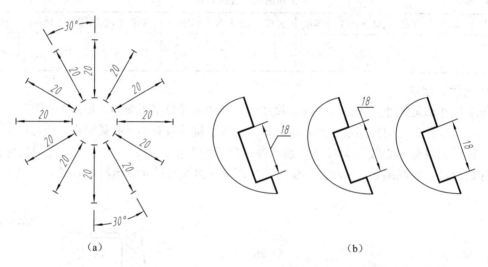

图 1-12 线性尺寸数字的注写方法
(a) 尺寸数字字头方向；(b) 30°范围内的尺寸注写形式

3. 常见尺寸的注法

（1）线性尺寸注法。标注线性尺寸时，尺寸线必须与所标注的线段平行，尺寸界线一般应与尺寸线垂直，并超出尺寸线 2~3mm。当有几条互相平行的尺寸线时，大尺寸应注在小尺寸外面，以免尺寸线与尺寸界线相交，尺寸线间及其与轮廓线距离不应小于 7mm，如图 1-9 所示。

（2）圆、圆弧及球面尺寸注法。圆须注出直径，且在尺寸数字前加注符号 ϕ；圆弧须注出半径，且在尺寸数字前加注符号 R；标注球面的直径或半径时，应在符号 ϕ 或 R 前加注符号 S，如图 1-13~图 1-15 所示。

（3）小尺寸和小圆弧尺寸注法。当标注的尺寸较小，没有足够的位置画箭头或写尺寸数字时，最外两端箭头可画在尺寸界线外面，中间可用斜线或小圆点代替箭头；尺寸数字也可写在尺寸界线外面或引出标注，如图 1-16 所示。

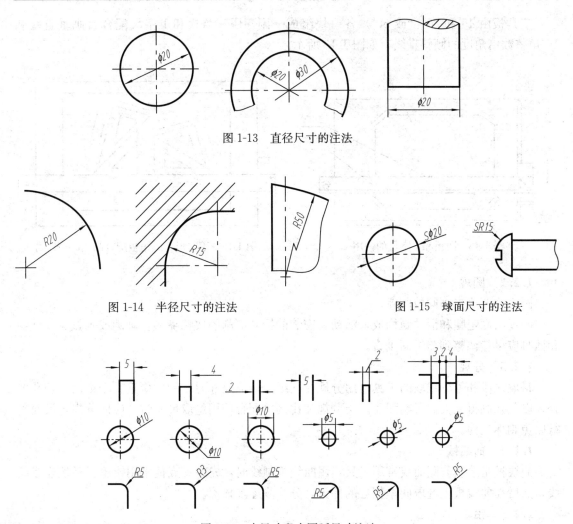

图 1-13 直径尺寸的注法

图 1-14 半径尺寸的注法

图 1-15 球面尺寸的注法

图 1-16 小尺寸和小圆弧尺寸注法

（4）角度尺寸注法。标注角度尺寸时，尺寸界线应沿径向引出。尺寸线是以角度顶点为圆心的圆弧。角度的数字一律写成水平方向，一般填写在尺寸线的中断处，必要时可以写在尺寸线的上方或外面，也可引出标注，如图1-17所示。

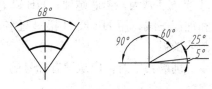

图 1-17 角度尺寸注法

1.2 绘图工具和仪器及其使用方法

1.2.1 图板、丁字尺、三角板

图板是画图时铺放图纸的垫板。要求侧面平直，板面平坦光滑。图板的左侧边为导边。绘图时用胶纸将图纸固定在图板上，如图1-18所示。

丁字尺主要用于画水平线。画线时，尺头内侧必须靠紧图板导边，用左手推动丁字尺上下移动，铅笔沿尺边画直线时，应使笔尖贴紧尺边，笔杆稍向外倾斜。

三角板由 45°和 30°（或 60°）各一块组成一副。用三角板和丁字尺配合可画垂直线和 15°角整数倍角度的倾斜直线，如图 1-19 所示。

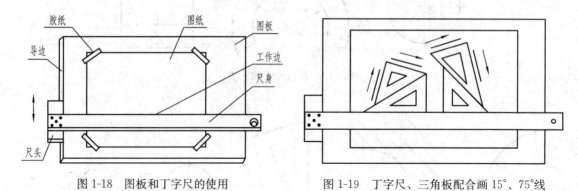

图 1-18　图板和丁字尺的使用　　　　图 1-19　丁字尺、三角板配合画 15°、75°线

1.2.2　圆规

圆规主要用来画圆或圆弧。

圆规由固定腿和活动腿构成，活动腿安装的铅芯应削磨成鸭嘴形，画圆或圆弧时，针尖和插脚应尽量调整到与纸面垂直。

1.2.3　分规

量取线段和等分线段的工具。用分规在图纸上量取尺寸时，针尖应垂直于纸面，刺孔要轻，以免孔刺得太大而影响图面。当分规和比例尺配合使用量取尺寸时，应使分规与尺面平行以免刺坏尺面。

1.2.4　曲线板

曲线板是绘制非圆曲线常用工具，用曲线板画线时，先将各点徒手用铅笔轻轻地连成曲线，然后在曲线板上选取曲率相近的部分，分几段逐段描深。

1.2.5　铅笔

绘图铅笔的铅芯软硬程度用 B 或 H 及其前面的数字表示，B 前数字越大，铅芯越软；H 前数字越大，铅芯越硬；HB 铅笔软硬适中。绘制机械图样时，常用 H 或 2H 铅笔画底稿和加深细线；用 HB 或 H 铅笔写字；用 B 或 HB 铅笔画粗线；用 B 或 2B 铅芯作圆规铅芯画圆或圆弧。

削磨铅笔时，应从没有标号的一端开始，铅芯以露出 6～8mm 为宜，如图 1-20 所示。

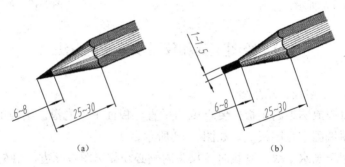

图 1-20　铅笔的削磨

画线时，应保证铅笔在与纸面垂直的平面上，且与画线方向倾斜约 70°。

1.3 几 何 绘 图

机械图样的图形都是由平面几何图形所构成，掌握常见几何作图方法是绘制机械图样的基础。常见几何作图方法见表 1-7。

表 1-7　　常见几何作图方法

<table>
<tr><th colspan="2">内　容</th><th>作图方法与图示</th></tr>
<tr><td rowspan="3">等分圆周及作正多边形</td><td>过定点 K 作直线 AB 的平行线</td><td>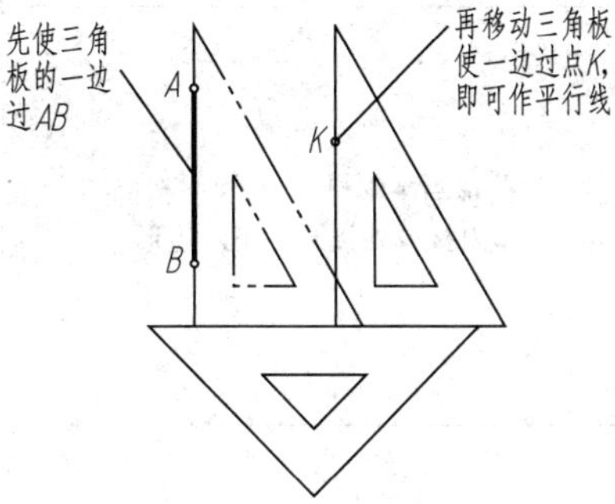
先使三角板的一边过AB
A
B
K
再移动三角板使一边过点K,即可作平行线</td></tr>
<tr><td>过定点 K 作已知直线 AB 的垂线</td><td>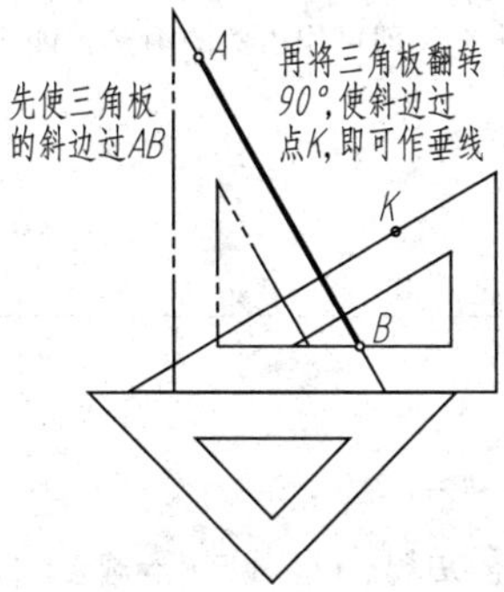
A
先使三角板的斜边过AB
再将三角板翻转90°,使斜边过点K,即可作垂线
K
B</td></tr>
<tr><td>三等分圆周和作等边三角形</td><td>先使 30°三角板的一直角边过直径 AB，用 45°三角板的一边作导边，过点 A 用三角板的斜边画直线交圆于 1 点，将 30°三角板反转 180°，过 A 用斜边画直线，交圆于 2 点，连接 1、2，则△A12 即为圆内接等边三角形
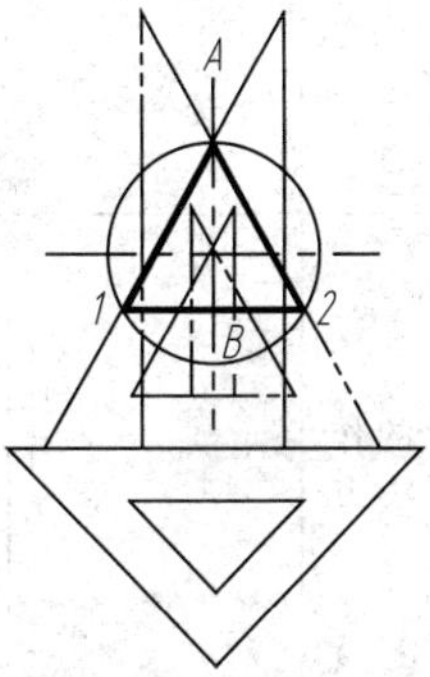
A
1
2
B</td></tr>
</table>

续表

内 容		作图方法与图示
等分圆周及作正多边形	六等分圆周和作正六边形	**圆规等分法** 以已知圆的直径的两端点 A、B 为圆心，以已知圆的半径 R 为半径画弧与圆周相交，即得等分点，依次连接，即得圆内接正六边形 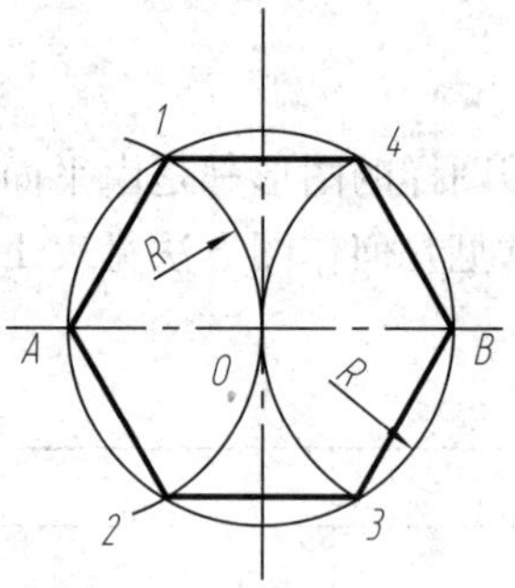
		30°-60°三角板与丁字尺（或45°三角的一边）相配合作内接或外接圆的正六边形 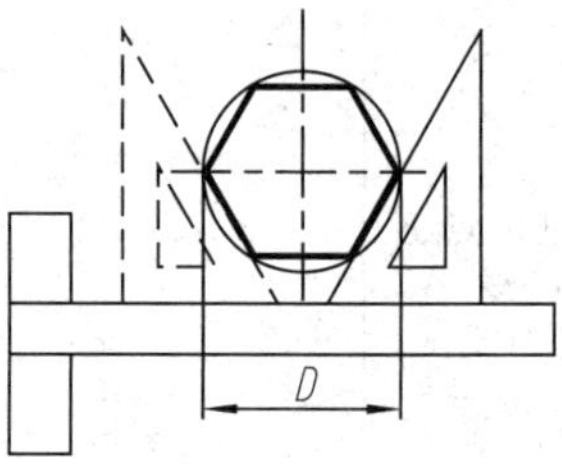
	四等分圆周和作正四边形	用45°三角板与丁字尺（或30°三角板的一边）相配合，即可作出圆的内接正四边形 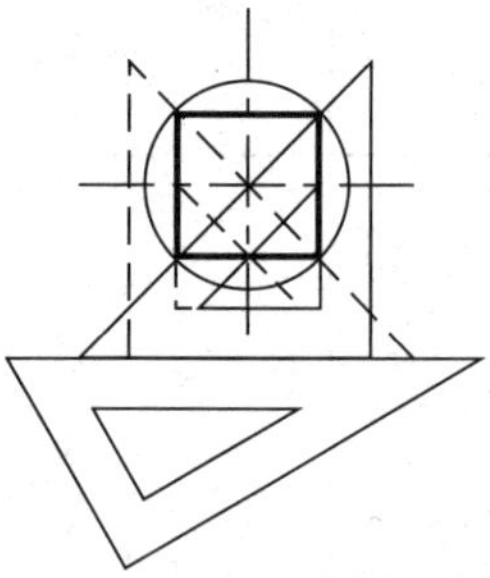
	五等圆周和作圆内接正五边形	平分半径 OB 得点 O_1，以 O_1 为圆心，以 O_1D 为半径画弧，交 OA 于 E，以 DE 为弦在圆周上依次截取即得圆内接正五边形 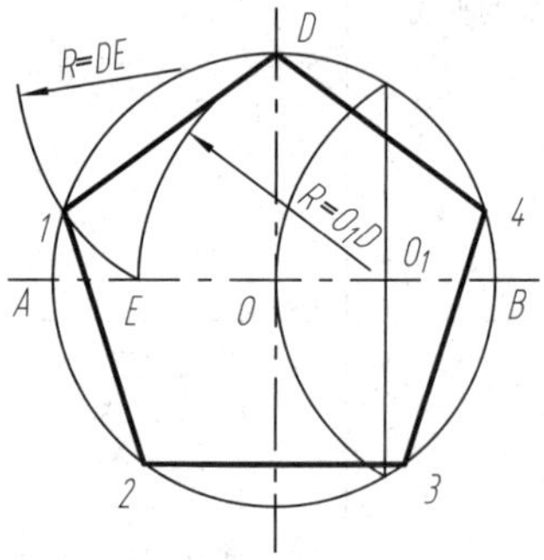
斜度与锥度	斜度的作法与标注方法	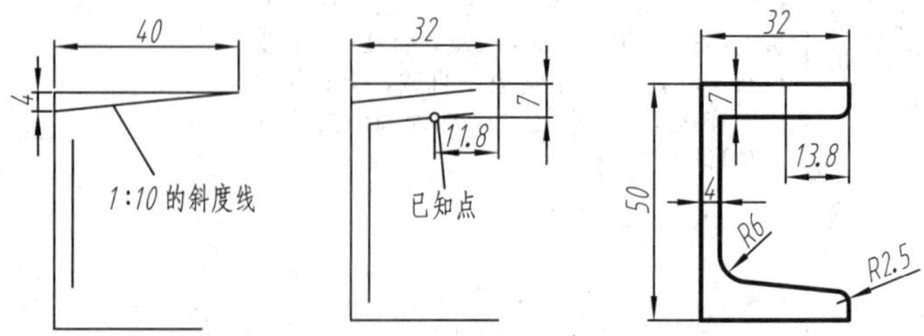

续表

内容		作图方法与图示
斜度与锥度	锥度的定义、作法与标注方法	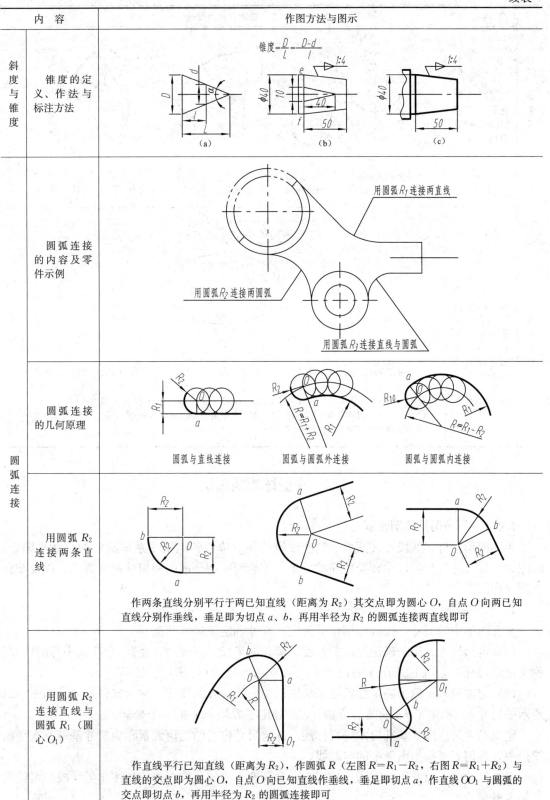
圆弧连接	圆弧连接的内容及零件示例	
	圆弧连接的几何原理	圆弧与直线连接　　圆弧与圆弧外连接　　圆弧与圆弧内连接
	用圆弧 R_2 连接两条直线	作两条直线分别平行于两已知直线（距离为 R_2）其交点即为圆心 O，自点 O 向两已知直线分别作垂线，垂足即为切点 a、b，再用半径为 R_2 的圆弧连接两直线即可
	用圆弧 R_2 连接直线与圆弧 R_1（圆心 O_1）	作直线平行已知直线（距离为 R_2），作圆弧 R（左图 $R=R_1-R_2$，右图 $R=R_1+R_2$）与直线的交点即为圆心 O，自点 O 向已知直线作垂线，垂足即切点 a，作直线 OO_1 与圆弧的交点即切点 b，再用半径为 R_2 的圆弧连接即可

续表

内容		作图方法与图示
圆弧连接	用圆弧 R_2 连接两圆弧（其加以分别为 O_a、O_b）	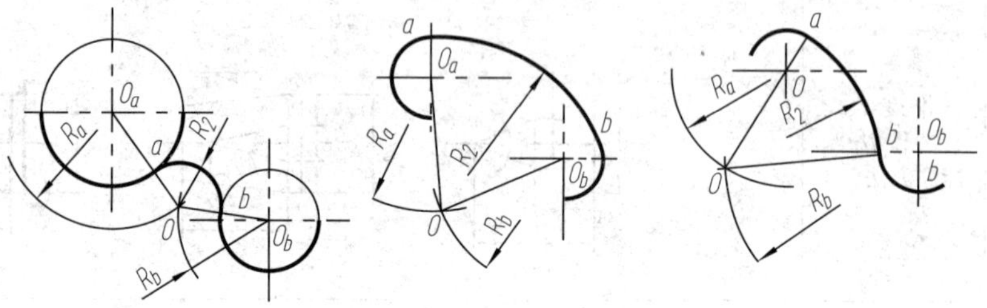 作圆弧 R_a 和 R_b（其大小由内切或外切确定），其交点即为圆弧 R 的圆心 O，作直线 OO_a、OO_b，它们与已知圆弧的交点即为切点 a、b，再用半径为 R_2 的圆弧连接即可
椭圆	一动点到两定点（焦点）的距离之和为一常数（等于长轴），该点的运动轨迹为椭圆	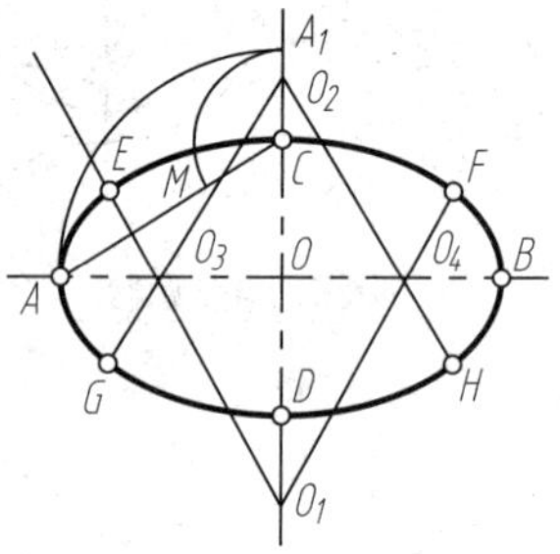 作图椭圆的长轴 AB 和短轴 CD，连 AC，取 $CM=OA-OC$；作 AM 的中垂线，使之与长、短轴分别交于 O_3、O_1 两点；作与 O_1、O_3 的对称点 O_2、O_4。连 O_1O_3、O_1O_4、O_2O_3、O_2O_4，分别以 O_1、O_2 为圆心、O_1C（或 O_2D）为半径，画弧交 O_2O_3、O_2O_4、O_1O_3、O_1O_4 的延长线于 G、H、E、F，再分别以 O_3、O_4 为圆心，O_3A（或 O_4B）为半径，画弧与前所画弧连接即得椭圆

1.4 平面图形的画法

1.4.1 平面图形作图步骤

平面图形由许多线段连接而成，这些线段的相对位置和连接关系靠给定的尺寸来确定。画图时，只有通过分析尺寸和线段间的关系，才能明确该平面图形应从何处着手，以及按什么顺序作图。

1. 尺寸分析

平面图形中的尺寸，按其作用可分为定形尺寸和定位尺寸两类。

（1）定形尺寸。用于确定线段的长度、圆弧的半径（或圆的直径）、角度大小等的尺寸，称为定形尺寸。如图 1-21 所示的尺寸 $\phi5$、$\phi20$、$R10$、$R15$、$R12$、15 等。

（2）定位尺寸。用于确定线段在平面图形中所处位置的尺寸，称为定位尺寸。如图 1-21 所示的尺寸 8，确定了 $\phi5$ 的圆心位置；$\phi30$ 确定了 $R50$ 圆心的一个坐标值。

定位尺寸须从尺寸基准出发进行标注。确定尺寸位置的几何元素称为尺寸基准。在平面图形中，几何元素则指图形中的点和线。

标注尺寸时，应首先确定图形长度方向和高度方向的基准，再依次注出各线段的定位尺寸和定形尺寸。

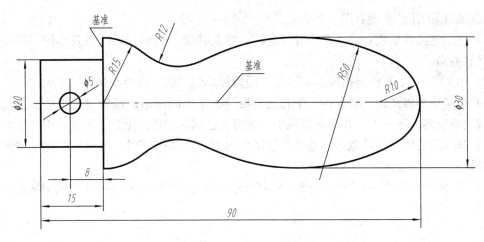

图 1-21 手柄平面图

2. 线段分析

平面图形中的线段（直线或圆弧），根据其定位尺寸的完整与否，可分为三类（因为直线连接的作图比较简单，所以这里只讲述圆弧连接的作图问题）。一般圆弧半径属定形尺寸，通常是已知的，所以给圆弧分类，主要是看其圆心的定位尺寸是否完整。

(1) 已知圆弧：圆心具有两个定位尺寸的圆弧，如图 1-21 所示的 $R15$ 和 $R10$。

(2) 中间圆弧：圆心具有一个定位尺寸的圆弧，如图 1-21 所示的 $R50$。

(3) 连接圆弧：圆心没有定位尺寸的圆弧，如图 1-21 所示的 $R12$。

作图时，由于已知圆弧有两个定位尺寸，故可直接画出；而中间圆弧虽然缺少一个定位尺寸，但它总是和一个已知线段相连接，利用相切的条件便可画出；连接圆弧由于缺少两个定位尺寸，所以，只有借助于它与已经画出的两条相邻线段的相切条件才能画出来。

3. 绘图的方法和步骤

(1) 画图前准备工作。分析图形的尺寸及其线段；确定比例，选用图幅，固定图纸；拟订具体的作图顺序。

(2) 画底稿。画底稿的步骤如图 1-22 所示。画底稿时，应注意以下几点：

1) 画底稿用 H～3H 铅笔，铅芯应经常修磨以保持尖锐。

2) 底稿上，各种线型均暂不分粗细，并要画得很轻很细。

3) 作图力求准确。

4) 画错的地方，在不影响画图的情况下，可先作记号，待底稿完成后一齐擦掉。

(3) 铅笔描深底稿。描深底稿的步骤有以下几点：

1) 先粗后细。一般应先描深全部粗实线，再依次描深全部虚线、点画线、细实线等，这样既可提高绘图效率，又可保证同一线型在全图中粗细一致，不同线型之间的粗细也符合比例关系。

2) 先曲后直。在描深同一种线型（特别是粗实线）时，应先描深圆弧和圆，然后描深直线，以保证连接圆滑。

3) 先水平，后垂斜。先用丁字尺自上而下画出全部相同线型的水平线，再用三角板自左向右画出全部相同线型的垂直线，最后画出倾斜的直线。

4) 最后画箭头，填写尺寸数字、标题栏等。描深后如图 1-22（e）所示。

描深底稿的注意事项有以下几点：

1) 在铅笔描深以前，必须全面检查底稿，修正错误，把画错的线条及作图辅助线用软橡皮轻轻擦净。

2) 用 H、HB、B 铅笔描深各种图线，用力要均匀一致，以免线条浓淡不匀。

3) 为避免弄脏图面，要保持双手和三角板及丁字尺的清洁。描深过程中应经常用毛刷将图纸上的铅芯浮沫扫净，并应尽量减少三角板在已描深的图线上反复推摩。

4) 描深后的图线很难擦净，故要尽量避免画错。需要擦掉时，可用软橡皮顺着图线的方向擦拭。

（4）标注尺寸和填写标题栏。按国家标准有关规定在图样中标注尺寸和填写标题栏。

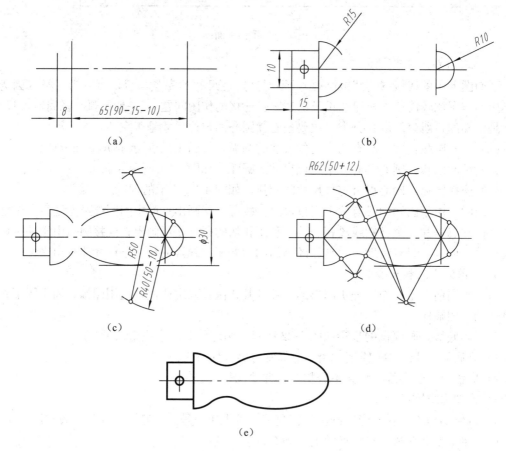

图 1-22　手柄平面图形的作图步骤

(a) 画基准线和定位线；(b) 画已知线段；(c) 画中间线段；(d) 画连接线段；(e) 加深图线，完成图形

1.4.2 平面图形的尺寸标注

平面图形的标注要遵守国家标准有关尺寸标注的基本规定。

根据图形与尺寸的关系，对组成平面图形的各线段进行分析：根据尺寸能直接画出线段，则必须注出全部尺寸，根据作图确定的线段，则只需注出必要的尺寸。这样就能做到不遗漏、不重复，正确地标注出平面图形的尺寸。

1. 标注平面图形尺寸的方法

(1) 图形分解法。图形分解法的标注过程如下：首先将平面图形分解为一个基本图形和几个子图形；其次确定基本图形的尺寸基准，标注其定形尺寸；然后依次确定各子图形的基准，标注定位、定形尺寸。

如图 1-23 (a) 所示的平面图形，将其分解为基本图形 A 和子图形 B 和 C。基本图形 A 的尺寸基准是水平和铅直方向的细点画线，标注定形尺寸 $\phi 20$、$R10$、$\phi 12$ 和定位尺寸 25。子图形 B 的基准是倾斜方向的细点画线和圆心 O，定位尺寸是 45°和 28，定形尺寸是 $\phi 14$ 和 $R11$。因为子图形 C 的基准与基本图形 A 一致，故定位尺寸省略，定形尺寸为 26，因与 $\phi 20$ 的圆相切，故其总长度省略。

(2) 特征尺寸法。特殊尺寸法是将平面图形尺寸分为两类特征尺寸：一类是直线尺寸，包括水平、垂直、倾斜方向；另一类是圆弧和角度尺寸。按两类尺寸分别标注。它的特点是将定形和定位尺寸一起进行标注。用这种方法还可方便地计数一个平面图形所需标注尺寸的数量。其方法是先计数各直线方向的尺寸数，再计数圆弧和角度尺寸数，最后累加即得尺寸总数。计数某一方向的直线尺寸时，首先应判定尺寸起点和终点数 N（对称尺寸的对称中心线、非对称尺寸的尺寸界线），然后减去 1 即为该方向上应该标注的尺寸数。

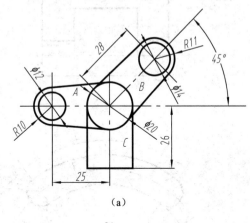

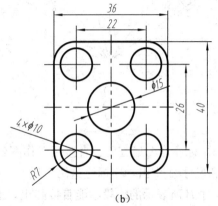

图 1-23　尺寸注法示例（一）

如图 1-23 (a) 中沿水平方向的 $N=2$，即 $\phi 12$ 和 $\phi 20$ 的圆心，则应标注一个尺寸。当图形对称时，应以半个图形计数。如图 1-22 (b) 水平方向左右对称，计数左（或右）半个图形，$N=3$，即 $\phi 15$ 和 $\phi 10$ 的圆心和左（或右）侧轮廓线，则应标注 2 个尺寸，即 22、36。

由该方法可计数出图 1-23 (a) 应标注 9 个尺寸（沿水平、垂直、倾斜方向的直线尺寸各一个，圆弧尺寸 5 个，角度尺寸 1 个），图 1-23 (b) 应标注 7 个尺寸。

2. 标注平面图形尺寸需注意的问题

要做到正确、完整地标注平面图形尺寸，必须反复揣摩和不断实践，掌握规律。标注平面图形需要注意以下几点：

(1) 不要标注封闭尺寸。如图 1-24 (a) 所示，B、C、D、S 这 4 个尺寸形成了封闭的尺寸链，需要去除一个尺寸。

(2) 切线上不标注尺寸。如图 1-24 (b) 所示的尺寸 L 是多余的，因为线框底部直线的两个端点确定后，直接过两个端点作圆的切线即可。同样，如图 1-24 (c) 所示的 $R130$ 和 $R170$ 都为多余的尺寸。

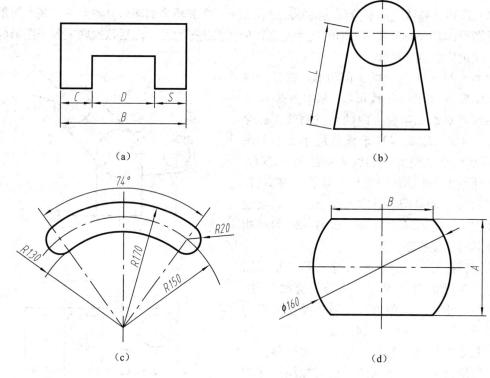

图 1-24 尺寸注法示例（二）

（3）标注作图最方便，直接用以作图的尺寸。如图 1-24（d）所示的图形可直接用尺寸 $\phi 160$ 和尺寸 A 作出，应标注这两个尺寸，尺寸 B 是多余的。若标注尺寸 B 而不标注尺寸 A 时，尺寸 B 所表示的线段不能直接画出，必须利用 B 被铅垂对称中心线平分的关系通过辅助作图作出，显然作图较烦琐。

（4）总长、总宽尺寸的处理。一般情况下标注总长、总宽尺寸。这样有利于选择图幅和画图的比例。当图形的一端或两端为圆或圆弧时，往往不标注总体尺寸。如图 1-25（a）所示，长度方向的总长不标注 181，而要标注 91；如图 1-25（b）所示，高度方向的总高不标注 143，而要标注 93。

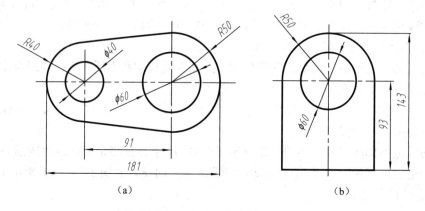

图 1-25 尺寸注法示例（三）

1.5 徒手绘图

为了提高图样质量和绘图速度，除了正确使用工具外，还必须掌握正确的绘图程序和方法。有时在工作中也需要画徒手草图。因此，要学习徒手绘图的基本方法。

徒手草图是一种不用绘图仪器和工具而按目测比例徒手画出的图样。在画设计草图及现场测绘时，都采用徒手画。徒手画仍应基本做到图形正确、线型分明、比例匀称、字体工整、图面整洁。

1.5.1 徒手画直线

徒手画图时，手指应握在铅笔上离笔尖约 35mm 处，手腕和小手指对纸面压力不要太大。在画直线时，手腕不要转动，使铅笔与所画直线始终呈 90°，眼睛看着画线的终点，轻轻移动手腕和手臂，使笔尖向着要画的方向做近似直线运动，如图 1-26 所示。画长线时，也可用目测在直线中间定出几个点，分几段画出。

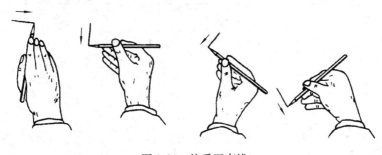

图 1-26 徒手画直线

1.5.2 徒手画圆、圆弧

圆及圆弧的画法应先定圆心并画中心线，再根据半径用目测在中心线上定出四点，然后过这四点画圆，如图 1-27 所示。当圆的直径较大时，可通过圆心增画两条 45°的斜线，在斜线上再定四个点，然后过这八个点画圆，如图 1-27 所示。

画圆弧的方法是先用目测在分角线上选取圆心位置，使它与角的两边的距离等于圆的半径。过圆心向两边引垂线定出圆弧的起点和终点，并在分角线上也定出圆弧上的一点，然后徒手把这三点连接起来作圆弧，如图 1-28 所示。

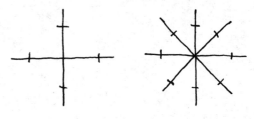

图 1-27 圆的画法

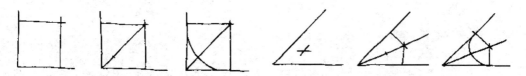

图 1-28 徒手画圆角的方法

1.5.3 徒手画椭圆

如图 1-29 所示，先画出椭圆的长、短轴，并用目测定出其端点位置，过这四点画一矩形，然后徒手作椭圆与此矩形相切。

图 1-29 椭圆的画法

2 正投影法与三视图

2.1 正投影法及三视图的形成

2.1.1 投影法的概念

当太阳光或灯光照射物体时，就会在墙壁上或地面上出现它的影子（见图 2-1），这是一种投影现象，但是这个影子只能概括反映出物体某个方面的外廓形状，而不能反映出物体上各表面间的界限以及物体内部和后面被挡住部分的形状。如图 2-1（a）所示的影子就反映不出物体上 A、B 两面之间的界限，也反映不出物体上孔的情况。于是人们根据上述现象的启示，在长期的生产和绘画实践中，科学系统地总结出假想光线（称为投射线或投影线）能通过物体内、外各表面的所有边界轮廓线向一个平面（称为投影面）进行投射，从而这个平面上得到一个以线条显示的平面图形（称为投影），如图 2-1（b）所示，用来表达物体的形状。这种对物体进行投影并在投影面上产生图形的方法称为投影法。

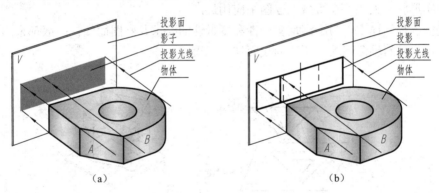

图 2-1 影子与投影
(a) 影子的产生；(b) 投影的产生

2.1.2 投影法的分类

投射线、物体（包括几何要素点、线、面）和投影面是产生投影的三个基本要素。由于投射线、物体和投影面之间的相互关系不同，因而产生了不同的投影法。

工程图样中常用的投影方法有中心投影法和平行投影法两种。

1. 中心投影法

在有限的距离内，由投影中心 S 发射出投射线，在投影面 P 上得到物体形状，称为中心投影法。如图 2-2 所示，中心投影法常用于绘制建筑物或产品的立体图，也称为透视图，其特点是直观性好，立体感强，但可度量性差。用这种投影法绘制的图像，不能反映物体的真实形状和大小。例如，改变图 2-2 中物体与投影中心 S 与投影面 P 的相对位置和距离，所得到的图形大小和形状便会改变。

2. 平行投影法

当投影中心 S 移至无限远处时，投射线都互相平行，用这种投影法得到的图形称为平行投影法。

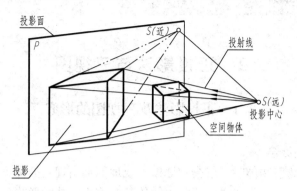

图 2-2 中心投影法

根据投射线与投影面所呈角度的不同,平行投影法又分为直角投影法和斜角投影法。

(1) 斜投影法。当投射线与投影面倾斜时称为斜角投影法,也称斜投影法,如图 2-3 (a) 所示。斜投影常用于绘制机械零件的立体图,在机械工程图中只作为一种辅助图样。

(2) 正投影法。当投射线与投影面垂直时称为直角投影法,也称正投影法,如图 2-3 (b) 所示。根据正投影法所得到的图形称为正投影(正投影图)。这种投影图能正确地表达物体的真实形状和大小,在机械工程图中应用最广泛。

在机械工程图样中,为了满足实行性和度量性的要求及画图简便,一般都采用正投影法来绘制。本书除斜轴测图外,所述的投影均为正投影。

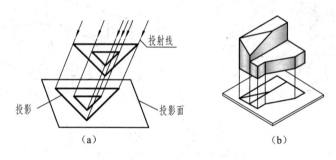

图 2-3 投影法
(a) 斜投影法;(b) 正投影法

2.1.3 正投影法的基本特性

正投影法是属于平行投影法中的一种特殊情况(投影光线垂直投影面),它具有以下几个基本特性。

1. 同素性

点的投影仍是点,直线的投影一般仍是直线。当直线、平面倾斜于投影面时,直线的投影短于实长;平面图形的投影是其原形的类似形。如图 2-4 所示,倾斜于 V 投影面的直线 AC,其投影 $a'c' < AC$;$\triangle ABC$ 平面的投影 $\triangle a'b'c'$ 是与原形边数相同而面积缩小了的类似形。

2. 实形性

当直线、平面图形平行投影面时,其投影反映它们的实形。如图 2-5 所示,平行于 V 投影面的平面图形 $CDEF$,其投影 $c'd'e'f'$ 反映了它的实形,即 $c'd'e'f' = CDEF$。

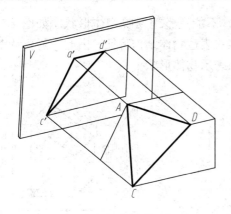
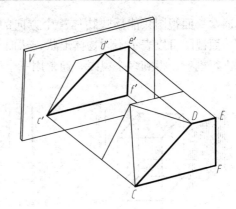

图 2-4　同素性　　　　　　　图 2-5　实形性

3. 积聚性

当直线、平面垂直投影面时，直线的投影积聚为一点；平面的投影积聚为直线。如图 2-6 所示，垂直 V 投影面的 CB 直线，其投影积聚为一点 $c'(b')$；平面 △ABC 的投影积聚为直线 $a'b'c'$。

4. 平行性

空间平行两直线，其投影仍平行。如图 2-7 所示，AB∥CD，其投影 $a'b' \parallel c'd'$。

5. 从属性、定比性

从属于直线上的点，其投影仍在直线的投影上，且点分割线段之比与其投影分割线段投影成相同的比。如图 2-8 所示，直线 AE 上的 C 点其投影 c' 仍在 AE 的投影 $a'e'$ 上，且 $a'c' : c'e' = AC : CE$。

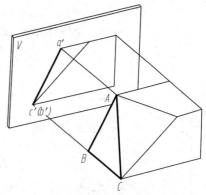

图 2-6　积聚性

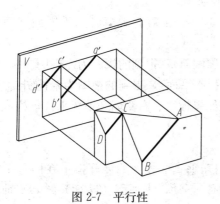

图 2-7　平行性　　　　　　图 2-8　从属性和定比性

2.2　物体的三视图

2.2.1　三视图的形成

用正投影法在投影面得到物体的图形，称为视图。

通常一面视图只能反映物体一个方向的形状，不能完整地反映物体形状。如图2-9所示，一面视图可以表示不同物体形状，从而不能唯一表达物体结构特征。因此，需要从多个方向进行投射，得到多个视图，通常用三个视图来表示物体形状。

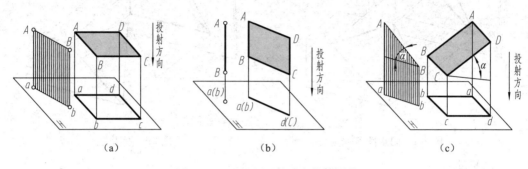

图2-9 一面视图不能确定物体形状

(a) 线、面平行投影面，投影具有真实性；(b) 线、面垂直投影面，投影具有积聚性；
(c) 线、面倾斜投影面，投影具有类似性

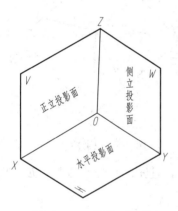

图2-10 三投影面体系

1. 三面投影体系的形成

设立三个相互垂直相交的投影面，构成三面投影体系，如图2-10所示。三个投影面分别如下：正立投影面，用 V 表示；水平投影面，用 H 表示；侧立投影面，用 W 表示。三个投影面之间的交线称为投影轴，分别用 OX、OY、OZ 表示，简称为 X 轴、Y 轴、Z 轴。X 轴表示左右长度方向，Y 轴表示前后宽度方向，Z 轴表示上下高度方向。三根投影轴的交点称为原点，用字母 O 表示。

将物体置于三投影面体系中，按正投影法分别向三个投影面投射，如图2-10所示。

正立投影面（V）——正对着观察者的投影面（简称正面），得到的视图为主视图。

侧立投影面（W）——右边侧立的投影面（简称侧面），得到的视图为左视图。

水平投影面（H）——水平位置的投影面（简称水平面），得到的视图为俯视图。

这三个互相垂直的投影面就像教室内一个角，如黑板墙、右侧墙和地板那样，构成一个三投影面体系。

2. 三面投影的展开

为了在同一个平面上画出三视图，需将三个相互垂直的投影面展开摊平在同一个平面上，如图2-11所示。其展开方法规定：正面（V 面）不动，水平面（H 面）绕 OX 轴向下旋转90°，侧面（W 面）绕 OZ 轴向右后旋转90°，都旋转到与正面处在同一平面上，如图2-11 (b)、(c) 所示。

由于视图所表达的物体形状与投影面的大小、物体与投影面之间的距离无关，所以工程图样上通常不画投影面的边框和投影轴，如图2-11 (d) 所示。

2.2.2 三视图的投影规律

将投影面旋转展开到同一平面上后，物体的三视图存在着下列对应关系。

1. 位置关系

以主视图为准,俯视图配置在它的正下方,左视图配置在它的正右方,如图 2-11 (c)、(d) 所示。

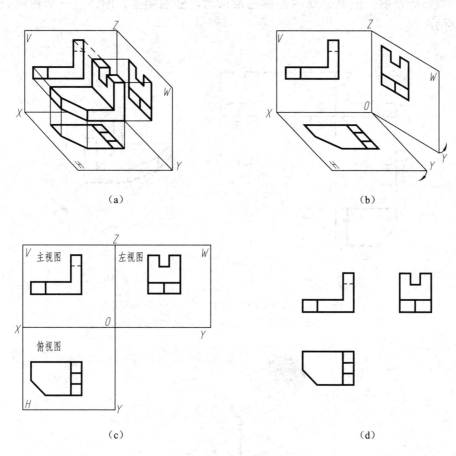

图 2-11 三视图的形成

2. 尺寸关系

物体有长、宽、高三个方向的尺寸,每个视图都反映物体的两个方向尺寸:主视图反映物体的长度和高度,俯视图反映物体的长度和宽度,左视图反映物体的宽度和高度。这样,相邻两个视图同一方向的尺寸必定相等,即主、俯视图长度相等,且对正;主、左视图高度相等,且平齐;俯、左视图宽度相等。

三视图之间"长对正,高平齐,宽相等"的"三等"关系,就是三视图的投影规律,对于物体的整体或局部都是如此,画图、读图时要严格遵循,如图 2-12 (a) 所示。

3. 方位关系

物体有上、下、左、右、前、后六个方位。主视图反映物体的上、下和左、右,俯视图反映物体的左、右和前、后,左视图反映物体的前、后和上、下。这样,在俯、左视图中,靠近主视图的边,表示物体的后面;远离主视图的边,则表示物体的前面,如图 2-12 (b) 所示。

2.2.3 三视图的画图步骤

初学画物体三视图时,首先应分析物体的形状确定特征形方向,将物体正置于三面投影体系中,使物体主要面与三个投影面平行或垂直把视线模拟成正投影线,自前方、上方、左方向三个投影面投射,把观察到的物体轮廓形状,分别用主、俯、左三个视图表示,如图 2-13 所示。

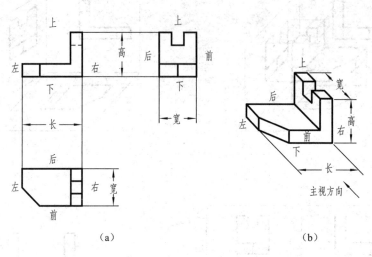

图 2-12 三视图的度量对应关系和方位关系
(a) 三视图的度量对应关系;(b) 三视图的方位关系

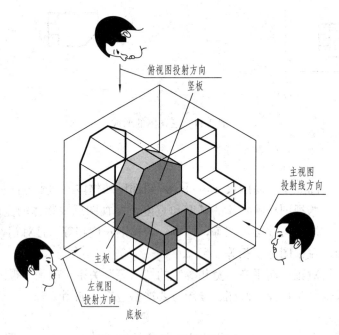

图 2-13 物体三视图的形成

画三视图时,应先画反映形体特征的视图,然后根据"长对正,高平齐,宽相等"的投影规律画出其他视图,其作图步骤见表 2-1。

表 2-1　　　　　　　　　　　画物体三视图的步骤

 (a) 分析物体形状、确定投射方向	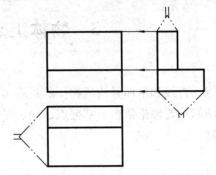 (b) 先画主板 L 形的左视图，再画主、俯视图
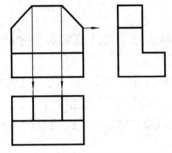 (c) 先画竖板左右缺角主视图，再画俯、左视图	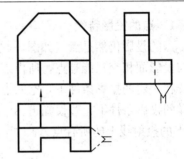 (d) 先画底板方形缺口的俯视图，再画主、左视图

3 物体上点、线和面的投影

点、直线和平面是构成物体的最基本要素，因此熟悉和掌握这些要素的投影特性是读图和绘图的重要理论依据。掌握点、线、平面的投影及投影规律是正确、迅速地绘制立体投影的基础。

3.1 物体上点的投影

3.1.1 点的投影特性

（1）点的投影仍然是点。如图 3-1 所示，当投影光线通过空间 A 点向水平面 H 投影时，投射线与投影面相交只能是点，所以点的投影仍然是点。

（2）在一定的投影条件下，空间点在一个投影面上的投影位置是唯一的（见图 3-2）。但是在同样的投影条件下，若仅知道 A 点的投影 a，则不能确定 A 点的空间位置。这是因为通过 A 点的投射线上的所有点 A_1、A_2、A_3、…在 H 面上的投影与 A 点的投影 a 重合在一点上。

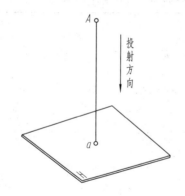

图 3-1 点的投影仍是点

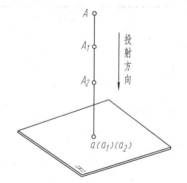

图 3-2 点的一个投影不能确定点的空间位置

3.1.2 点的三面投影

1. 点的空间位置的确定

一般情况下，空间点用 A、B、C、…大写字母表示；水平投影用相应的小写字母表示，如 a、b、c、…；正面投影用相应的小写字母在右上角加一撇表示，如 a'、b'、c'、…；侧面投影用相应的小写字母在右上角加两撇表示，如 a''、b''、c''、…。

在三面投影体系中，一个点的空间位置取决于它到三个投影面 V、H 和 W 面的距离。如图 3-3 所示，将形体上空间点 A 分别向 H、V、W 三个投影面作垂线（投射线），其垂足 a、a' 和 a'' 即为点 A 在三个投影面上的投影。这些距离分别可沿投影轴 OX、OY 和 OZ 轴方向度量，如图 3-3 所示的空间 A 点到 W、V、H 面的距离分别为 X_A、Y_A、Z_A。从图 3-3 可以看出，空间点的每一投影都能反映出该点的两个坐标值，如 A 点的水平投影 a 至 OY 轴的

3 物体上点、线和面的投影   29

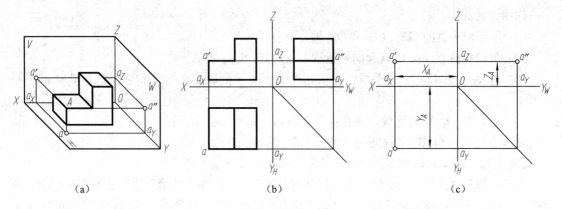

图 3-3 点的三面投影

距离反映出 A 点的 X 坐标值，a 至 OX 轴的距离反映其 Y 坐标值。同理，正面投影 a' 反映出 A 点的 X、Z 坐标值，而侧面投影 a'' 反映出 A 点的 Y、Z 坐标值。

点常以坐标形式 $A(X, Y, Z)$ 来表示。当给出 A 点三个坐标的具体数值，就可以确切地知道 A 点离投影面 W、V、H 的实际距离。例如已知 A 点的坐标值 $A(20, 15, 15)$，即表明 A 点的空间位置是：距 W 面为 20mm，距 V 面和 H 面均为 15mm，如图 3-4 所示。

2. 点的三面投影规律

在图 3-3（a）中，每两条投射线分别确定一个平面，它们与三个投影面分别相交构成一个长方体 Aaa_Xa'、$a_Za''a_YO$，由此可知：

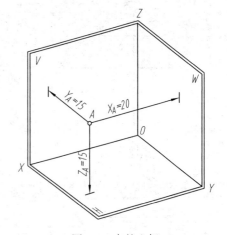

图 3-4 点的坐标

$$Aa'' = a'a_Z = aa_Y = a_XO = X_A$$
$$Aa' = aa_X = a''a_Z = a_YO = Y_A$$
$$Aa = a'a_X = a''a_Y = a_ZO = Z_A$$

当图 3-3（a）按规定将 H、W 面旋转到和 V 面重合后，就得到如图 3-3（c）所示的点的三面投影图，其三面投影规律如下：

(1) 点的正面投影和水平投影的连线（简称投影连线）垂直于 OX 轴，如 $aa' \perp OX$，即"长对正"。

(2) 点的正面投影和侧面投影的连线垂直于 OZ 轴，如 $a'a'' \perp OZ$，即"高平齐"。

(3) 点的水平投影到 OX 轴的距离等于侧面投影到 OZ 轴的距离，如 $aa_X = a''a_Z = Y_A$，即"宽相等"。

3. 根据点的坐标值画点的三面投影图

【例 3-1】 作出如图 3-5 所示点 $A(15, 20, 15)$ 的三面投影图。

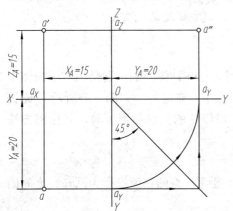

图 3-5 画点的三面投影图

作图步骤如下：

（1）作互相垂直的 OX、OY 和 OZ 轴。

（2）在 OX 轴上，从 O 点起向左量取 $Oa_X=15$ 得 a_X 点。

（3）过 a_X 点作 OX 轴的垂线，并从此垂线上向下量取 $a_Xa=20$ 得 a，向上量取 $a_Xa'=15$ 得 a'。

（4）由 a' 作 OZ 轴的垂线，并在此线上量取 $a''a_Z=aa_X$ 从而得 a''，$a''a_Z=aa_X$ 这一关系，可用圆弧或过原点 O 作 45°辅助线（见图 3-5）的方法作出。

【**例 3-2**】 已知点的两面投影，求作第三投影，如图 3-6 所示。

给出点的两个投影，则点的三个坐标就完全确定了，因而点的第三投影必能唯一作出；或根据点的投影规律，按照第三投影与已知两投影的对正关系，也能唯一求出，如图 3-6 所示。

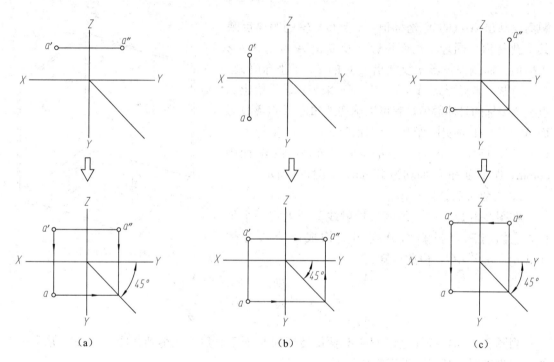

图 3-6 由点的两投影求第三投影
(a) 已知 a'、a''，求 a；(b) 已知 a'、a，求 a''；(c) 已知 a、a''，求 a'

4. 根据物体上点的两投影求作第三投影

在画物体的三面投影图时，投影轴一般都不画，因此点在物体上的位置是相对于物体上某些要素间的轴向（即平行 OX、OY、OZ 轴方向）距离来确定的。如图 3-7 所示三棱锥 S-ABC 的锥顶 S，若已知其正面投影 s' 和水平投影 s，求作它的侧面投影 s'' 时，其作图方法和步骤如下：

（1）过 s' 作垂直 OZ 轴的投影连线。

（2）在水平投影中沿 OY_H 轴方向量取 s 到投影 b（假设 B 点的三面投影为已知）之间的距离 Y。

（3）在侧面投影中沿 OY_W 轴方向从 b'' 向左量取 $Y_W=Y_H$，则在所作投影连线上求得 s''。

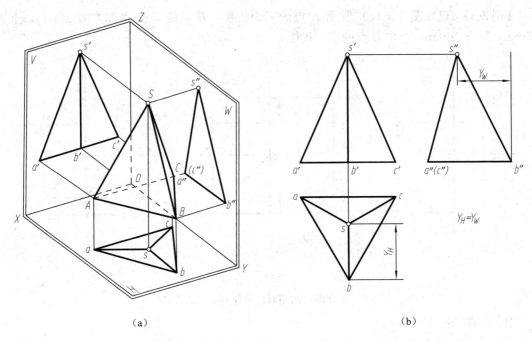

(a)　　　　　　　　　　　　　　(b)

图 3-7　由点的两投影求作第三投影

3.1.3　两点间的相对位置

两点的相对位置是以一点为基准，判断其他点相对于这一点的左右、高低、前后位置关系。在三投影面体系中，两点的相对位置是由两点的坐标差来决定的。空间两点的上、下相对位置通过 V 面和 W 面投影判断，Z 坐标值大者为上；左、右相对位置通过 H 面和 V 面投影判断，其 X 坐标值大者在左；前、后相对位置通过 H 面和 W 面的投影判断，坐标值大者在前。

如图 3-8（a）所示，判断 A、B 两点的相对位置，可选择其中一点为基准点（如 A 点）来确定另一点与其相对位置。由 $X_A > X_B$，可知，点 B 在点 A 的右方，坐标差 ΔX；$Y_A > Y_B$，点 B 在点 A 的后方，坐标差为 ΔY；由于 $Z_A < Z_B$，因此，点 B 在点 A 的上方，坐标差为 ΔZ。综合起来想象出点 B 在点 A 的右、上、后方，如图 3-8（b）所示。

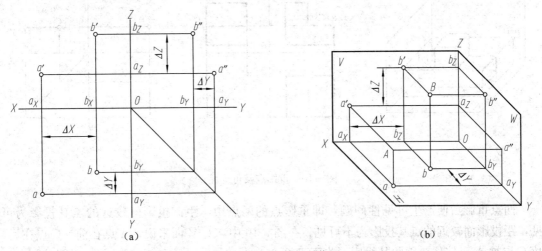

(a)　　　　　　　　　　　　　　(b)

图 3-8　空间点的相对位置

【例 3-3】 已知图 3-9（a）所示 A 点的三面投影，B 点位于 A 点的左方 20mm，上方 15mm，后方 10mm，求作 B 点的三面投影。

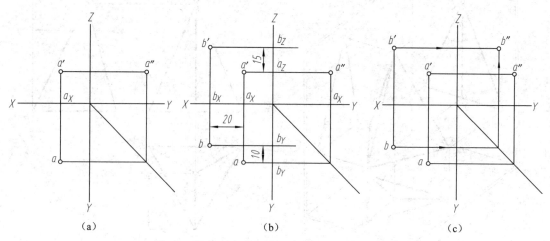

图 3-9　根据两点的相对位置作点的三面投影图

作图步骤如下：

(1) 在 OX 轴上自 a_X 往左量 20 得 b_X；过 b_X 作 OX 轴的垂线，在该垂线上，沿 OZ 轴方向量 $\Delta Z=15$mm，得 b'；沿 OY 轴反方向量 $\Delta Y=10$mm，得点 b，如图 3-9（b）所示。

(2) 根据已知点 b、b'，求得 b''，如图 3-9（c）所示。

3.1.4　重影点及其可见性

当空间两点处于同一投射线上时，它们在与该投射线垂直的投影面上的投影重合，该投影称为重影点。

如图 3-10（a）所示，形体上 A、C 两点均处在对 V 面的同一条投射线上，其两点在 V 面的投影重合为一点，且 A 点投影可见，C 点投影不可见（用括号表示），投影图如图 3-10（b）、（c）所示。

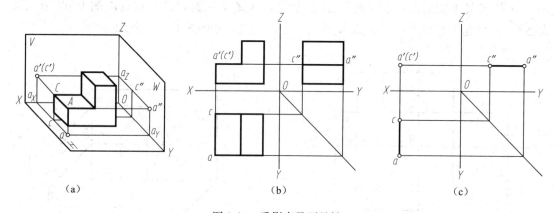

图 3-10　重影点及可见性

两点重影后便产生可见性问题，即重影点的两点中，距该投影面较远的点其投影为可见，距投影面较近的点其投影为不可见。在图 3-10 中，对 V 面来说，A 点在前，C 点在后，故 C 点被 A 点挡住，因此其投影 c' 为不可见。

【例 3-4】 试比较如图 3-11 所示三棱锥四个顶点 S、A、B、C 的相对位置。

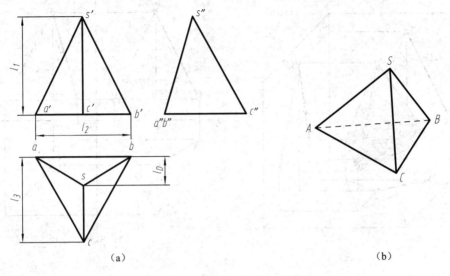

图 3-11 三棱锥顶点的相对位置

分析：如图 3-11 (a) 所示三棱锥的正投影图没有给出投影轴，此时可以任一顶点（如点 A）作为参照点，来比较各顶点的相对位置。

从 V 投影中可见，顶点 B、C 与顶点 A 同高，顶点 S 在顶点 A 上方（距离 l_1）；顶点 B 在顶点 A 右方（距离 l_2）；顶点 S、C 在顶点 A 右方（距离 $l_2/2$）。由 H 投影可见，点 B 与点 A 距 V 面等远，点 C 在点 A 前方（距离 l_3），点 S 在点 A 前方（距离 l_4）。

3.2 物体上直线的投影

直线的投影一般仍为直线，因此只要作直线上两端点的投影即可得到直线的投影。

根据"两点可确定一直线"的几何定理，作直线的投影时，可作出直线上任意两点（一般取直线段的两端点）的投影，然后将这两点的同面投影相连，即得到直线的三面投影。

如图 3-12 (a) 所示，将三棱锥上 SA 棱线的两点 S、A 分别向投影面投影，得 H 面投影 s、a，V 面投影 s′、a′，W 面投影 s″、a″；然后将两点的同面投影连接起来，即得到直线的面投影 sa、V 面投影 s′a′，W 面投影 s″a″，如图 3-12 (b) 所示。可见，作直线的投影图，归根结底还是求点的投影。

3.2.1 各类直线的投影

直线在三投影面体系中有三种位置：投影面平行线、投影面垂直线和一般位置直线。投影面垂直线和投影面平行线又称为特殊位置直线。

1. 投影面的平行线

平行于一个投影面而倾斜于其他两投影面的直线称为投影面平行线。如图 3-13 所示的直线 AB、BC 和 AC 均为投影面平行线，其中平行水平面的直线 AC 称为水平线；平行于正面的直线 BC 称为正平线；平行于侧面的直线 AB 称为侧平线。表 3-1 分别列出了以上三种投影面平行线的三面投影及其投影特点。

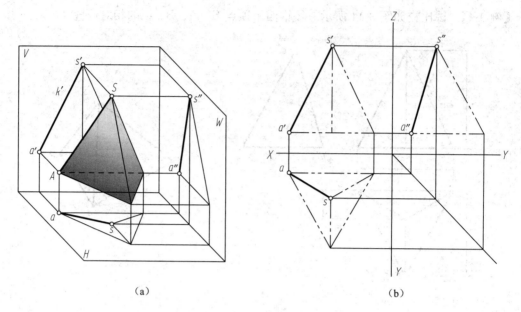

(a)　　　　　　　　　　　　(b)

图 3-12　直线的三面投影

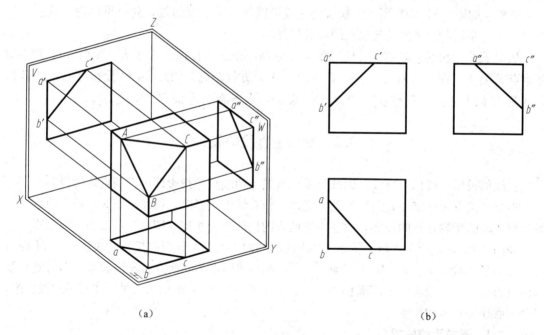

(a)　　　　　　　　　　　　(b)

图 3-13　投影面的平行线

从表 3-1 可见，投影面平行线的三面投影特点是：

(1) 直线在所平行的投影面上的投影反映其实长，如表 3-1 中水平线 AC 的水平投影 ac 之长等于 AC 的实长，即 $AC=ac$。

(2) 直线在不与它平行的两个投影面上的投影平行于相应的投影轴方向，并且其投影长度小于直线的实长。如表 3-1 中正平线 BC 的水平投影 bc 平行 OX 轴方向，其侧面投影 $b''c''$ 平行 OZ 轴方向，且 bc 和 $b''c''$ 均小于 BC 的实长。

表 3-1　　　　　　　　　　　各种投影面平行线的三面投影特点

名　称	水　平　线	正　平　线	侧　平　线
直观图	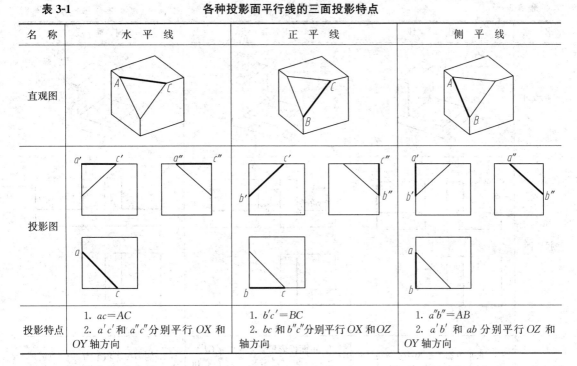		
投影图			
投影特点	1. $ac=AC$ 2. $a'c'$ 和 $a''c''$ 分别平行 OX 和 OY 轴方向	1. $b'c'=BC$ 2. bc 和 $b''c''$ 分别平行 OX 和 OZ 轴方向	1. $a''b''=AB$ 2. $a'b'$ 和 ab 分别平行 OZ 和 OY 轴方向

2. 投影面的垂直线

垂直于一个投影面而与其他两个投影面平行的直线称为投影面的垂直线。图 3-14 中直线 AB、AC 和 AD 均为投影面的垂直线。垂直于水平面而平行于正面和侧面的直线 AB 称为铅垂线，垂直于正面而平行于水平面和侧面的直线 AD 称为正垂线，垂直于侧面而平行于正面和水平面的直线 AC 称为侧垂线。表 3-2 中分别列出了上述三种投影面垂直线的三面投影及其投影特点。

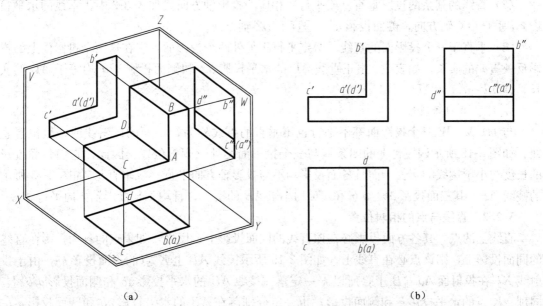

(a)　　　　　　　　　　　　　　　(b)

图 3-14　投影面的垂直线

表 3-2　　　　　　　　　各种投影面垂直线的三面投影特点

名称	铅垂线	正垂线	侧垂线
直观图	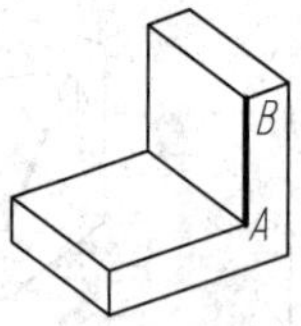	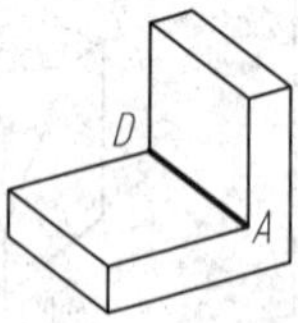	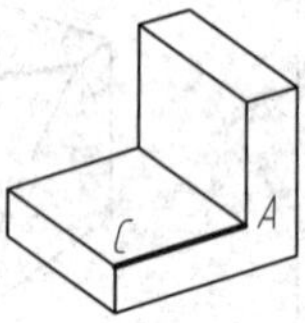
投影图	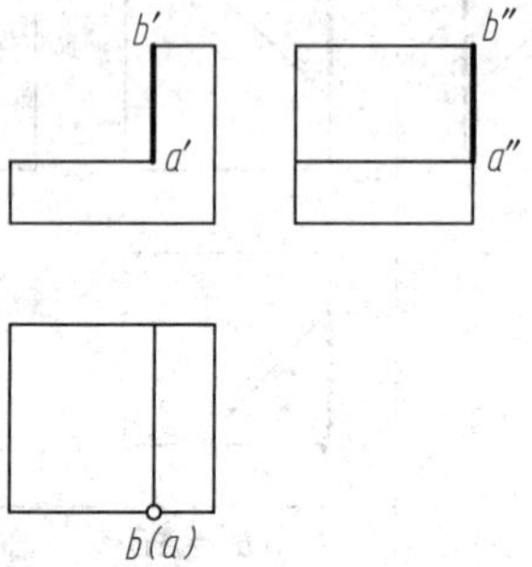	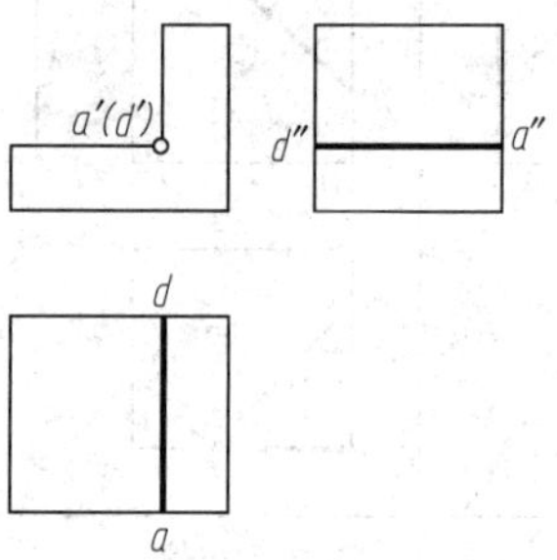	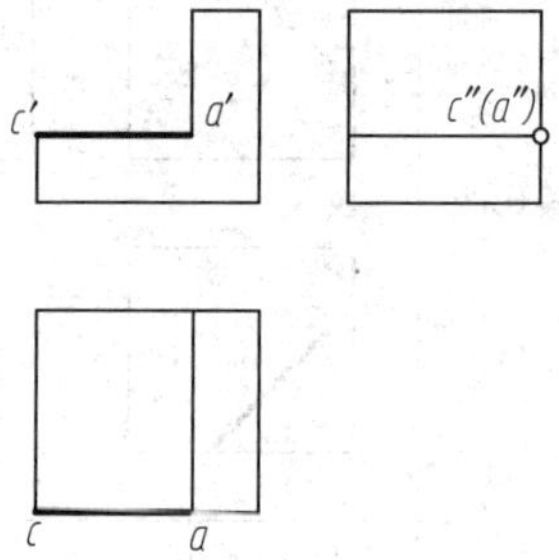
投影特点	1. 水平投影积聚为一点 $b(a)$ 2. $a'b'$和$a''b''$平行OZ轴方向 3. $a'b'=a''b''=AB$	1. 正面投影积聚为一点 $a'(d')$ 2. ad 和 $a''d''$分别垂直 OX 和 OZ 轴方向 3. $ad=a''d''=AD$	1. 侧面投影积聚为一点 $c''(a'')$ 2. $c'a'$和ca均平行OX轴方向 3. $c'a'=ca=CA$

从表 3-2 可见，投影面垂直线的三面投影特点如下：

(1) 直线所在垂直的投影面上的投影积聚为一点。如表 3-2 中正垂线 AD 的正面投影 $a'(d')$ 积聚为一点。

(2) 直线的其余两投影垂直（或平行）相应的投影轴方向。如表 3-2 中正垂线的水平投影 ad 垂直OX 轴方向，侧面投影 $a''d''$垂直于 OZ 轴方向。

(3) 垂直于一个投影面的直线，必定平行于另外两个投影面，它在这两个投影面上的投影反映直线的实长。如表 3-2 中正垂线 AD 的水平投影 ad 和侧面投影 $a''d''$均等于 AD 的实长，即 $ad=a''d''=AD$。

3. 投影面的倾斜线

与 H、V、W 三个投影面都不平行也不垂直的直线称为投影面的倾斜线或一般位置直线，如图 3-15 所示四棱台上的四条棱与三个投影面均处于倾斜位置。因此，它们各面投影的长度均小于棱线的实长，而且各面投影均不与投影轴方向平行（或垂直）。如图 3-15 所示的棱线 AB，其三面投影 ab、$a'b'$和 $a''b''$均小于 AB 的实长，且均不与投影轴方向平行。

3.2.2 直线与点的相对位置

直线上的点，其各方面投影必在该直线的同面投影上；反之，如果点的各面投影在直线的同面投影上，则该点必在直线上。如图 3-15 所示棱线 AB 上 K 点的正面投影 k'，由于投射线 Kk'在投射面 $Aa'b'B$ 上，所以 k'一定落在棱线 AB 的水平投影 ab 和侧面投影 $a''b''$上。同理，K 点的水平投影 k 和侧面投影 k''也一定分别落在 AB 的水平投影 ab 和侧面投影 $a''b''$上。因 k、k'、k''是点 K 的三面投影，所以应符合点的三面投影规律。

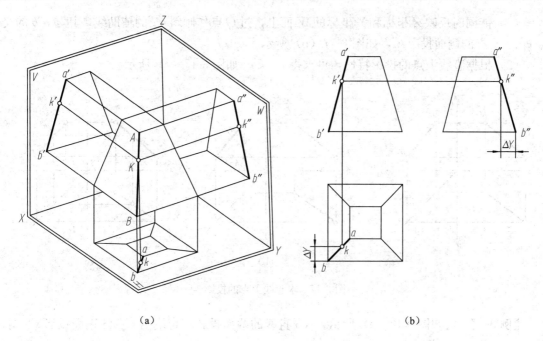

(a)   (b)

图 3-15 倾斜线的三面投影

如图 3-16 所示，点 C 的 V 面投影 c' 虽然在 ab 上，但点 C 的水平投影不在 ab 上，所以点 C 不在直线 AB 上，如图 3-16（b）所示。

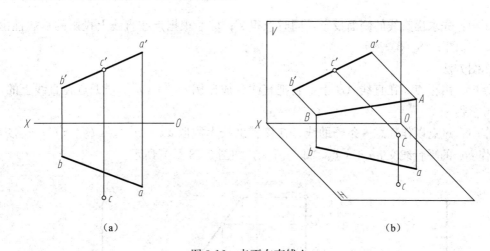

(a)   (b)

图 3-16 点不在直线上

点分割线段之比等于点的各面投影分割线段的同面投影之比。如图 3-15 所示的 K 点分割线段 AB 成两段，在向正面投影时，在同一投射面 $Aa'b'B$ 上的投射线 $Aa' \parallel Kk' \parallel Bb'$，所以 $a'k' : k'b' = AK : KB$，同理可知 $ak : kb = a''k'' : k''b'' = AK : KB$。

【例 3-5】 求直线 AB 上距 H 面和 V 面相等的 K 点的三面投影，如图 3-17（a）所示。

分析：因 K 点属于直线 AB 上的点，其三面投影一定在直线的同面投影上；K 点到 H 面和 V 面的距离相等，即 K 点的 Z 坐标和 Y 坐标值相等。

作图步骤如下：

(1) 能同时反映 Z 坐标和 Y 坐标的 W 面上，过 O 点作倾斜 $45°$ 的辅助线，其与 $a''b''$ 的交点即为 K 点的侧面投影 k''，如图 3-17（b）所示。

(2) 根据直线上点的投影特性，可求得 k、k'，如图 3-17（c）所示。

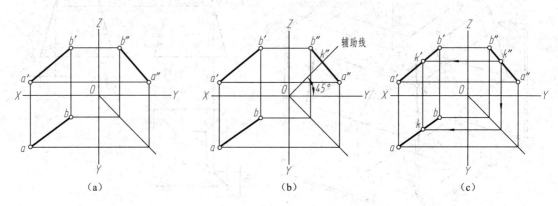

图 3-17　求直线上点的投影

【例 3-6】已知图 3-18（a）所示，AB 直线的两面投影和直线上 s 点的正面投影 s'，求作水平投影 s。

作图方法一：

分析：由于 AB 为侧平线，不能直接由点 s' 求 s，根据点在直线的从属性，点 s 一定在 ab 上。

作图：先求出直线的侧面投影，同时求得 s''；然后根据点在直线上投影的从属性由 s''，求得 s，如图 3-18（b）所示。

作图方法二：

分析：由于点 s 在直线 AB 上，它把直线分成比例 $a's' : s'b'$，根据点在直线上的定比性，可求得 s。

作图：过点 a 作任意一条辅助线，在该辅助线上截取 $as_0 = a's'$，$s_0b_0 = s'b'$；连接 bb_0，过 s_0 作 bb_0 的平行线交 ab 于 s 点，即为所求，如图 3-18（c）所示。

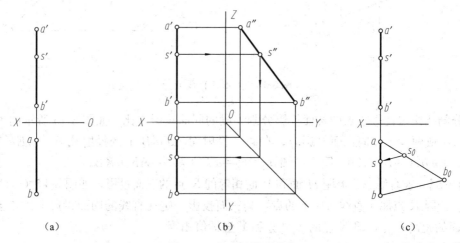

图 3-18　作平行线上的点

3.2.3 两直线的相对位置

两直线的相对位置有平行、相交和交叉（或异面）三种。

1. 两直线平行

空间两直线平行，其各组同面投影一定互相平行。

如图 3-19 所示，过平行两直线 AB、CD 上各点的投影线所形成的两个平面相互平行，它们与 V 面的交线也相互平行，即 $a'b' \parallel c'd'$。同理可证，$ab \parallel cd$、$a''b'' \parallel c''d''$。反证，如果两直线的各组同面投影互相平行，则两直线一定平行。

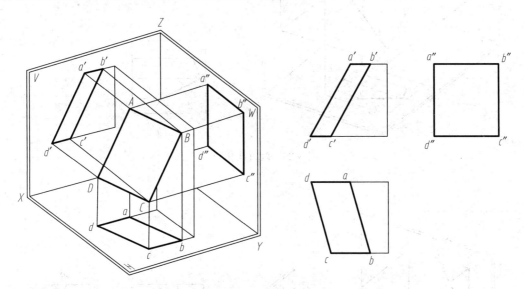

图 3-19 两直线平行

2. 两直线相交

两直线相交，其各组同面投影一定相交，且交点的投影符合点的投影规律。

如图 3-20 所示，AB 与 BC 交于 B，则 B 是两直线的共有点，则 b' 应同时位于 $a'b'$ 和 $b'c'$ 上，即在这两条直线的正面投影的交点处。同理可证：b 和 b'' 也应分别位于这两条直线的同面投影的交点处。由于 b'、b、b'' 是点 B 的三面投影，因而应符合点的三面投影特性，即 $b'b \perp OX$、$b'b'' \perp OZ$。

反证，如果两直线的各组同面投影都相交，且交点的投影符合点的投影规律，则该两直线必定相交。

3. 两直线交叉

两直线既不平行也不相交，则两直线交叉（即异面）。

如图 3-21 所示，虽然 $a'b'$ 与 $c'd'$ 相交，但它们的交点是分别位于 AB、CD 上的对正面投影的重影点 B、C 的投影 $c'(b')$，因而 AB 和 CD 是交叉两直线。由于 C 在 B 之前，所以 c' 可见，(b') 不可见。既不符合平行直线的投影特性，也不符合相交两直线的投影特性。

由于交叉两直线在空间既不相交，又不平行，若它们的三对同面投影都相交，则同面投影的交点不符合点的投影规律；此外，也可能它们的同面投影有一对或两对相交，其余的同面投影分别平行。这两种情况都表明了交叉两直线的投影既不符合平行两直线的投影特性，也不符合相交两直线的特性。

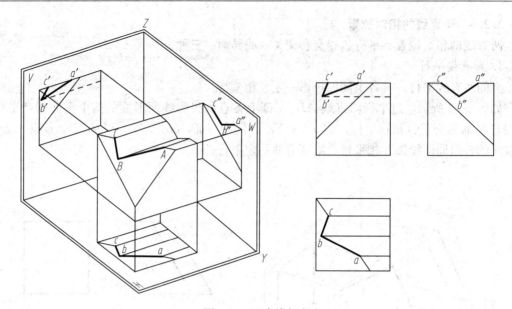

图 3-20　两直线相交

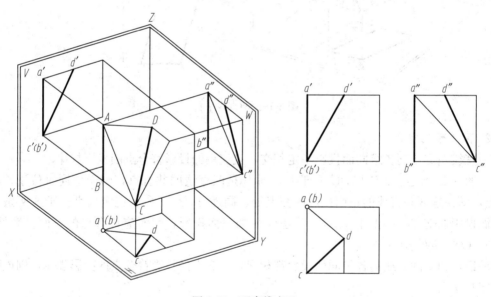

图 3-21　两直线交叉

【例 3-7】 如图 3-22 所示，EF、GH 为两侧平线，$ef / / gh$，$e'f' / / g'h'$。试判断 EF 与 GH 两直线在空间是否平行。

分析：可求出侧投影 $e'f'$ 与 $g'h'$，因 $e'f'$ 不平行 $g'h'$，故 EF 不平行 GH。

也可从 H 面投影与 V 面投影量其长度，因 $ef : gh \neq e'f' : g'h'$，故 EF 不平行 GH。

【例 3-8】 如图 3-23（a）所示，直线 AB 与 CD 在 V 面上和 H 面上同面投影相交，试判断此两直线在空间是否相交。

分析：求出侧面投影，虽然 $a''b''$ 与 $c''d''$ 相交，但交点不符合点的投影规律〔见图 3-23

(b)], 故 AB 与 CD 两直线在空间不相交。

也可在投影图上量得, 交点 k' 将 $c'd'$ 分成线段之比不等于交点 k 将 cd 分成线段之比, 即 $c'k':k'd' \neq ck:kd$, 故 AB 与 CD 两直线在空间不相交。

4. 垂直相交两直线的投影特性

垂直相交的两直线, 若同时平行于某一投影面时, 在该投影面上的投影必为直角; 若都不平行于投影面时, 其投影不反映直角; 如果垂直相交的两直线中有一条平行于投影面, 则两直线在该投影面上的投影反映直角。

现以一边平行于水平面的直角为例, 证明如下:

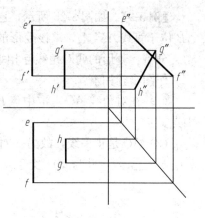

图 3-22 两直线不平行

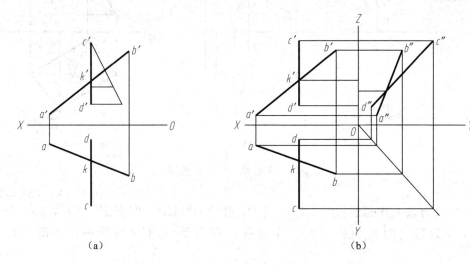

图 3-23 两直线不相交

如图 3-24 所示, 已知 AB//H 面, ∠ABC 是直角。

因为 AB//H 面, Bb⊥H 面, 所以 AB⊥Bb; 因为 AB⊥BC、AB⊥Bb, 所以 AB⊥平面 BCcb; 又因 AB//H 面, 所以 ab//AB; 由于 ab//AB、AB⊥平面 BCcb, 则 ab⊥平面 BCcb; 于是 ab⊥bc, 即∠abc 仍是直角。

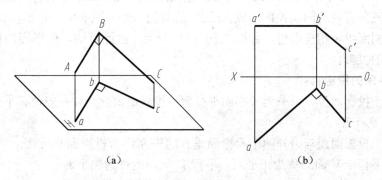

图 3-24 垂直相交两直线的投影

【例 3-9】 如图 3-25 所示，已知菱形 ABCD 的一条对角线 AC 为一正平线，菱形的一边 AB 位于直线 AM 上，求该菱形的投影。

分析：菱形的两对角线互相垂直，且其交点平分对角线的线段长度。

作图步骤如下：

(1) 在对角线 AC 上取中点 K，即使 $a'k'=k'c'$，$ak=kc$。K 点也必定为另一对角线的中点。

(2) AC 是正平线，故另一对角线的正面投影必定垂直 AC 的正面投影 $a'c'$。因此，过 k' 作 $k'b'\perp a'c'$，并与 $a'm'$ 交于 b'，由 $k'b'$ 求出 k，如图 3-25 (b) 所示。

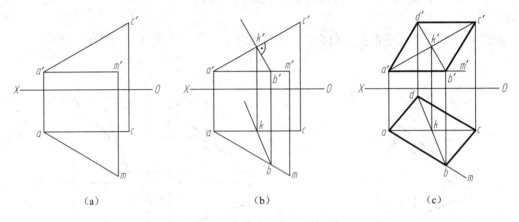

图 3-25 求菱形 ABCD 的投影

(3) 在对角线 KB 的延长线上取一点 D，使 KD=KB，即 $k'd'=k'b'$，$kd=kb$，则 $b'd'$ 和 bd 即为另一对角线的投影，连接各点即菱形 ABCD 的投影，如图 3-25 (c) 所示。

3.3 物体上平面的投影

从如图 3-26 所示三棱锥的三视图看出，每个视图是组成该三棱锥的所有表面的投影集合，因此，绘制三视图的实质是绘制各组成面的投影。

如图 3-26 (a) 所示三棱锥的 SAB 表面，是由 SA、SB、AB 三条直线围成，该面的投影图也是由这三条直线的同面投影围成。绘制该面的投影只需分别求出 S、A、B 三点的投影，然后将其同面投影相连即可，如图 3-26 (b) 所示。由此可知，作平面的投影图，其实质仍然是求点的投影。

3.3.1 平面的投影特性

平面相对于投影面位置可分为投影面平行面、投影面垂直面和一般位置平面三类。

1. 投影面平行面

平行于一个投影面而与另外两个投影面垂直的平面称为投影面平行面。平行于 H 面的称为水平面；平行于 V 面的称为正平面；平行于 W 面的称为侧平面。

表 3-3 分别列出了水平面、正平面、侧平面的轴测图、投影图及投影特性。

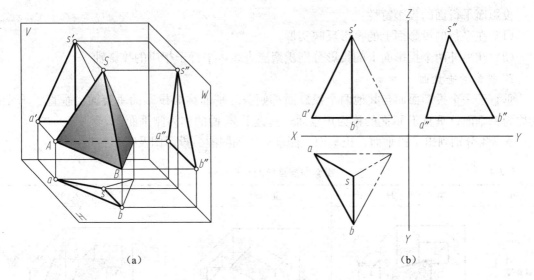

图 3-26 物体上平面的投影

表 3-3　　投影面平行线的投影特性

名称	水平面（//H）	正平面（//V）	侧平面（//W）
直观图			
投影图			
实例			
投影特点	1. 水平投影反映实形 2. 正面投影有积聚性，平行于 OX 轴 3. 侧面投影有积聚性，且平行于 OY 轴	1. 正面投影反映实形 2. 水平投影有积聚性，平行于 OX 轴 3. 侧面投影有积聚性，平行于 OZ 轴	1. 侧面投影反映实形 2. 水平投影有积聚性，平行于 OY 轴 3. 正面投影有积聚性，平行于 OZ 轴

投影面平行面的投影特性：
(1) 在平行的投影面上的投影反映实形。
(2) 在另外两个投影面上的投影分别积聚成直线，平行于相应的投影轴。

2. 投影面垂直面

垂直于一个投影面而与其他两个投影面都倾斜的平面称为投影面垂直面。垂直于 H 面的称为铅垂面；垂直于 V 面的称为正垂面；垂直于 W 面的称为侧垂面。

表 3-4 分别列出了铅垂面、正垂面、侧垂面的轴测图、投影图及投影特性。

表 3-4　　　　　　　　　　投影面垂直线的投影特性

名称	铅垂面（⊥H）	正垂面（⊥V）	侧垂面（⊥W）
直观图	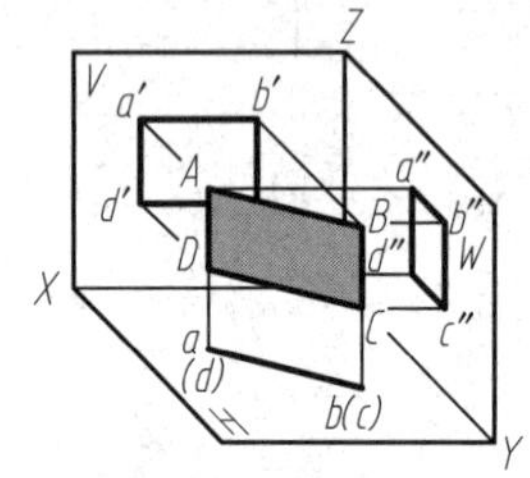	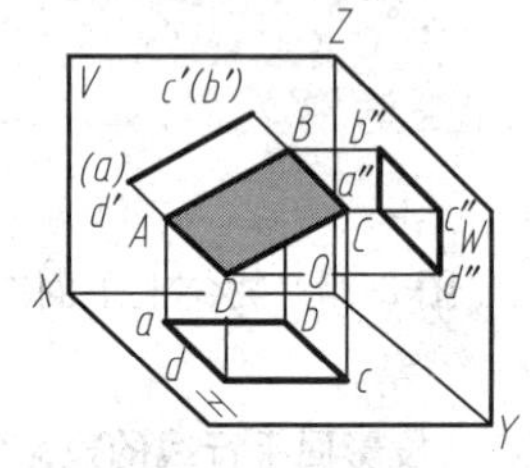	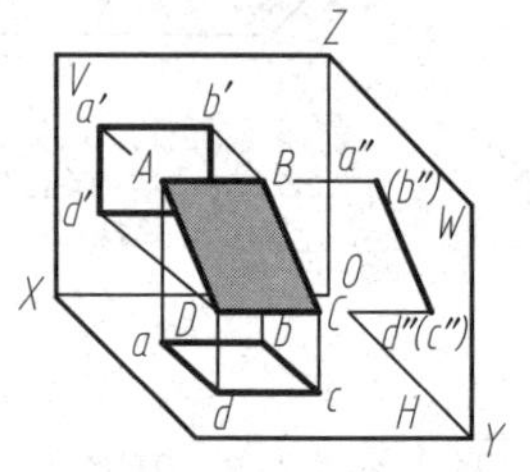
投影图	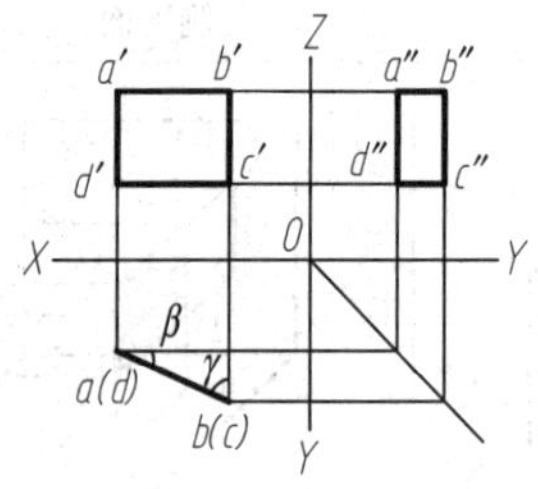	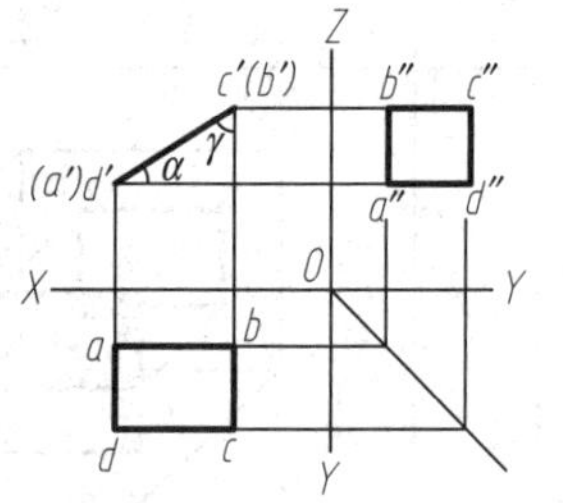	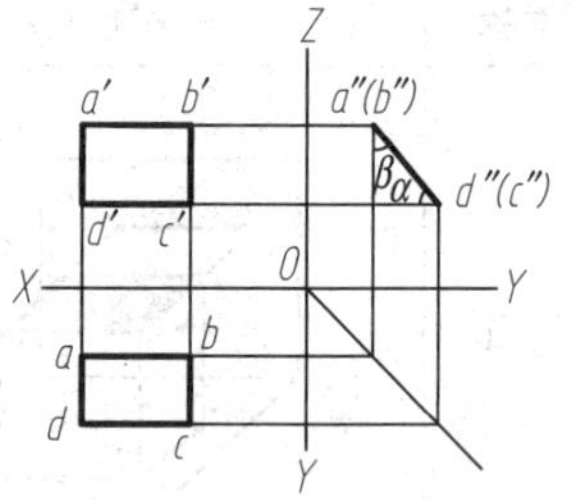
实例	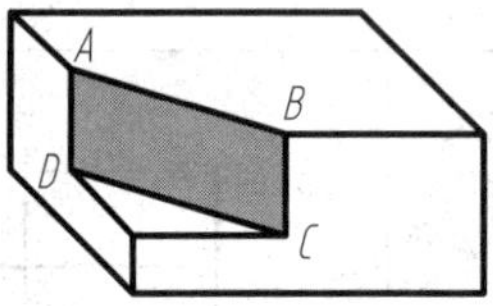	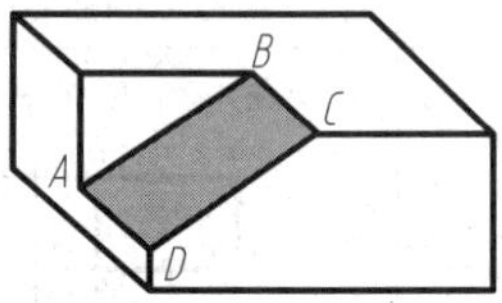	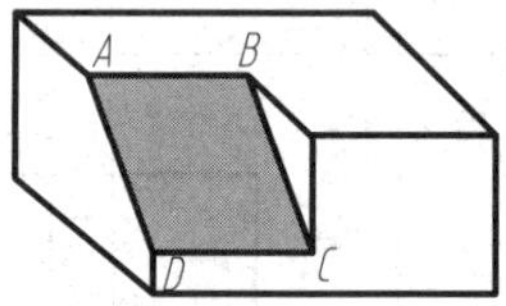
投影特点	1. 水平投影有积聚性，且与其水平迹线重合 2. 水平投影与 OX 轴的夹角反映 β 角、与 OY 轴的夹角反映 γ 角 3. 正面投影和侧面投影均为类似形	1. 正面投影有积聚性，且与其正面迹线重合 2. 正面投影与 OX 轴的夹角反映 α 角、与 OZ 轴的夹角反映 γ 角 3. 水平投影和侧面投影均为类似形	1. 侧面投影有积聚性，且与其侧面迹线重合 2. 侧面投影与 OY 轴的夹角反映 α 角，与 OZ 轴的夹角反映 β 角 3. 正面投影和水平投影均为类似形

投影面垂直面的投影特性：
(1) 在垂直的投影面上的投影，积聚成一直线。它与投影面的夹角分别反映平面与另两个投影面的倾角。
(2) 在另外两个投影面上的投影为平面的类似形。

3. 一般位置平面

与三个投影面都处于倾斜位置的平面称为一般位置平面。如图 3-27 所示，△ABC 与三个投影面都倾斜，因此它的三个投影 △abc、△a'b'c'、△a"b"c" 均为类似形，不反映实形，也不反映该平面与投影面的倾角 α、β、γ。

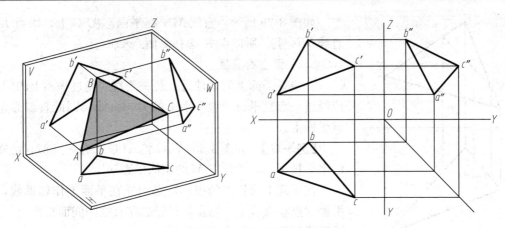

图 3-27 倾斜面的投影特性

与点和直线一样，上述三种位置的平面，一般只要已知它的两个投影就可作出它的第三个投影。

【例 3-10】 已知如图 3-28（a）所示平面的两投影，求第三投影。

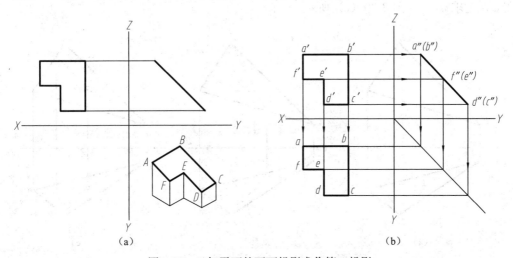

图 3-28 已知平面的两面投影求作第三投影

分析与作图步骤如下：

由图 3-28（a）看出，该平面为侧垂面，因此，其水平投影应是与正面投影相类似的图形，可通过求出平面上 A、B、C、D、E、F 各拐点的水平投影并连接，即可得到该面的水平投影。作图方法如图 3-28（b）所示。

（1）V 面和 W 面上，找出该平面的拐点 A、B、C、D、E、F 的投影 a'、b'、c'、d'、e'、f' 和 a''、b''、c''、d''、e''、f''。

（2）根据点的投影规律，求出各点的水平投影 a、b、c、d、e、f。

（3）根据正面投影中各点的连接顺序，将求得的各点的水平投影连接，即为所求。

3.3.2 平面上的点和直线

1. 平面上的点

点在平面上的条件是：若点在平面内的任一已知直线上，则点必在该平面上。所以一般情况下，先在平面内绘制一条辅助直线，然后利用点在直线上求点的投影。

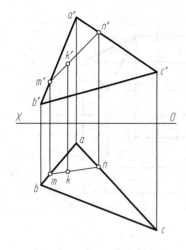

图 3-29 平面上的点

如图 3-29 所示，直线 MN 在平面 △ABC 上，而点 K 在直线 MN 上，所以点 K 必在平面 △ABC 上。

2. 平面上的直线

直线在平面上的条件是：若一条直线经过平面上的两点，或经过一点且平行于该平面上的另一直线，则此直线必定在该平面上。

【例 3-11】 如图 3-30 所示，△ABC 上有一点 M，已知它的水平投影 m，求作点 M 的正面投影 m'。

在平面上求作点的投影，必须先在平面上作辅助线，再根据"点在直线上，则点的投影必在直线的同面投影上"，在辅助线的投影上作出点的投影。

方法一：过点 M 作辅助线 AD 的水平投影 ad，并作出其正面投影 a'd'，在 a'd' 上求 m'，如图 3-30（b）所示。

方法二：过点 M 作辅助线 MN // AB，即过 m 作 mn，使 mn // ab，则 m'n' // a'b'，就可以在 a'b' 上求 m'，如图 3-30（c）所示。

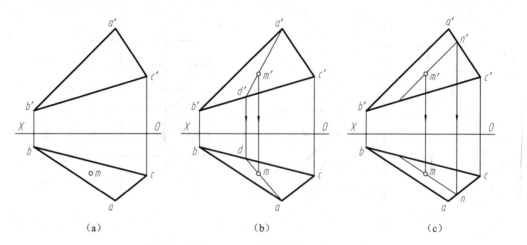

(a)　　　　　　　　(b)　　　　　　　　(c)

图 3-30 平面上的点线

3.3.3 综合举例

【例 3-12】 如图 3-31 所示，根据棱锥上线、面的三面投影分析棱线 SA、SB、AB、AC 和棱面 SAB、SAC、ABC 相对于投影面的位置。

根据三棱锥的投影分析如下：

(1) 棱线 SA 的三面投影 sa、s'a' 和 s''a'' 均不与投影轴方向平行，故为倾斜线。

(2) 棱线 SB 的正面投影 s'b' 和水平投影 sb 分别平行 OZ 轴和 OY 轴方向，而侧面投影 s''b'' 与 OZ 轴和 OY 轴方向均不平行，故 SB 为侧平线，且侧面投影 s''b'' 之长等于 SB 的实长。

(3) 棱线 AC 的侧面投影积聚为一点 a''(c'')，而正面投影 a'c' 和水平投影 ac 均平行于 OX 轴方向，故 AC 为侧垂线，且投影 ac 和 a'c' 之长都等于 AC 的实长。

(4) 棱面 SAB 的三面投影 △sab、△s'a'b' 和 △s''a''b'' 均为原形的类似形，故棱面 SAB 为倾斜面。

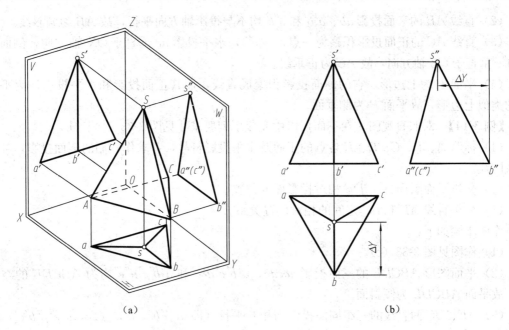

(a)   (b)

图 3-31 分析线面的空间位置

（5）棱面 SAC 的侧面投影 $s''a''c''$ 积聚成一直线，而正面投影 $\triangle s'a'c'$ 和水平投影 $\triangle sac$ 均为它的类似形，故棱面 SAC 为侧垂面。

（6）棱面 ABC 的正面投影 $a'b'c'$ 和侧面投影 $a''b''c''$ 均积聚为垂直 OZ 轴方向的直线，故棱面 ABC 为水平面，且它的水平投影 $\triangle abc$ 反映 $\triangle ABC$ 的实形。

【例 3-13】 对照直观图，在如图 3-32 所示的三面投影图中完成下列要求：
(1) 标明 B、C 点的三面投影符号，并由 A 点的已知投影 a' 和 a'' 求作投影 a。
(2) 补全水平投影中所缺的图线。
(3) 分析直线 AB、AC 和平面 P 相对于投影面的位置。

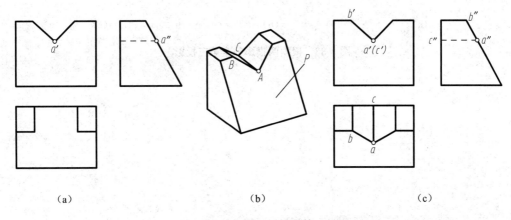

(a)   (b)   (c)

图 3-32 根据两投影补全第三投影

作图步骤如下：
(1) 由投影 a' 和 a'' 求作投影 a，如图 3-32（c）所示。

(2) 直线 AB 的三面投影 ab、a'b' 和 a''b'' 均不与投影轴方向平行，故 AB 为倾斜线。

(3) 直线 AC 的正面投影积聚为一点 a'（c'），水平投影 ac 垂直于 OX 轴方向，侧面投影 a''c'' 垂直于 OZ 轴方向，故 AC 为正垂线。

(4) 平面 P 为七边形，它的侧面投影积聚成直线，而其正面投影和水平投影均为平面 P 的类似七边形，故平面 P 为侧垂面。

【例 3-14】 对照直观图，在三面投影中完成下列要求［见图 3-33（a）、(b)］。

(1) 标明 A、B、C、D、E 各点的正面及水平投影符号，并求作它们的侧面投影，补全所缺图线。

(2) 分析平面图形 ABCDE 相对投影面的位置。

(3) 分析直线 AE 和 BC 之间的相对位置关系。

作图步骤如下：

(1) 作图见图 3-33（c）。

(2) 平面图形 ABCDE 的三面投影 abcde、a'b'c'd'e' 和 a''b''c''d''e'' 均为 ABCDE 的类似形，故平面 ABCDE 为倾斜面。

(3) AE、BC 两直线的三组同面投影均相互平行（即 ae∥bc，a'e'∥b'c'，a''e''∥b''c''）故它们在空间相互平行（即 AE∥BC）。

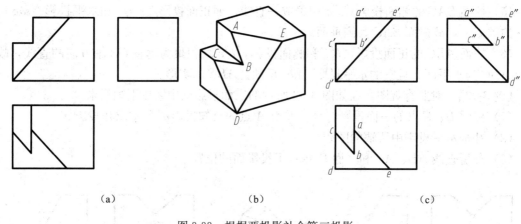

图 3-33　根据两投影补全第三投影

4　基本体的三视图

任何物体均可以看成是由若干个基本立体组合而成。

在工程制图中，通常把棱柱、棱锥、圆柱、圆锥、球、环等立体称为基本几何体（简称基本体）。基本体可分为平面立体和曲面立体两类。如果立体表面全部由平面所围成，则称为平面立体，最常见的平面立体有棱柱体和棱锥体，如图 4-1（a）、（b）所示。如果立体表面全部由曲面立体或曲面与平面所围成，则称为曲面立体，最常见的曲面立体有圆柱、圆锥、球环、一般回转体等，如图 4-1（c）～（f）所示。

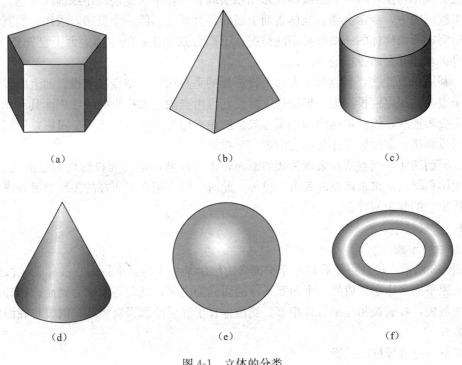

图 4-1　立体的分类

大多数机械零件都是由基本体经过叠加或切割而形成的，因此在立体表面上会产生一系列交线，如图 4-2 所示。对于切割类组合体，切割平面截切基本体时，必然与基本体产生交线如图 4-2（a）、（b）所示；对于叠加类组合体，基本体与基本体相交，则产生相交线如图 4-2（c）所示。

掌握立体表面交线的画法是正确、完整、清楚地表达机件结构形状的重点和难点。掌握和熟悉这些基本体的几何性质及它们的三面投影特点等，是学习绘图和读图的重要基础。

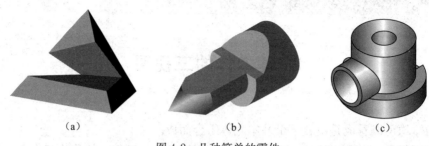

图 4-2　几种简单的零件

4.1　平面几何体及其表面上点、线的投影

平面立体的表面是由若干个平面多边形围成的，主要分为棱柱和棱锥两类。绘制平面立体的投影可以归结为绘制立体的各表面投影，首先确定各表面、棱线和顶点的相对位置，然后根据投影规律作图，将可见棱线的投影用粗实线表达，不可见棱线用细虚线表达。

在工程制图中，经常会遇到立体表面上已知点（或线）的一个投影，求作它的其余两投影，然后完成所画物体的三面投影图的情况。下面分别介绍由基本体表面上已知点（或线）的一个投影求作其余两投影的方法。

（1）利用积聚性法：当点所在表面为投影面的垂直面时，则点在该投影面上的投影必定落在这个表面的积聚性投影上。根据这一特性，可由点的已知投影向所在表面具有积聚性的投影中引投影连线，该投影连线与积聚性投影的焦点即为所求点的第二个投影，然后再由点的上述两投影按三面投影规律作出它的第三个投影。

（2）辅助线法：当点所在表面为倾斜面时，由于倾斜面的三面投影均为原形的类似形，因此不能用积聚性法来求作点的其余两投影，此时，可采用在点所在的表面上过点作辅助线的方法作出它的其余两投影。

4.1.1　棱柱

1. 棱柱的形成

如图 4-3 所示，棱柱可以看作一个平面多边形沿某一不与其平行的直线移动一段距离形成的。由原平面多边形形成的两个相互平行的面称为底面，其余各面称为侧面。相邻两侧的交线称为侧棱，各侧棱相互平行且相等。侧棱垂直于底面的称为直棱柱，侧棱与底面倾斜的称为斜棱柱。

本节只讨论直棱柱的投影。

2. 棱柱的投影分析

如图 4-4（a）所示的正六棱柱，由六个相同的矩形侧棱面和上、下两个相同的正六边形底面围成。前、后两个侧棱面放置为平行于 V 面，上、下两底面平行于 H 面。根据不同位置表面的投影关系，分析如下：

（1）H 面投影。H 面的投影为正六边形，是六棱柱的形状特征图，该投影为上、下底面的实形，但下底面的投影不可见；六个边为六个侧面的积聚投影，六个顶点是六根棱线的积聚点。

（2）V 面投影。V 面投影为三个并行放置的矩形，矩形的上、下两条水平边为上、下底面的积聚性投影，同理，上、下底面的 W 面投影也为积聚直线；四条铅垂线为正六棱柱侧棱的投影。V 面投影中间的矩形为前、后正平面的实形，但后面的投影不可见，左、右两个矩形分别为左边两个铅垂面、右边两个铅垂面的投影（类似形）。

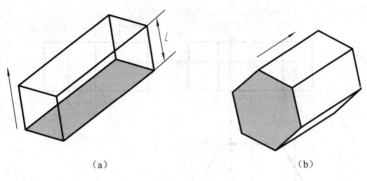

图 4-3 棱柱的形成
(a) 四棱柱的形成；(b) 六棱柱的形成

（3）W 面投影。W 面投影为两个并行放置的矩形，前、后两条铅垂线为前、后正平面的积聚性投影，中间的铅垂线为左、右边界棱线的投影，前、后两个矩形是前、后四个铅垂面的投影（类似形），其中右边的两个铅垂面不可见。

综上分析，棱柱的投影特点如下：一个反映柱体形状特征图，两个反映柱体侧面的矩形。绘制棱柱的三视图时，先画出各投影的对称中心线，然后画出反映实形为正六边形的水平投影，再按投影关系画出它的正面投影和侧面投影，并判断可见性如图 4-4（b）所示。

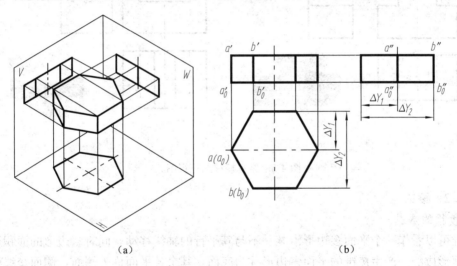

图 4-4 正六棱柱的投影

3. 棱柱表面上取点

在棱柱表面上取点时可利用各表面的积聚性作图。如图 4-5 所示，正六棱柱表面上有一点 M，已知其正面投影 m'，要求作出其水平和侧面投影。由于 m' 可见，则 M 点必在棱柱的前半部 AA_0B_0B 棱面上，因该棱面水平投影具有积聚性，m 必在 aa_0b_0b 的直线段上，再根据投影关系由 m' 和 M 求出 m''。由于棱面 AA_0B_0B 处于左前方，侧面投影可见，所以，其上点 M 的侧面投影 m'' 也可见。又如，已知柱面上一点 N 的水平投影 n，求 n' 和 n''。由于 n 可见，所以点 N 必定在顶面上，由于顶面是水平面，其正面投影和侧面投影都具有积聚性。因此，n'、n'' 也必定在顶面的正面投影和侧面投影所积聚的直线段上。

常见的柱体是基本棱柱被切割后形成的，如图 4-6 所示。

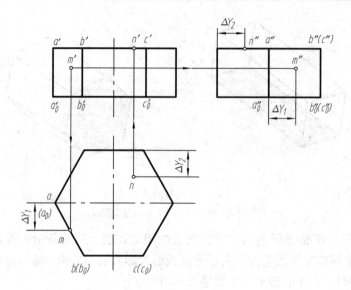

图 4-5 正六棱柱表面上取点

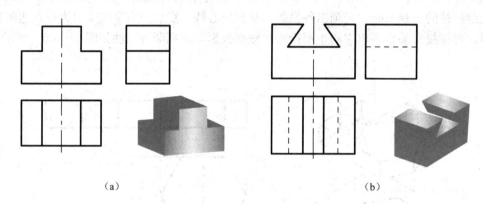

图 4-6 常见棱柱的三视图

4.1.2 棱锥

1. 棱锥的形成

棱锥可以看作一个平面多边形沿某一不与其平行的轴线移动,同时多边形的面积逐渐缩小为零而形成的。产生棱锥的平面多边形称为底面,其余各平面称为侧面,侧面交线称为侧棱。棱锥的特点是所有侧面均为三角形,侧棱交于顶点。

棱锥与棱柱不同之处在于棱锥只有一个底面,且全部棱线交于一点,这一点称为锥顶。按棱线的数目分为三棱锥、四棱锥等。

2. 棱锥的投影分析

如图 4-7 所示,正三棱锥顶点为 S,其底面 $\triangle ABC$ 为水平面,侧面 $\triangle SAB$ 和 $\triangle SBC$ 为一般位置平面,侧面 $\triangle SAC$ 为侧垂面。

(1) H 面投影。H 面投影为正三角形,反映底面三角形的实形(不可见),其三个边是底面三角形的三个边;三个小三角形分别是三棱锥侧面类似形投影(可见),其三个边是三棱锥侧棱的投影。

(2) V 面投影。V 面投影中大三角形线框是侧面 $\triangle SAC$ 的投影,其投影不可见,左、右两个小三角形是前面的两个侧面投影,均为类似形,底面△ABC 的投影为积聚直线 $a'b'c'$,两个小三角形的三个边是三个侧棱的投影。

(3) W 面投影。W 面投影中底面△ABC 为积聚投影 $a''(c'')b''$,侧面△SAC 为积聚投影 $s''a''(c'')$,其余两侧面投影为类似形,其中侧面△SBC 的投影不可见,$s''b''$ 是侧棱 SB 的投影。

画图时,一般先画反映实形的底面三角形的水平投影,再画出具有积聚性的面的另两个投影;然后画出锥顶的三个投影;最后将锥顶和底面三个顶点的同面投影连接起来,即得正三棱锥的三面投影。

3. 棱锥表面上取点

如果是一般位置面上的点,则利用平面上取辅助线的方法求得。如图 4-7 所示,已知正三棱锥表面上有点 E 的正面投影 e' 和点 F 的水平投影 f,求出它们的另两个投影。

由于 E 点在一般位置面△SAB 上,故可以利用在面内取线(辅助线法)的方法求出 E 点的另一投影 e,然后再求出 e'',方法有以下三种:

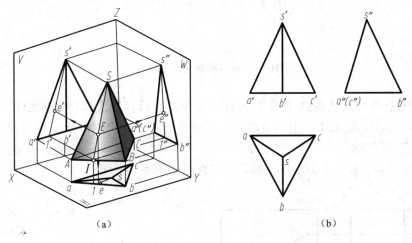

图 4-7 正三棱锥的投影

(1) 过点 E 和棱锥顶 S 作辅助直线 SⅠ,如图 4-7 (a) 所示,其正面投影 $s'1'$ 必过 e',求出 SⅠ 的水平投影 $s1$ 和侧面投影 $s''1''$,则点 E 的水平投影 e 必在 $s1$ 上,侧面投影 e'' 也必在 $s''1''$ 上,如图 4-8 所示。

(2) 也可过点 E 作底棱 AB 的平行线ⅡⅢ,则 $2'3'//a'b'$ 且通过 e',求出ⅡⅢ的水平投影 $23(23//ab)$ 和侧面投影 $2''3''(2''3''//a''b'')$,则点 E 的水平投影 e 必在 23 上,侧面投影 e'' 也必在 $2''3''$ 上。

(3) 也可过欲求点在该点所在的棱面上作任意直线。先求出该辅助直线的投影,再求出点的投影。(读者可自行分析)

判断可见性,由于棱锥面△SAB 在左边,其侧面投影可见,所以 E 的侧面投影 e'' 可见;棱面△SAB 水平投影可见,故点 E 的水平投影 e 可见。因为 F 点在棱面△SAC 上,棱面△SAC 为侧垂面,故可利用其积聚性,直接求出 f'' 即 f'' 必在 $s''a''c''$ 的直线上,再由 f 和 f'' 求出 f'。由于棱面△SAC 正面投影不可见,故点 F 的正面投影 f' 不可见。

如果棱面 ABED 上有一直线或曲线的正面投影已知,要求作出它们其余的两投影时,

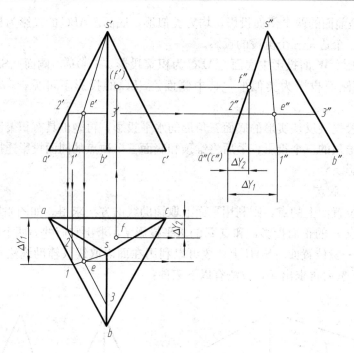

图 4-8 正三棱锥表面上取点

只需作出直线上两端点或曲线上若干点的其余两投影后，依次连接各同面投影即可。如图 4-9 所示，已知棱面 ABED 上一条曲线的正面投影，求作出它的水平投影和侧面投影的图例，请读者自行分析。

三棱台是切掉三棱锥上方后形成的，其三视图如图 4-10 所示。

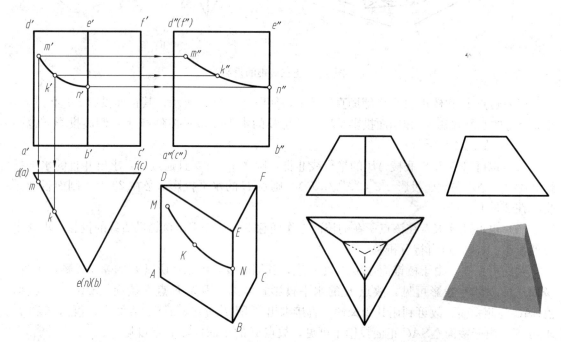

图 4-9　棱柱面曲线的投影　　　　　　　图 4-10　三棱台的三视图

4.2 曲面几何体及其表面上点、线的投影

由曲面或者曲面与平面围成的立体称为曲面立体。曲面立体涵盖内容较多，本部分学习任务是曲面立体中的回转体。

由一母线绕轴线回转而成的曲面称为回转面，由回转面或回转面与平面所围成的立体称为回转体。母线在回转面上任意位置称为素线。常见的回转体有圆柱体、圆锥体、圆球体、圆环等。

4.2.1 圆柱体

1. 圆柱体的形成

如图 4-11（a）所示，圆柱体是由圆柱面和两底面组成的。圆柱面可看成由一条直线 AA_0 绕与其平行的轴线旋转而成的。直线 AA_0 称为母线，圆柱面上任意一条平行于轴线的直线称为圆柱面的素线。

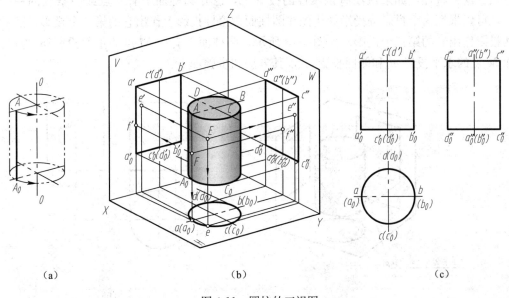

图 4-11 圆柱的三视图

2. 圆柱的投影分析

当圆柱体的轴线垂直于水平面时，其顶面、底面为水平面，而圆柱面上所有的素线均为铅垂线。

（1）H 面投影。H 面的投影为圆，反映顶面、底面的实形，其中底面投影不可见；圆柱面所有素线的俯视图投影都是积聚点，所以 H 面的投影圆又是圆柱面的积聚投影。

（2）V 面投影。V 面投影为圆柱面正面轮廓的投影，为矩形。矩形的上、下边分别是顶面、底面的积聚投影，即圆柱体直径；矩形的左、右边为圆柱面上最左、最右轮廓素线 AA_0、BB_0 的投影，AA_0 和 BB_0 是主视方向可见部分（前半个圆柱面）和不可见部分（后半个圆柱面）的分界线。AA_0 和 BB_0 的 H 面投影积聚在圆周的最左点 $a(a_0)$ 和最右点 $b(b_0)$；其侧面投影 $a''a_0''$ 和 $b''b_0''$ 与圆柱轴线的侧面投影重合，省略不画。

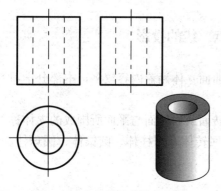

图 4-12 空心圆柱体的三视图

(3) W 面投影。W 面投影为圆柱侧面轮廓的投影，为矩形。矩形的上、下直线分别是顶面、底面的积聚投影。圆柱面上最前、最后两条素线 CC_0 和 DD_0 是侧视图方向可见部分（左半个圆柱面）和不可见部分（右半个圆柱面）的分界面，而这两条形面转向轮廓的水平投影积聚在圆周的最前点 $c(c_0)$ 和最后点 $d(d_0)$；其正面投影 $c'c_0'$ 和 $d'd_0'$ 与圆柱体轴线的正面投影重合，省略不画。

在具体画圆柱体的三面投影图时，应先用细点画线画出轴线的投影及投影为圆的中心线，然后再从反映圆的投影画起，顺次画出它的各个投影。圆柱体钻孔形成空心圆柱体，其三视图如图 4-12 所示。

3. 圆柱面上点、线的投影

由前可知，当圆柱体的轴线垂直于某一投影面时，圆柱面在该投影面上的投影积聚成圆。根据这一特性，如果在没有积聚性的投影中，已知圆柱面上有一点或一条线的一个投影，就可以根据这个投影按投影规律先在圆柱面积聚性投影上作出它的第二个投影；然后再由两投影作出它的第三个投影。如图 4-13 所示，圆柱面上有一 M 点的正面投影 m' 为已知，求作 M 点的水平投影 m 和侧面投影 m''，其方法和步骤如下：

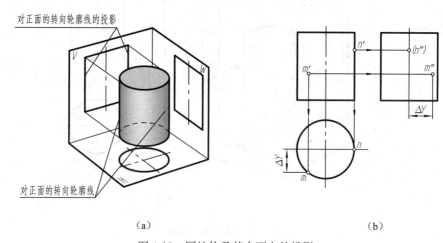

(a)   (b)

图 4-13 圆柱体及其表面点的投影

(1) 过 m' 分别向下引投影连线与圆柱面的水平投影圆相交得 M 点的水平投影 m。

(2) 再由投影 m 和 m' 按投影规律作出 M 点的侧面投影 m''。

上述圆柱面上的 M 点，其位置是在圆柱面的一半素线上，若圆柱面上有一 N 点的位置恰好在圆柱面对正面的转向线上，则其投影 n'' 必定重影在圆柱体轴线的侧面投影上，因 N 点位于圆柱面的右半部，其侧面投影 n'' 为不可见，故用括号括起，即 (n'')。同理可知，位于圆柱面侧面转向线上的点，其正面投影必定重影在圆柱体轴线的正面投影上。

如图 4-14 (a) 所示，水平圆柱面上有一曲线的正面投影已知，求作该曲线的其余两投影。作图时，应先在曲线的正面投影上取若干点，如 a'、b'、c'、d'、e' 等，如图 4-14 (b) 所示；然后由这些点的正面投影分别作出它们的侧面投影 a''、b''、c''、d''、e'' 等，它们都积聚在圆柱面的侧面投影圆上；最后根据各点的正面投影和侧面投影按投影规律作出它们的水平投影，并将它们圆滑地连成曲线 abcde。由于曲线上 CDE 段在圆柱体的下半部，当从上向下投影时为不可见，所以这一段的水平投影用虚线画出。

在取点时，为确保曲线投影的准确和清晰，一般先取出曲线上的一些特殊点。例如，曲线的起始点和终止点，以及最高、最低、最左、最右、最前、最后点。再如，位于曲面转向线上的点和其他表示曲线特性的点（如椭圆长短轴上的点，双曲线、抛物线的顶点等）。在图 4-14（b）中所取的 A 点和 E 点即为该曲线的两端点，同时也分别是曲线上的最高点和最低点，最左点和最右点，曲线上的 C 点位于圆柱面对水平投影面的转向线上，它是区分曲线水平投影中可见与不可见的分界点。

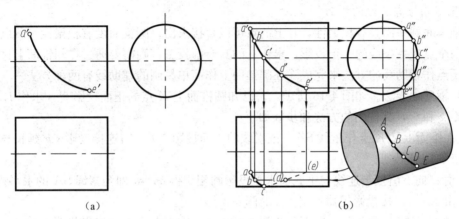

图 4-14 圆柱表面曲线的投影

4.2.2 圆锥

1. 圆锥的形成

如图 4-15（a）所示，圆锥体是由圆锥面和底面组成。圆锥面可以看作一条直线 SA 绕与它相交的轴线旋转而成。S 称为锥顶，直线 SA 称为母线，圆锥面上通过顶点 S 的任一条直线称为圆锥面的素线。

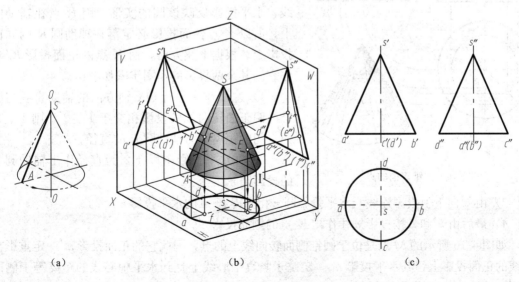

图 4-15 圆锥的三视图

2. 圆锥体的投影分析

圆锥的轴线垂直与 H 面，底圆平面平行于 H 面，故底圆平面的水平投影反映实形。圆锥面没有积聚性，但其水平投影为圆，且与底圆平面的水平投影重合，整个圆锥面的水平投影可见。圆锥的正面投影和侧面投影是全等的等腰三角形，底面是圆锥底面的积聚性投影，两腰 $s'a'$、$s'b'$ 和 $s''c''$、$s''d''$ 分别为圆锥面正面和侧面投影的外形轮廓线，即圆锥面对正面和侧面的转向轮廓素线 SA、SB 和 SC、SD 的投影。

画图时，应先画出各投影的对称中心线和轴线，然后画反映为圆的投影及其另两投影；再按圆锥的高度画顶点的投影和圆锥面另两投影的外形轮廓线。

3. 圆锥面上点、线的投影

圆锥体底圆平面具有积聚性，其上的点可以直接求出；圆锥面没有积聚性，所以若已知锥面上一个点或一条线的一个投影，求作它的其余两投影，则需要通过在圆锥面上过该点或线上若干点作辅助线的方法来完成。在圆锥面上作简单易画的辅助线有两种方法。

（1）辅助素线法。如图 4-16 所示，若已知圆锥面上 K 点的正面投影 k'，求作 K 点的其余两投影 k 和 k''，其作图的方法和步骤如下：

1) 在锥面上过 K 点作素线 SA，该素线的正面投影 $s'a'$ 只需连接投影 $s'k'$ 延长与锥底投影相交于 a' 即可得到。

2) 由 a' 向下引投影连线与锥底面水平投影圆相交得 a，sa 即为素线 SA 的水平投影。

3) 由 sa、$s'a'$ 按投影规律作出 SA 的侧面投影 $s''a''$。

4) 过 K 点的正面投影 k' 向下引投影连线与 sa 相交得 K 点的水平投影 k，向右引投影连线与 $s''a''$ 相交，得 K 点的侧面投影 k''。

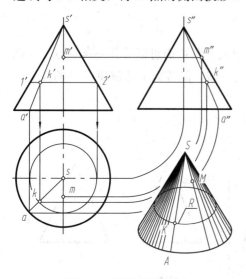

图 4-16　圆锥表面的点

（2）辅助圆法。由于垂直圆锥轴线的截面均为圆，因此可以过圆锥面上的点，在圆锥面上作一个垂直于锥轴的辅助圆。如图 4-16 所示，过 K 点在圆锥面上作一个垂直于锥轴的辅助圆 R。该辅助圆的正面投影和侧面投影均积聚为垂直轴线投影的直线，水平投影反映该圆的实形，因 K 点在辅助圆上，所以 K 点各面投影必定落在辅助圆 R 的同面投影上。根据上述方法，由 K 点的正面投影 K' 求作它的其余两投影的作图步骤如下：

1) 过 k' 作一平行 OX 轴方向的辅助直线与圆锥的两正面转向线的投影相交于 $1'$、$2'$，则 $1'$、$2'$ 两点间的距离即为辅助圆 R 的直径。

2) 在水平投影中以 $1'2'$ 为直径作出辅助圆 R 的投影圆 r。

3) 由 k' 向下引投影连线与水平投影圆 r 相交得 K 点的水平投影 k。

4) 最后由 k' 和 k 按投影规律作出 K 点的侧面投影 k''。

如图 4-16 所示的 M 点是位于圆锥侧面转向线上的点，因此它的正面投影 m' 一定重影在轴线的正面投影上，其水平投影 m 一定位于竖直中心线上且到水平中心线的距离等于侧面投影 m' 到轴线侧面投影的距离。

图 4-17（a）表示已知圆锥面上有一曲线的正面投影为直线，求作该曲线的水平投影和侧面投影，具体作图见图 4-17（b），请读者自行分析。

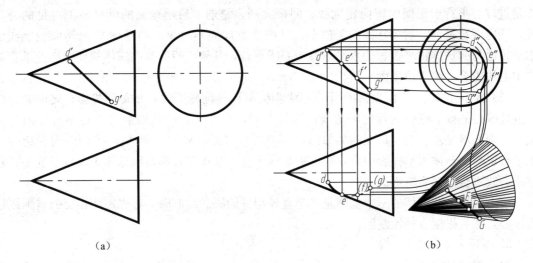

图 4-17　求圆锥面上曲线的投影

4.2.3　球体

1. 球体的形成

球体由圆球面形成，圆球面可以看作由一圆为母线，绕其通过圆心且在同一平面的轴线（直径）回转而形成的光滑曲面，其直观图如图 4-18（a）所示。

2. 球体的投影分析

由于过球心可作无数条轴线（直径），故任一垂直于轴线的平面与圆球体的交线均为一圆周。图 4-18 所示为圆球体直观图及其投影图，圆球体的轴线可视为正垂线、铅垂线、侧垂线。

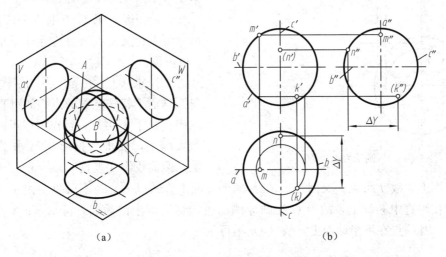

图 4-18　球体的三视图

（1）H 面投影。H 面投影的圆 b 是圆球体 H 面的转向轮廓线 B 的水平投影，转向轮廓线 B 是过球心平行于水平面的转向轮廓线圆，即最大圆，是上、下半球面可见与不可见的分界圆，圆内区域是上、下半球面的类似形，其中下半球面不可见。圆球体 H 面的转向轮廓线 B 的正面投影和侧面投影分别在其水平对称中心线上，都省略不画。

（2）V 面投影。V 面投影的圆 a' 是圆球体 V 面转向轮廓线 A 的正面投影，转向轮廓线 A 是过球心平行于正面的转向轮廓线，即最大圆，是前、后半球面的可见与不可见的分界圆，圆内区域是前、后半球面的类似形，其中后半球面不可见。圆球体 V 面转向轮廓线的水平投影与圆球体水平投影的水平对称中心线重合，其侧面投影与圆球体侧面投影的垂直对称中心线重合，都省略不画。

（3）W 面投影。W 面投影的圆 c'' 是圆球体 W 面转向轮廓线 C 的侧面投影，转向轮廓线 C 是过球心平行于侧面的转向轮廓线，即最大圆，是左、右半球面的可见与不可见的分界圆，圆内区域是左、右半球面的类似形，其中右半球面不可见。圆球体 W 面转向轮廓线的水平投影与圆球体水平投影的垂直对称中心线重合，其正面投影与圆球体正面投影的垂直对称中心线重合，都省略不画。

综上所述，圆球体的三个视图是三个直径相等的圆。绘制时，首先用两相交的点画线定出圆心，然后根据直径绘制圆。

3. 球面上点、线的投影

由于球面是回转面，故在球面上作点的投影时，可用通过该点在球面上作平行于任一投影面的辅助圆方法作图。如图 4-19 所示，已知圆球面上点 E、F、G 的正面投影 e'、f'、(g')，求其另两个投影。

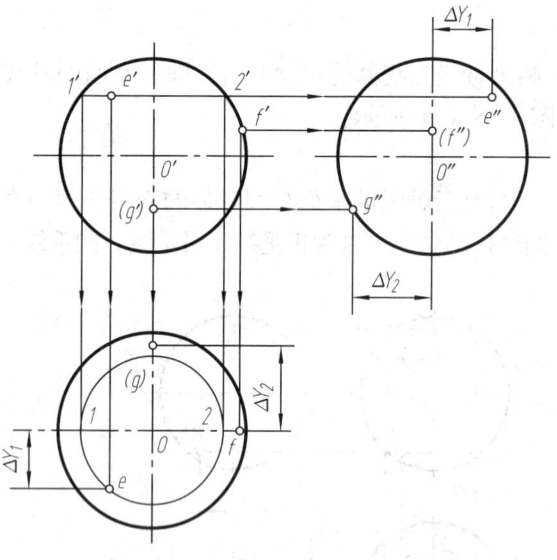

（1）求 e、e''。由于 e' 可见，且为圆球面上的一般位置点，故可作纬圆（正平圆、水平圆和侧平圆）求解。例如，过 e' 作水平线，与圆球正面投影交于 $1'$、$2'$，则以 $1'2'$ 为直径在水平投影上作水平圆，点 E 的水平投影 e 必在该纬圆上，再由 e、e' 求出 e''。因点 E 位于上半个圆球面上，故 e 可见；又因点 E 在左半个球面上，故 e'' 也可见。

（2）求 f、f'' 和 g、g''。由于点 F、G 是圆球面上特殊位置的点，故可直接作图求出。由于 f' 可见，且在圆球正面投影的最大圆上，故水平投影 f 在水平中心线上，侧面投影在垂直中心线上。因点 F 在

图 4-19 圆球表面上取点

上半个球面上，故 f 可见，又因点 F 在右半个球面上，故 (f'') 为不可见。由于 (g') 不可见，且在垂直中心线上，故点 G 在圆球侧面投影最大圆上的后面，可由 (g') 求出 g''，再求出 g，因 G 点在下半球面上，故 (g) 不可见。

4.3 截 交 线

基本几何体被平面切去某些部分后的形体称为切割体。图 4-20 所示为四个不同的切割体，前两个是由平面切割平面立体而形成的平面切割体，后两个是由平面切割曲面立体而成

的曲面切割体。

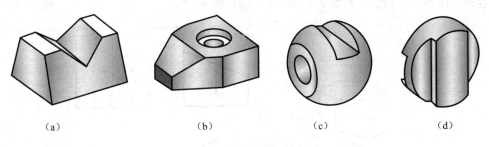

图 4-20 切割体示例

切割立体的平面称为截平面，截平面与立体表面的交线称为截交线。画图时，为了清楚地表达这些由切割而成的机件形状，必须正确画出截交线的投影。

立体被平面截切时，立体形状和截平面相对立体的位置不同，所形成截交线的形状也不同。但任何截交线都具有以下两个性质：

(1) 截交线是截平面和立体表面的共有线。
(2) 截交线一般是封闭的平面图形。

根据性质 (1) 可知，由于截交线是截平面与立体表面的共有线，截交线上的点必定是截平面与立体表面的共有点。因此，求截交线的问题，实质上就是求截平面与立体表面的共有点的集合。

如果截平面（或立体表面）为投影面的垂直面，则截交线在截平面（或立体表面）所垂直的投影面上的投影与截平面（或立体表面）的投影积聚在一起。即截交线的投影有一个或两个为已知，其余投影就可应用 4.2 节介绍的立体表面上点、线的投影画法作出。下面分别介绍平面切割体和曲面切割体的面法及其交线的求法。

4.3.1 平面立体截交线

平面立体的截交线是一个封闭的平面多边形。

1. 求截平面与平面体截交线的方法
(1) 求各棱线与截平面的交点——棱线法。
(2) 求各棱面与截平面的交线——棱面法。

2. 求平面与截平面体截交线的一般步骤
(1) 分析截交线的形状。平面体与截平面相交，其截交线形状取决于平面体的形状及截平面对平面体的截切位置。截交线都是封闭的平面多边形。
(2) 分析截交线的投影。分析截平面与投影面的相对位置，明确截交线在投影面上的投影特性，如积聚性、类似性等。
(3) 画出截交线的投影。分别求出截平面与平面体上棱面的交线，最后将这些交线连接成多边形。

【例 4-1】 如图 4-21 所示，六棱柱被正平面 P 截切，试画出六棱柱被截切后的侧面投影。

分析：根据六棱柱被正垂面 P 截切的相对位置可知截交线为六边形，其 6 个顶点是截平面 P 与棱线的交点，六条边是截平面 P 与棱面的交线。截平面的正面投影具有积聚性，可直接求出各交点的正面投影，进而求得各交点水平投影和侧面投影，依次连接 6 个交点的同面投影，即为所求截交线投影，如图 4-21（c）所示。

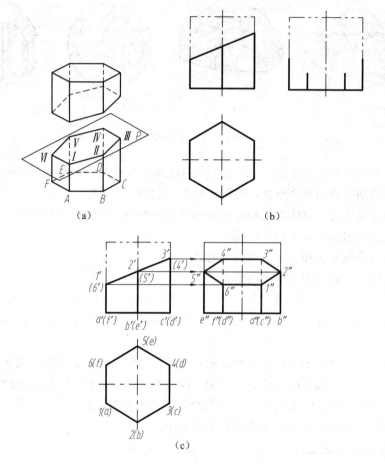

图 4-21 平面与六棱柱相交
(a) 轴测图；(b) 已知图形；(c) 截交线的画法

作图步骤如下：

(1) 求截平面与六棱柱各棱线交点的各面投影。首先在截平面具有积聚性的投影面上找出棱柱各棱线与截平面 P 交点的投影，截平面 P 在正立投影面的投影积聚为一条直线，在正立投影面中可直接求得这些点的投影 $1'$、$2'$、$3'$、$4'$、$5'$、$6'$。然后在六棱柱具有积聚性的投影面上找出各交点的投影，六棱柱的各棱线在水平投影面中积聚为一个点，各交点在棱线上，很容易找出各交点的水平投影 1、2、3、4、5、6。最后根据投影关系作出侧面投影 $1''$、$2''$、$3''$、$4''$、$5''$、$6''$。

(2) 判别可见性并连线。截交线上的投影 $1''$、$2''$、$3''$、$4''$、$5''$、$6''$ 均可见，故用实线连接各点的同面投影，可得截平面 P 与六棱柱的截交线的投影为一六边形。

(3) 整理图形。擦去不要的棱线，被遮挡的棱线用细虚线画出。

【例 4-2】 试求正四棱锥被一正垂面 P 截切后的三视图（见图 4-22）。

分析：(1) 因截平面 P 与四棱锥 4 个棱面相交，所以截交线为四边形，它的 4 个顶点即为四棱锥的 4 条棱线与截平面 P 的交点。

(2) 截平面垂直于正投影面，而倾斜于侧投影面和水平投影面。所以，截交线的正投影积聚在 p' 上，而其侧投影和水平投影则具有类似形。

作图步骤如下：

(1) 先画出完整正四棱锥的三视图。

(2) 因截平面 P 的正投影具有积聚性，所以截交线四边形的 4 个顶点 Ⅰ、Ⅱ、Ⅲ、Ⅳ的正投影 $1'$、$2'$、$3'$、$4'$ 可直接得出，据此即可在俯视图上和左视图上分别求出 1、2、3、4 和 $1''$、$2''$、$3''$、$4''$。将顶点的同名投影依次连接起来，即得截交线的投影。在三视图上擦去被截平面 P 截去的投影，即完成作图。注意左视图上的虚线不要遗漏。

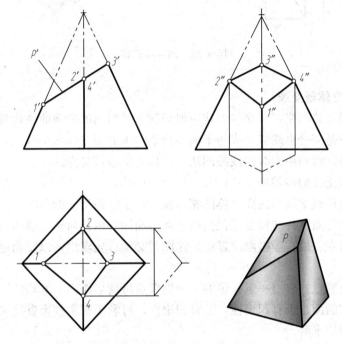

图 4-22 四棱锥被一正垂面截切

【例 4-3】 四棱柱中间穿了一个燕尾槽，前端为一个侧垂面所截。已知其主视图和左视图，求作俯视图（见图 4-23）。

分析：带有燕尾槽的四棱柱被一侧垂面 P 截切，将前端截成倾斜面。截平面与 8 个平面相交，共有 8 条交线，故截交线为一八边形。

截平面 P 垂直于侧投影面，而倾斜于正投影面和水平投影面。所以，截交线的侧投影积聚在 P'' 上，而其正投影和水平面投影具有类似形。因棱柱 8 个平面皆垂直于正投影面，其正投影具有积聚性，故截交线的正投影为已知。

作图步骤如下：

(1) 先画出四棱柱体在俯视图上的轮廓线。

(2) 因截交线的 8 个顶点的正投影 $1'$、$2'$、$3'$、$4'$、$5'$、$6'$、$7'$、$8'$ 和侧投影 $1''$、$2''$、$3''$、$4''$、$5''$、$6''$、$7''$、$8''$ 为已知，据此可求出其水平投影 1、2、3、4、5、6、7、8 将各点依次连接起来即为截交线在水平投影面上的投影。

(3) 完成俯视图的作图，注意其中有 4 条虚线不要遗漏了。具体作图如图 4-23 所示。

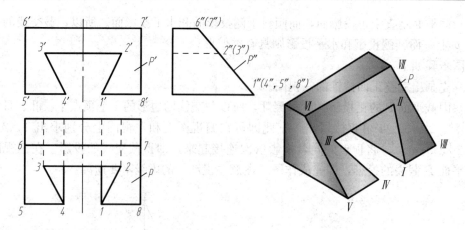

图 4-23 四棱柱截切

4.3.2 曲面立体截交线

截平面与曲面立体相交，截交线形状一般情况下是封闭的平面曲线或直线与平面曲线的组合，特殊情况下是完全由线段组成的平面多边形。求曲面立体截交线，是求截平面与曲面立体表面的共有点，可利用素线法或纬圆法，然后光滑连接各点。

求曲面立体截交线的步骤如下：

(1) 分析。分析截平面与曲面立体的相对位置，了解截交线的形状。

(2) 求特殊位置点。特殊位置点包括截平面与曲面立体转向轮廓线的交点，以及截交线上最前、最后、最左、最右等极限位置点。作图时必须首先求出，以便确定截交线的范围及可见性。

(3) 求一般位置点。求出一定数量的一般位置点可增加作图的准确性。但是求这类点的投影应分析点所在的面是否有积聚性，若有积聚性，可利用积聚投影直接求得；若没有积聚性，可利用辅助圆法求解。

(4) 判断可见性。截交线中可见部分用粗实线绘制，不可见部分用细虚线绘制。

1. 圆柱的截交线

平面与圆柱体相交，根据截平面与圆柱体轴线的相对位置不同，其截交线的形状有矩形、圆和椭圆三种，见表 4-1。

表 4-1　　　　　　　　　　　　　圆柱的截交线

截平面的位置	平行于轴线	垂直于轴线	倾斜于轴线
截交线的形状	矩形	圆	椭圆
立体图			

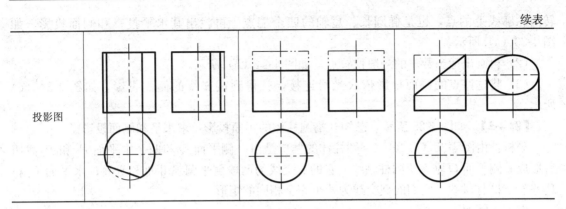

【例 4-4】 如图 4-24（a）所示，求圆柱被正垂面截切后的截交线。

分析：由图 4-24（a）可知，截平面倾斜于圆柱轴线，截交线为椭圆，它的 V 面投影积聚为一直线，H 面投影与圆柱面水平投影重合为圆，W 面投影是椭圆的类似形。根据投影规律可由正面投影和水平投影求出侧面投影。

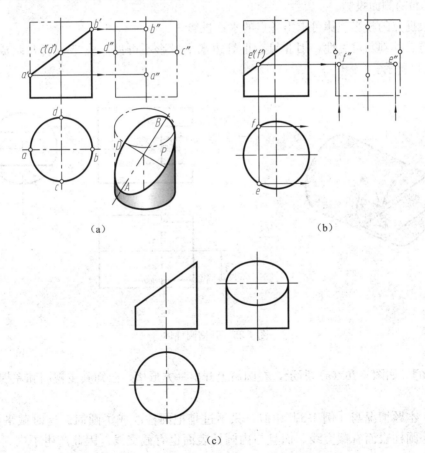

图 4-24 圆柱的截交线
(a) 分析及求作特殊位置点；(b) 求作一般位置点；(c) 完成全图

作图步骤如下：

(1) 先找出截交线上特殊位置点的正面投影，它们是圆柱的最左、最右以及最前、最后转向轮廓线上的点,也是椭圆长、短轴的四个端点。再找出其水平投影和侧面投影,如图 4-23 (a) 所示。

(2) 再画出适当数量的一般位置点,如图 4-24 (b) 所示。

(3) 将这些点的侧面投影依次光滑连接,就得到截交线的侧面投影,如图 4-24 (c) 所示。

【例 4-5】 如图 4-25 所示,已知开槽圆柱体的正面投影,求水平和侧面投影。

分析:由图 4-25 (a) 可知,圆柱体的槽口是由一侧平面 Q 和两个水平面 P_1 和 P_2 截切后形成。侧平面 Q 垂直于圆柱轴线,它的截交线为两段侧平圆弧 ⅡⅢ 和 ⅥⅦ;水平面 P_1 和 P_2 平行于圆柱轴线,它们的截交线为两个完全相同的矩形。

作图步骤如下:

(1) P_1、P_2 和 Q 面的正面投影具有积聚性,因此可直接标出它们的正面投影,如图 4-25 (b) 所示。

(2) 由正面投影可直接求出侧面投影。1″2″7″8″、3″4″5″6″为两水平面的侧面投影,2″3″6″7″为侧平面的侧面投影。

(3) 根据点的投影规律可求出各点的水平投影。

(4) 连点并判断可见性,因 ⅡⅦ、ⅢⅥ 边水平投影不可见,故 27 (36) 画成虚线,如图 4-25 (b) 所示。

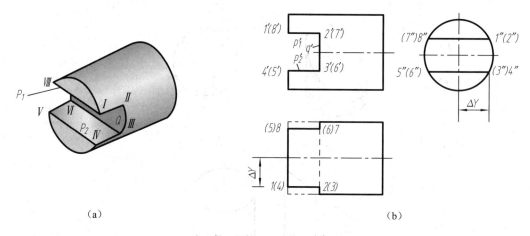

图 4-25 开槽圆柱体

【例 4-6】 如图 4-26 (a) 所示,在圆筒上开出一方形槽,已知其主视图和左视图,求作俯视图。

分析:本题情况与[例 4-5]相似,只不过是把圆柱改成了圆筒。这时截平面 P、Q、T 不仅与外圆柱表面有截交线,而且与内圆柱表面也有截交线,因此产生了内、外表面截交线。

作图步骤如下:

(1) 先画出完整的圆筒的俯视图,再依次求出外圆柱表面与内圆柱表面的截交线的水平投影。

(2) 外圆柱表面截交线的水平投影与［例 4-5］完全一样。内圆柱表面截交线的水平投影作法也与［例 4-5］相似，只需分别求出截平面 P、Q、T 与内圆柱表面的截交线，其水平投影为 a_1、b_1、e_1、f_1、h_1。

(3) 作图时也应注意，由于外圆柱面和内圆柱面上的水平轮廓线有一段被切掉了，所以在俯视图上就产生了内、外两个缺口。

(4) 此外，由于圆筒中间是空的，在两条平行的截交线的水平投影之间不应有连线，即在 b_1d_1 之间应当中断。具体作图见图 4-26。

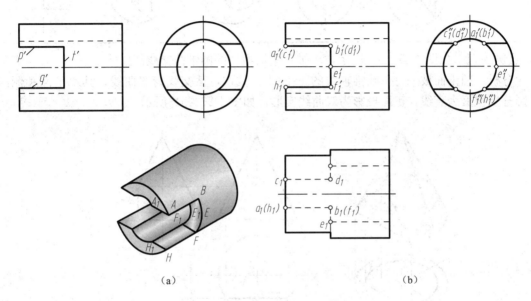

图 4-26 圆筒上开一方形槽

2. 圆锥的截交线

圆锥面没有积聚性，因此，圆锥的截交线只能用圆锥表面取点、取线的方法，求出特殊位置点和一般位置点，判断可见性后光滑连接。由于截平面与圆锥轴线的相对位置不同，截交线有五种不同的形状，见表 4-2。

表 4-2　　　　　　　　　　　　圆锥的截交线

截平面的位置	过锥顶	不过锥顶			
		垂直于轴线	倾斜于轴线，不与轮廓线平行	平行于任一条素线	平行于轴线
截交线的形状	相交两直线	圆	椭圆	抛物线	双曲线
立体图					

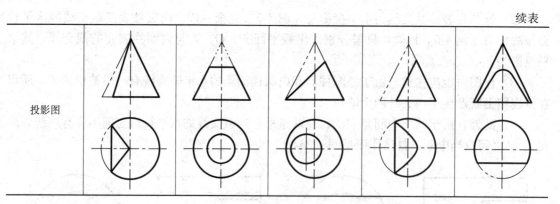

【例 4-7】 如图 4-27（a）所示，求被正平面截切的圆锥截交线。

分析：圆锥面被平行于圆锥轴线的正平面 P 截切，截交线为双曲线，其水平面和侧面投影分别积聚为直线，正面投影为双曲线实形，如图 4-27（a）所示。

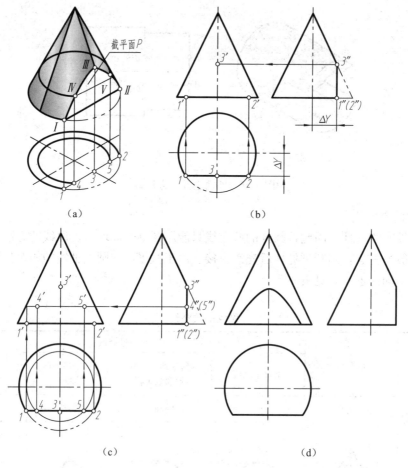

图 4-27 求正平面截取圆锥的截交线

(a) 立体图；(b) 求出特殊位置点；(c) 求出一般位置点；(d) 完成全图

作图步骤如下：

(1) 求特殊位置点。点Ⅲ是最高点，点Ⅰ、Ⅱ是最左、最右点，求出此三点的正面投影，如图 4-27（b）所示。

（2）求一般位置点。作辅助水平面，该辅助面与截交线的交点为Ⅳ、Ⅴ，先确定其侧面投影，再根据点在圆上确定其水平投影，最后求出其正面投影，如图 4-27（c）所示。

（3）将各点的正面投影光滑连接，整理全图，如图 4-27（d）所示。

3. 圆球的截交线

圆球被任意方向截平面截切，截交线都是圆。圆的直径大小取决于截平面与球心的距离，越靠近球心，圆的直径越大。当截平面通过球心，圆的直径最大，等于圆球的直径。

当截平面平行于某一投影面时，截交线在该投影面上的投影为圆的实形，其他两投影面上的投影都积聚为直线，其长度等于圆的直径，称为圆球的特殊截交线，如图 4-28 所示。

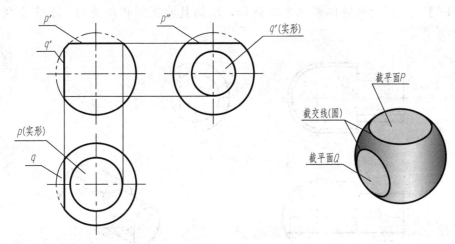

图 4-28 圆球的特殊截交线

【例 4-8】 如图 4-29（a）所示，已知一开槽半球的主视图，求其俯、左视图。

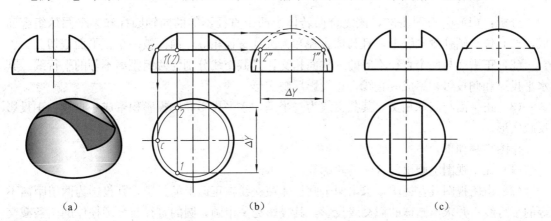

图 4-29 开槽半球的截交线
(a) 开槽半球；(b) 求出截交线为圆的各投影；(c) 完成全图

分析：开槽半球是由两侧平面与一水平面截切而成的。侧平面截切半球后，截交线的侧面投影是圆的一部分，水平投影积聚为直线；水平面截切半球后，截交线的水平投影是圆的一部分，侧面投影积聚为直线；两个侧平面与水平面的交线都是正垂线，侧面投影上有一部分为不可见。

作图步骤如下：

（1）求出水平截切面与球面交点 c 的正面投影，作出 c 的水平投影，以 c 到球心的距离为半径作圆，即为该水平截切面的水平投影。

（2）求Ⅰ、Ⅱ两点的水平投影及侧面投影。

（3）求侧平截切面的侧面投影。

（4）整理全图。

4.3.3 复合回转体的截交线

有的机件是由复合回转体截切而成的，在求作截交线时，应分析复合回转体由哪些基本回转体组成及其连接关系，然后分别求出这些基本回转体的截交线，并依次将其连接。

【例 4-9】 一复合回转体被二平面截切，已知其俯视图和左视图，求作主视图，如图 4-30 所示。

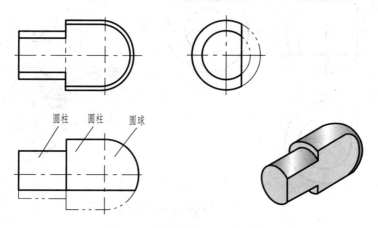

图 4-30 复合体被一正平面截切

分析：（1）分析图 4-30，该复合回转体由两个直径不等的同轴圆柱和半个圆球组合而成，球心位于圆柱的轴线上，且圆球直径和大圆柱直径相等，前面被一个正平面截切。

（2）正平面与两个直径不等的圆柱面相交，其截交线分别为两组距离不等的平行线。其水平投影和侧投影积聚成一直线，正投影反映实形。

（3）正平面与圆球相交，其截交线为一半圆，水平投影和侧投影积聚成一直线，正投影反映实形。

作图步骤如下：

（1）在主视图上画出复合体的轮廓线。

（2）由俯视图及左视图，求出两个圆柱体截交线在正面上的投影，其投影为两组距离不等的平行线；并求出圆球的截交线投影，其投影为一半圆，圆的直径与大圆柱体的两条截交线距离相等。注意两圆柱体的连接面之间，在正面上的投影有条虚线，画图时不要遗漏。其作图结果如图 4-30 所示。

4.4 相 贯 线

两立体相交称为相贯，两立体表面的交线称为相贯线。两立体常见的相贯形式有三种：

两平面立体相贯、平面立体与回转体相贯、两回转体相贯,如图 4-31 所示。

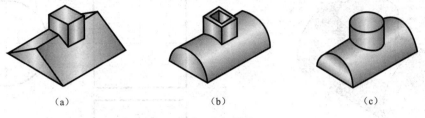

图 4-31 相贯体
(a) 两平面立体相贯；(b) 平面立体与回转体相贯；(c) 两回转体相贯

由于平面立体可以看作由若干个平面围成的实体,因此前两种立体相贯的相贯线,可转化成平面与平面立体表面相交和平面与回转体表面相交求截交线的问题求解。下面着重介绍两回转体相交时相贯线的性质和作图方法。

4.4.1 相贯线的基本性质

由于相交的两回转体的几何形状、大小和相对位置不同,相贯线的形状也不相同,但所有相贯线都具有以下两个基本性质。

(1) 共有性。相贯线是两相交立体表面的共有线,也是两立体表面的分界线,相贯线上的所有点都是两回转体表面的共有点。

(2) 封闭性。由于基本体占有一定的空间范围,所以相贯线一般是封闭的空间曲线,特殊情况下还可能是平面曲线或直线。

由上述性质可知,求相贯线的实质就是求两回转体表面一系列共有点。常用的方法有积聚性法和辅助平面法两种。

4.4.2 求相贯线的方法

作图时,首先结合立体相对位置及其与投影面的位置关系,分析相贯线的性质,选择合适的作图方法；然后求出特殊位置点的投影,作出一定数量一般位置点的投影；最后判别可见性,光滑连接各点,检查、整理、加深、完成作图。

1. 利用积聚性求相贯线

当圆柱的轴线与投影面垂直时,圆柱在该投影面上的投影积聚成圆周,即相贯线在该投影面上的投影在圆周上。利用曲面立体表面取点的方法,作出相贯线的其他投影。

【例 4-10】 如图 4-32 所示,两圆柱正交,求作它们的相贯线。

(1) 分析。两正交圆柱的轴线分别与水平面和侧垂面垂直,故相贯线的水平投影和侧面投影均积聚在圆周上,根据相贯线的两面投影即可求出其第三面投影,如图 4-32 (b) 所示。

(2) 求特殊位置点。在水平投影中找出相贯线的最左、最右、最前、最后极限位置点 1、3、2、4；再作出其侧面投影 1″、3″、2″、4″；最后根据长对正、高平齐作出正面投影 1′、2′、3′、4′,如图 4-32 (c) 所示。

(3) 求一般位置点。在水平投影圆周上找出左右对称的两个点 5、6,在侧面投影圆周上找出对应点投影 5″、6″,最后根据两面投影作出正面投影 5′、6′,如图 4-32 (c) 所示。

(4) 在正面投影中 1′、2′、3′、5′、6′可见,因为前后对称,所以相贯线后面的和前面的重合,不必再求,光滑连接各点,检查、整理、加深、完成作图,如图 4-32 (d) 所示。

在零件上常见两轴线垂直相交的圆柱,为了作图方便,当两正交圆柱直径相差较大时常

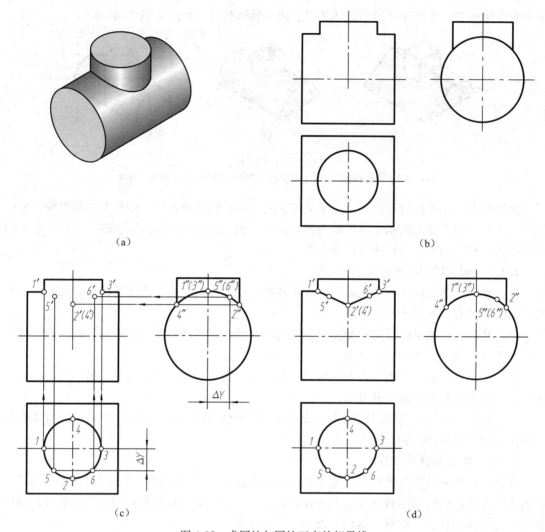

图 4-32 求圆柱与圆柱正交的相贯线
(a) 轴测图；(b) 已知图形；(c) 求相贯线的特殊点和一般点的投影；(d) 光滑连线

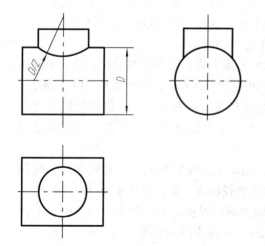

图 4-33 相贯线近似画法

采用近似画法，即用圆弧代替相贯线。圆弧的圆心在小圆柱的轴线上，半径为大圆柱的半径，如图 4-33 所示。

以上是两垂直相交圆柱外表面相贯，在实际零件中也会出现内表面相贯或是内外表面相贯的情况，见表 4-3。

【例 4-11】 求作图 4-34（a）所示拱形柱与圆柱正交的相贯线。

如图 4-34（a）所示的相贯体可分解为半圆柱与圆柱正交，长方体与圆柱正交，相贯线由空间曲线和直线所组成。图 4-34（b）所示为相贯线的投影分析。

表 4-3　　　　　　　　　　　　　圆柱内外表面相贯的情况

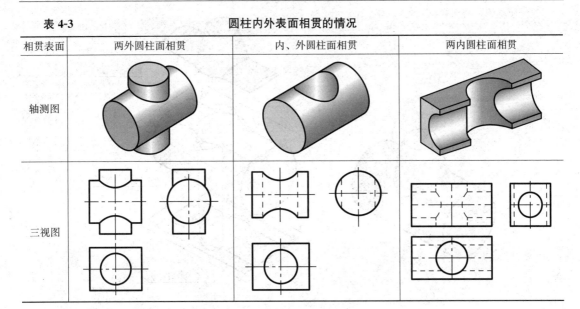

如图 4-34（c）所示，在圆柱上从左往右切拱形通槽，相贯线投影与如图 4-34（a）所示的情况相同，但正面和水平投影用虚线表示拱形槽不可见轮廓线。

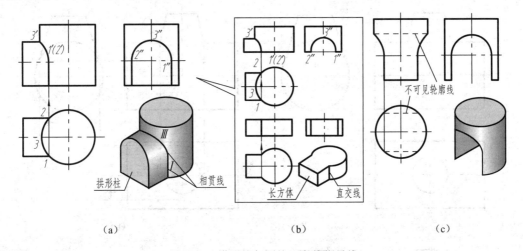

图 4-34　拱形柱与圆柱正交的相贯线

2. 利用辅助平面求相贯线

当已知相贯线只有一个投影有积聚性，或投影都没有积聚性，不能利用积聚性取点法求作相贯线上的点时，可采用辅助平面法求得。图 4-35 所示为圆锥台和圆柱相贯。

用假想辅助平面在两回转体交线范围内同时截切两回转体，得两组交线的交点，即为相贯线上的点。如图 4-35（b）所示，用辅助水平面 P 同时截切圆锥和圆柱，圆锥面上的圆交线和圆柱面上的直交线相交于点 E、G、H、F，为相贯线上的点。这些点既在辅助平面上，又在两回转体表面上，是三面的共有点。因此，利用三面共点原理可以作出相贯线一系列点的投影。

为了简化作图，辅助平面选用投影面平行面，使辅助平面与两回转体辅助截交线的投影简单易画，如直线或圆。

【例 4-12】　求作如图 4-36（a）所示圆锥台和圆柱正交的相贯线。

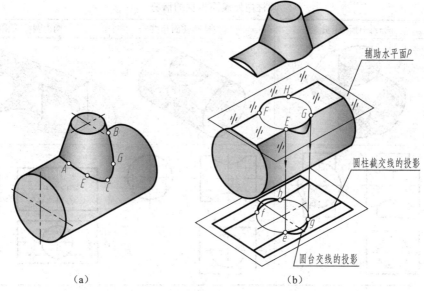

图 4-35 用辅助面法求相贯线
(a) 轴测图；(b) 辅助平面法的投影分析

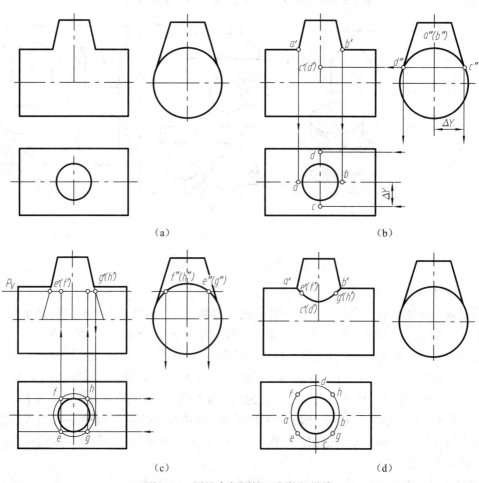

图 4-36 圆锥台与圆柱正交的相贯线

分析：圆锥台和圆柱正交的相贯线为左右、前后对称的封闭形空间曲线，圆柱轴线为侧垂线，相贯线的侧面投影为已知投影，相贯线的正面和水平面投影应求作。

作图步骤如下：

（1）求特殊点。最左、最右点（也是最高点）A、B 是圆锥台与圆柱正面轮廓线的相交点 a'、b'，由点 a'、b' 求得点 a、b；最前、最后点（也是最低点）C、D，是圆锥台侧面轮廓线与圆柱面相交点 c''、d''，由 c''、d'' 求得点 $c'(d')$ 和点 c、d，如图 4-36（b）箭头所示。

（2）求一般点。按图 4-36（b）所示作辅助水平面 P，求得水平投影的辅助交线圆与两直线的交点 e、f、g、h，再求得点 $e'(f')$、$g'(h')$，如图 4-36（c）箭头所示。

（3）连曲线，判断可见性。把各点同面投影按顺序连成曲线；水平投影相贯线可见，正面投影相贯线可见和不可见相重合，如图 4-36（d）所示。

【例 4-13】 求圆锥与半圆球的相贯线。

分析：如图 4-37 所示，圆锥和半圆球的三个投影均无积聚性，其相贯线是一封闭的空间曲线，并且相贯线前后对称，左右不对称。需用辅助平面法求出相贯线的三个投影。

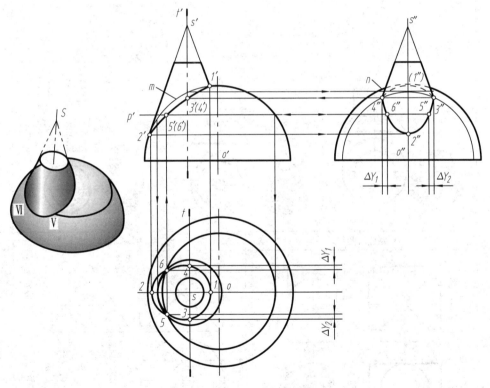

图 4-37 圆锥与半圆球相交

作图步骤如下：

（1）求特殊点。因两立体前后对称，所以其正面投影的外形轮廓线必定相交，故在正面投影上可直接得到相贯线的最高点 $1'$ 和最低点 $2'$，由 $1'$、$2'$ 可直接求出 1、2 和 $1''$、$2''$。取过锥顶的侧平面 T 为辅助平面，截得圆锥为最前、后两素线；截得圆球为一侧平圆，两者交点 $3''$、$4''$ 为最前点Ⅲ、最后点Ⅳ的侧面投影，由 $3''$、$4''$ 可求得 $3'$、$4'$ 和 3、4。点 $3''$、$4''$ 还是相贯线侧面投影可见与不可见的分界点。

（2）求一般点。在适当位置选取水平面 P 作为辅助平面，便可求得两个一般点 Ⅴ、Ⅵ。同法还可再求几点。

（3）将所求各点的同面投影，依次光滑连接起来，便得所求相贯线的各投影。相贯线的侧面投影 $3''5''2''6''4''$ 可见，画粗实线；$3''(1'')4''$ 不可见，画成虚线，如图 4-37 所示。

3. 特殊情况的相贯线

在一般情况下相贯线是封闭的空间曲线，特殊情况下是平面曲线或直线，见表 4-4。

表 4-4　　　　　　　　　　　相贯线的特殊情况

轴线	图　形			特点
	两圆柱 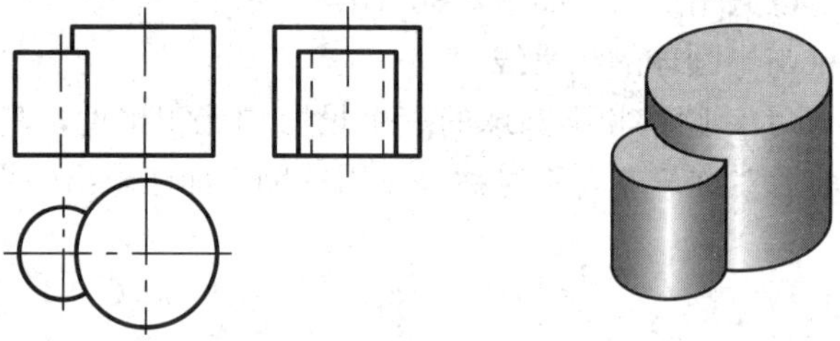			
平行				直线
	圆柱与圆锥 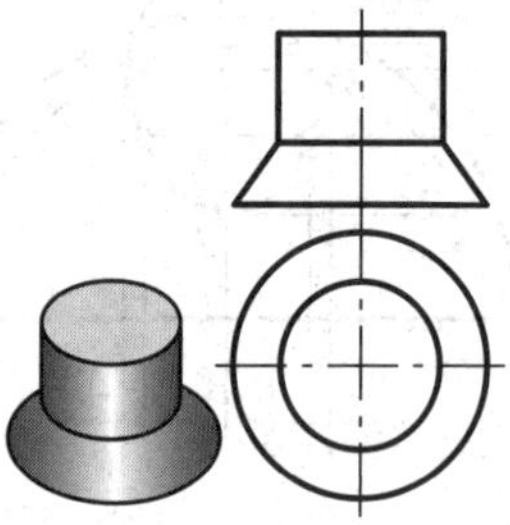	圆锥与圆球 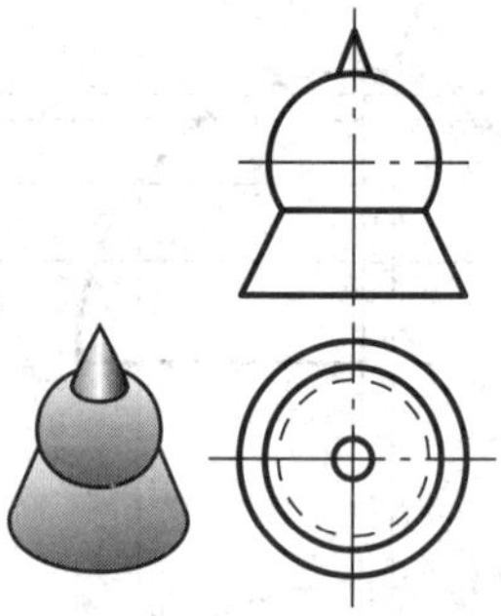	圆柱与圆球 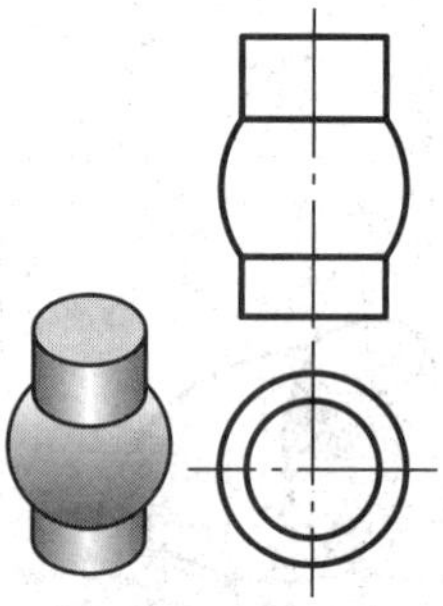	
同轴				圆
	圆柱与圆柱		圆柱与圆锥	
垂直（公切）				椭圆

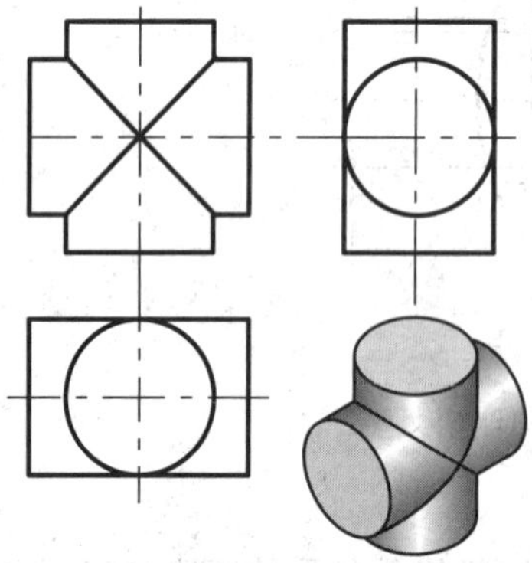

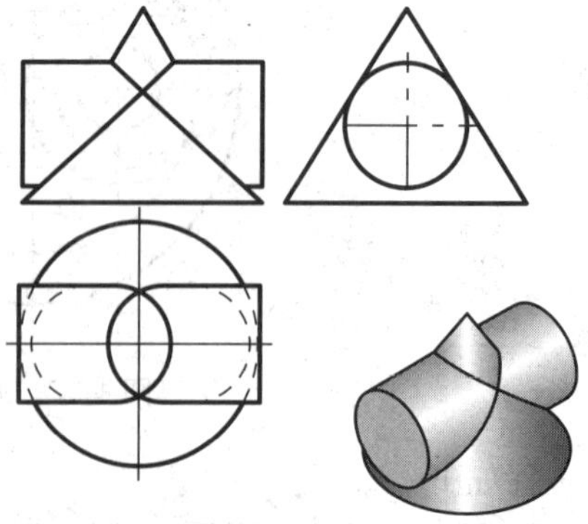

综上所述，当两圆柱轴线平行相交时，相贯线为直线；当两相交回转体同轴时，相贯线是垂直于轴线的圆；当圆柱与圆柱或圆柱与圆锥相交且公切于圆球时，相贯线为椭圆。画相贯线时，如果遇到上述这些情况可直接画出。

4. 三体相交

在机件中，由于形体较为复杂，常会出现多体相交的情况，其表面相贯线的求法，只需要分别求出各基本形体两两相交时的相贯线，在求出各相贯线的连接点——三面共点，最后将各条相贯线顺序连接起来。

【例 4-14】 有一三体相交，求作其相贯线，如图 4-38（a）所示。

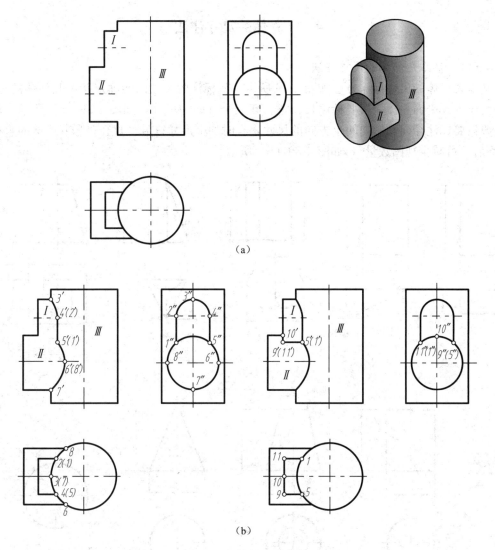

图 4-38 三体相交的相贯线

分析：从图 4-38（a）中三视图及轴测图可以看出，该相交体由Ⅰ、Ⅱ、Ⅲ三部分组成，其中，Ⅱ、Ⅲ为圆柱体垂直相交，Ⅰ为半圆柱体。三体相交后各基本形体的表面均有相贯线。Ⅰ、Ⅱ的表面垂直于侧面，故其侧投影有积聚性，相贯线的侧投影皆积聚在其上；Ⅲ的圆柱面垂直于水平面，其水平投影有积聚性，相贯线的水平投影皆积聚在一段圆弧上。

作图步骤如下：

（1）分别求出Ⅰ与Ⅲ两立体表面的相贯线（用Ⅰ、Ⅱ、Ⅲ、Ⅳ、Ⅴ标出）、Ⅱ与Ⅲ两圆柱表面的相贯线（用Ⅴ、Ⅵ、Ⅶ、Ⅷ、Ⅰ标出），求出Ⅰ与Ⅱ两立体表面的相贯线（用Ⅴ、Ⅸ、Ⅹ、Ⅺ、Ⅰ标出）。

（2）求各相贯线的连接点，即三面公有点Ⅰ和Ⅴ。

（3）将相贯线的正面投影光滑连接起来。

作图过程如图4-38（b）所示。

4.5 立体的尺寸注法

4.5.1 基本几何体的尺寸注法

基本几何体的尺寸标注方法如图4-39所示，所标注的尺寸以能确定基本几何体的形状、大小为原则。平面立体一般要标注长、宽、高三个方向的尺寸，如图4-39（a）所示；回转体一般只要标注径向和轴向两个方向的尺寸，有时加上尺寸符号（直径符号ϕ或球的直径符号$S\phi$后，可减少视图数量），如图4-39（b）所示。

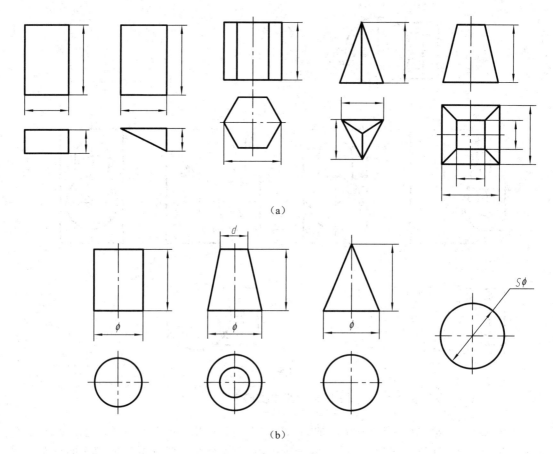

图4-39 基本几何体的尺寸注法
(a) 平面体的尺寸注法；(b) 回转体的尺寸注法

4.5.2 截断体的尺寸注法

标注截断体尺寸时，除了应注出基本形体的尺寸外，还应标注确定截平面的位置尺寸。

当基本体与截平面之间的相对位置确定后,截交线也就确定了,因此截交线上不需再标注尺寸。

标注如图 4-40 所示的截断体尺寸,只需注出参与截交的基本形体的定形尺寸和截平面的定位尺寸。

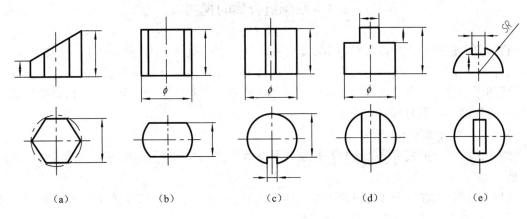

图 4-40 截断体的尺寸标注

4.5.3 相贯体的尺寸标注

标注相贯体尺寸时,除了应注出相交两基本形体的尺寸外,还应标注两相交体的相对位置尺寸。当两相交基本形体的形状、大小和相对位置确定后,相贯线的形状、大小也就确定了,因此相贯线上不需要再标注尺寸,如图 4-41 所示。

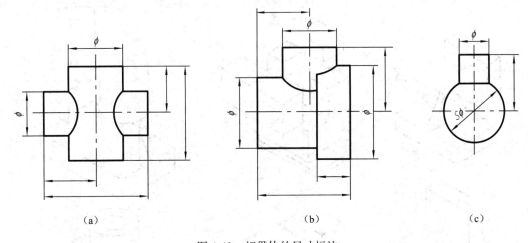

图 4-41 相贯体的尺寸标注

5 组合体的视图与尺寸注法

5.1 绘制组合体的视图

任何复杂的机器零件,从形体角度看,都是由一些基本几何体(如棱柱、棱锥、圆柱、圆锥、圆球、圆环等)按一定连接方式组合而成的。通常由两个或两个以上的基本几何体组合而成的形体称为组合体。学好组合体三视图的画法、尺寸标注和读图方法,可以为后续零件图、装配图的绘制打好坚实的基础。

5.1.1 组合体的组合形式

组合体的组合形式可分为叠加和切割两种基本形式,常见的是这两种形式的综合,如图5-1 所示。

(1)叠加:构成组合体的各基本几何体相互堆积、叠加。如图 5-1(a)所示,该组合体可以看成是由Ⅰ、Ⅱ、Ⅲ部分叠加而成的。

(2)切割:从较大的基本几何体中挖掘出或切割出较小的基本几何体。如图 5-1(b)所示,该组合体可以看成是由四棱柱被切去Ⅰ、Ⅱ、Ⅲ部分后形成的。

(3)综合:既有叠加,又有切割。如图 5-1(c)所示,该组合体可以看成是由Ⅰ、Ⅱ、Ⅲ部分叠加之后,再切去Ⅳ部分而形成的。

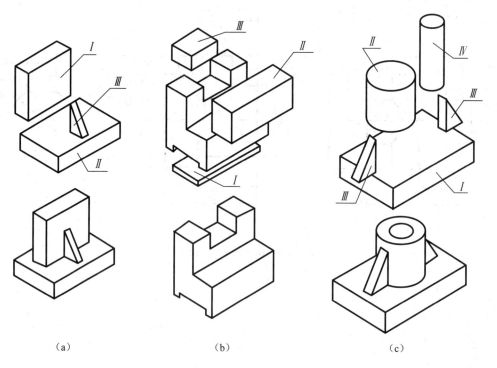

图 5-1 组合体的组合形式
(a)叠加;(b)切割;(c)综合

5.1.2 组合体关系及画法

当基本几何体组合在一起时,必须正确地表示基本几何体之间的表面连接关系,表面连接关系有不平齐、平齐、相切和相交四种情况。画组合体的视图时,必须注意其组合形式和各组成几何体表面间的连接关系,才不会多线或漏线。在识图时注意这些关系,才能想清楚组合体的整体结构形状。

1. 两表面间不平齐

当两个基本几何体的表面不平齐时,相接处应画分界线,如图 5-2 所示。

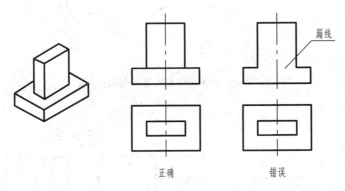

图 5-2 形体间表面不平齐的画法

2. 两表面间平齐

当两个基本几何体的表面平齐时,连接处不应有线隔开,如图 5-3 所示。

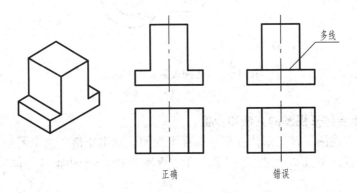

图 5-3 形体间表面平齐的画法

3. 相切

当两个基本几何体的表面在连接处相切时,两表面光滑过渡,相切处不存在轮廓线,在视图上相切处不应画线。如图 5-4 所示,耳板前、后面与圆柱相切,在主、左视图中不画出两个相切表面的切线,但耳板下表面的投影应画到切点处。

4. 相交

当两个基本几何体的表面在连接处相交时,在相交处应画出交线,如图 5-5 所示。交线的具体形状及画法应视交线特点而定,若属于空间曲线,则按前述相贯线画法。

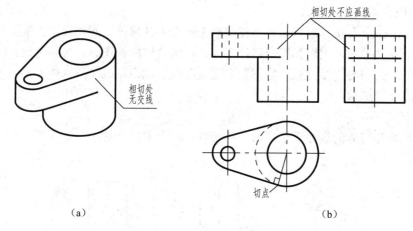

图 5-4 形体间表面相切的画法
(a) 立体图；(b) 三视图

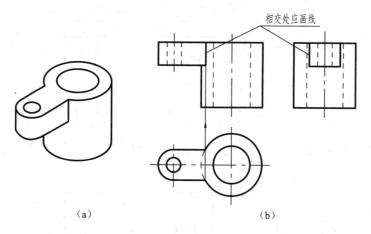

图 5-5 形体间表面相交的画法
(a) 立体图；(b) 三视图

5.1.3 画组合体三视图的方法和步骤

画组合体的三视图一般按形体分析—选择主视图—确定比例、选定图幅及布置视图—具体绘图等步骤进行。下面以如图 5-6 所示的轴承座为例，说明画组合体三视图的方法和步骤。

1. 形体分析

假想把组合体分解为若干个简单的基本立体，并分析它们的组合方式和相对位置，这种"化整为零"的分析方法，称为形体分析法。如图 5-6 所示的轴承座分解为轴承Ⅰ、支承板Ⅱ、肋板Ⅲ和底板Ⅳ四部分。轴承Ⅰ为空心圆柱体，上部有个小圆孔，在最上方；支承板Ⅱ为棱柱，其前、后棱面与轴承的外圆柱面相切；肋板Ⅲ基本上为梯形棱柱，它上部与轴承相贯；底板Ⅳ是左端带有两个圆角的矩形棱柱，其上有四个小圆柱孔。

2. 视图的选择

表达组合体的三个视图中，主视图是最主要的视图，当主视图的投射方向确定后，俯、左的投射方向也就随之确定。选择主视图应考虑以下三点：

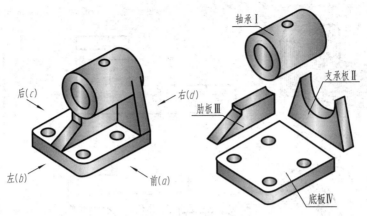

图 5-6 轴承座及其形体分析

（1）反映组合体的形体特征（称为形体特征原则），把反映组合体各部分形状和相对位置较多的一面作为主视图的投射方向。

（2）符合组合体的自然安放位置，使组合体的表面对投影面尽可能多地处于平行或垂直位置。

（3）尽量减少其他视图的虚线。

将轴承放平稳后，从前、后、左、右四个方向观察它，可以得到四个视图，如图 5-6 所示，然后进行比较，将满足主视图要求最多的那个视图，确定为主视图。

如图 5-7 所示，右向视图（d）中虚线较多，不如左向视图（b）清楚；前向视图（a）和后向视图（c）反映的情况相同，但若以后向视图（c）作为主视图，则其左视图将会如图（d）所示，在视图中出现较多的虚线，不如前向视图（a）好。而前向视图（a）和左向视图（b）均能反映出各组成形体的形状特征和相对位置，只是各有侧重，所以都可确定为主视图，具体可从有利于合理使用图纸幅面和通常习惯来选定。这里选用前向视图（a）作为主视图。为了表明底板和支承板的形状大小，以及底板上小圆柱孔的相对位置，除主视图外，还需要画出俯视图和左视图。

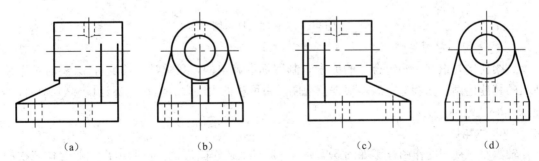

图 5-7 观察方向不同的主视图方案比较
(a) 前向；(b) 左向；(c) 后向；(d) 右向

图 5-8 所示为四个组合体分别按两个不同方向画出来的主视图，显然，A 向作主视图的投射方向更符合要求。

主视图选定后，俯、左视图也随之确定。需要指出的是，并不是任何组合体都必须画出三个视图，应该根据具体情况，在能够完整、清晰地表达清楚的前提下，不画多余的视图。

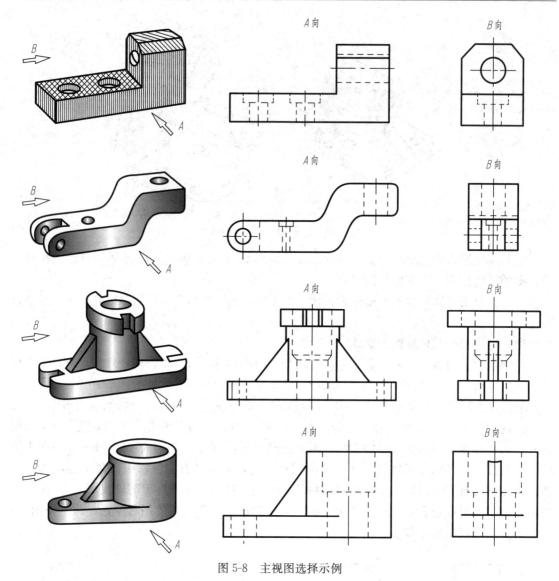

图 5-8 主视图选择示例

3. 选比例、定图幅

绘图比例是根据所画组合体的大小和制图标准确定的，尽量选用 1∶1，必要时可采用适当的其他比例。比例选定后，根据三视图所占面积的大小，并考虑到标注尺寸，选用标准图幅大小。

4. 具体作图

轴承座三视图的作图过程如图 5-9 所示。通过上述作图过程，可归纳出画组合体三视图的方法步骤如下：

（1）布图、画基准线。根据各视图的大小和位置，画基准线。基准线是指画图时测量尺寸的基准，每个视图需要确定两个方向的基准线。一般常用对称中心线、轴线和较大的平面作为基准线。

（2）逐个画出各形体的三视图。根据组合体的投影特点，先画出组合体的主要部分，再按组合方式画出其余各部分。为了保证三视图之间的投影关系，提高画图速度，应尽可能把

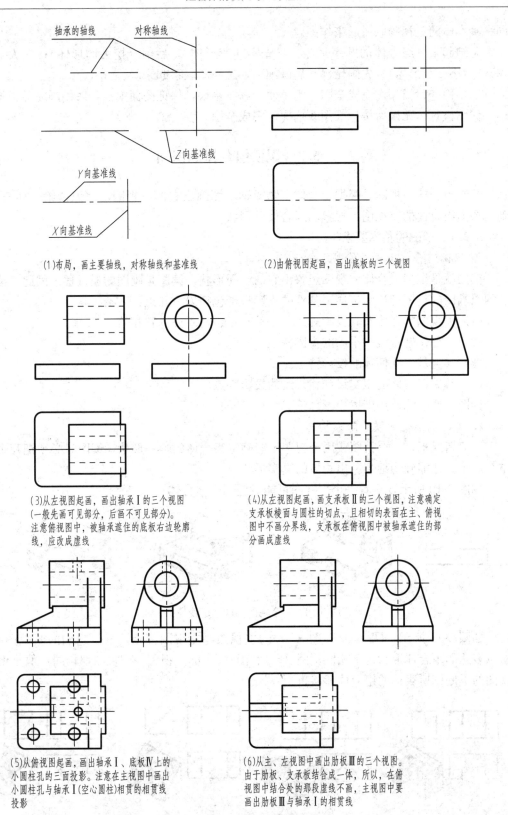

图 5-9 组合体三视图的画图步骤

同一基本体的三视图联系起来作图。

总结起来画组合体的顺序是：一般先实（实形体），后虚（挖去的形体）；先大（大形体），后小（小形体）；先画轮廓，后画细节，三视图联系起来画。

（3）检查、描深，完成全图。为了便于修改错误，保证图面整洁，底稿画完后，按形体逐一仔细检查，无误后按标准图线描深，完成全图。

5.2　识读组合体的视图

绘制组合体三视图是根据组合体实物或轴测图画出它的三视图，而识读组合体三视图，则是根据组合体的三视图，想象出组合体的形状。

5.2.1　读图的基本要求

1. 识读组合体三视图的基本知识

读图就是根据组合体的视图想象出它的空间形状。读图是画图的逆过程。因此，读图时必须以画图的投影理论为指导。基本的投影理论包括以下几点：

（1）三视图的形成及其投影规律——长对正、高平齐、宽相等。
（2）各种位置直线和平面的投影特性。
（3）常见基本几何体的投影特点。
（4）常见回转体的截交线和相贯线的投影特点。

读图时要熟练使用上述投影理论。

2. 要把几个视图联系起来构思

一般情况下，一个视图或两个视图不能确定组合体的唯一形状，读图时必须把几个视图结合起来，才能确切地想象出物体的真实形状。

如图 5-10 所示，只看一个主视图可能对应三个组合体。

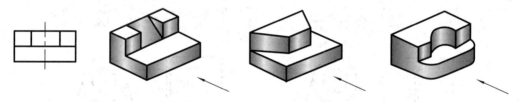

图 5-10　一个视图不能确定物体的形状

如图 5-11 所示，图（a）和图（b）的主视图、左视图都相同，但它们的俯视图不同，所以表达的组合体形状也不相同；图（c）和图（d）的主视图、俯视图都相同，但是由于左视图的不同则所表达的组合体形状也不一样。

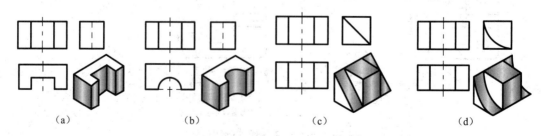

图 5-11　两个视图不能确定物体的形状

3. 要善于抓住特征视图

读图时，要先从反映形状特征和位置特征较明显的视图看起，再与其他视图联系起来，形体的形状才能识别出来。如图 5-12（a）所示，左视图是反映形体上Ⅰ与Ⅱ两部分位置关系最明显的视图，将主、左两个视图联系起来看，就可唯一判定是如图 5-12（c）所示的形状，而不是如图 5-12（b）所示的形状。

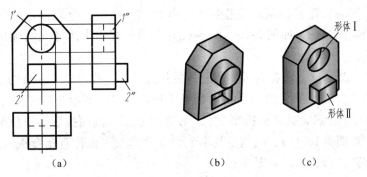

图 5-12　形状特征和位置特征

4. 明确视图中线和线框的含义

（1）当相连两线框表示两个不同位置的表面时，其两线框的分界线可以表示具有积聚性的第三表面积聚成的线或两表面的交线，如图 5-13 所示。

（2）线框里有另一线框时，可以表示凸起或凹进的表面，如图 5-14（a）、（b）所示；也可表示具有积聚性的圆柱通孔的内表面积聚，如图 5-14（c）所示。

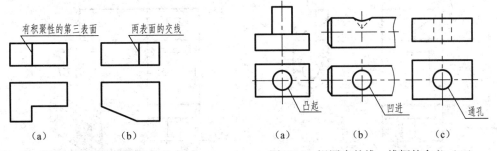

图 5-13　视图中的线、线框的含义（一）　　图 5-14　视图中的线、线框的含义（二）

（3）线框边上有开口线框和闭口线框时表示通槽，如图 5-15（a）所示；闭口线框时不通槽，如图 5-15（b）所示。

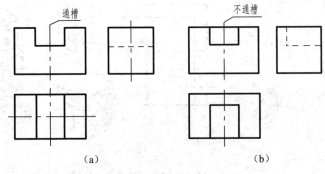

图 5-15　视图中的线、线框的含义（三）

5.2.2 读图的方法和步骤

1. 形体分析法读图

形体分析法既是画图、标注尺寸的基本方法，也是读图的基本方法。运用这种方法读图应按下面几个步骤进行：

（1）分线框，对投影。图 5-16（a）所示，先在主视图中按封闭线框Ⅰ、Ⅱ、Ⅲ将它划分为三个部分，然后根据各视图间的投影关系并借助三角板、分规等，分别找出各部分在俯、左视图中相应的投影，如图 5-16（b）～（d）所示三视图中用粗实线画出的线框，即各个部分的三视图。

（2）分析投影想形状。根据各种基本立体的投影特点，找出各个部分的三个投影，想象出它们各自的形状。如线框Ⅰ的三个投影都是矩形，所以可想象出它是长方体，见图 5-16（b）。线框Ⅱ的三个投影，其正面投影及水平投影是矩形、侧面投影是三角形，故可想象出它是三棱柱体，见图 5-16（c）。线框Ⅲ基本上为 L 形弯板（俗称直角弯板），其左下方为半圆柱体、中间有圆柱形通孔，见图 5-16（d）。

由图 5-16 可以看出Ⅰ、Ⅱ、Ⅲ三个部分之间的组合方式，主要是叠加式，Ⅰ、Ⅱ部分在Ⅲ部分的上边，第Ⅱ部分在第Ⅰ部分的前面。

（3）综合起来想整体。想象出各封闭线框所表示的立体形状，并分析出各部分的相对位置和各立体间的组合方式之后，将它们综合起来，则可以想象出该组合体的完整形状，如图 5-16（e）所示。

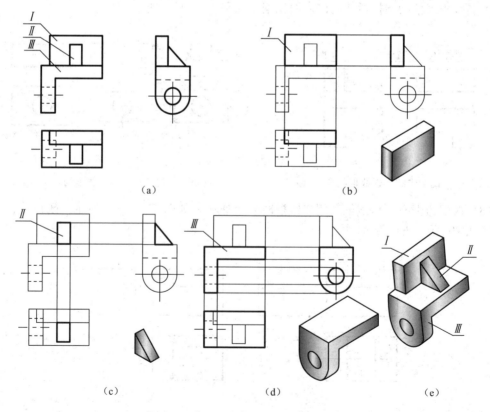

图 5-16 形体分析法读图

【例 5-1】 识读如图 5-17 所示的组合体三视图。

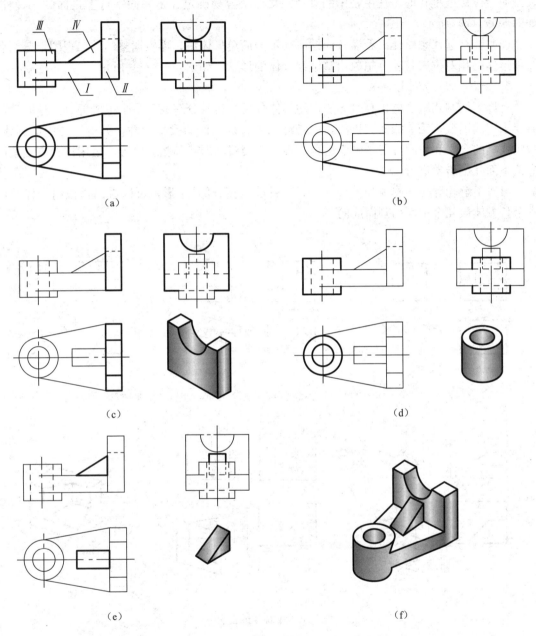

图 5-17 识读组合体三视图

(1) 分线框，对投影。根据如图 5-17 (a) 所示的三视图，可将主视图分成Ⅰ、Ⅱ、Ⅲ、Ⅳ四个线框，将这个组合体分成四个部分。

(2) 分析投影想形状。根据投影规律逐一找出各线框所对应的其他投影，想象其空间形状。读线框Ⅰ时，应从俯视图并配合主、左视图中有关线框的形状，综合想象Ⅰ是以水平投影形状为底面的柱体，如图 5-17 (b) 所示。读线框Ⅱ时，可从左视图中对应线框的形状，配合主、俯视图，想象Ⅱ是以侧面投影形状为底面的柱体，如图 5-17 (c) 所示。读线框Ⅲ

时，从俯视图的圆形及主、左视图的线框，想象Ⅲ是轴线垂直水平面的圆筒，如图 5-17 (d) 所示。读线框Ⅳ时，从主视图的直角三角形很容易确定Ⅳ是底面平行上正面的三棱柱，如图 5-17 (e) 所示。

(3) 综合起来想整体。看懂各线框所表示的简单形体后，再根据整体的二视图，分析各简单形体的相对位置，就可想象出整个组合体的形状，如图 5-17 (f) 所示。

2. 线面分析法读图

有许多切割式组合体，有时无法运用形体分析法将其分解成若干个组成部分，这时读图需要采用线面分析法。线面分析法，就是运用点、线、面的投影特性，分析视图中的图线、封闭线框的含义和空间位置，确定组合体表面及交线的形状和相对位置。运用这种方法读图应按下面几个步骤进行：

(1) 了解轮廓。如图 5-18 (a) 所示的三视图轮廓都是矩形，可以看出，该组合体是由一个长方体被几个平面切割而成的。

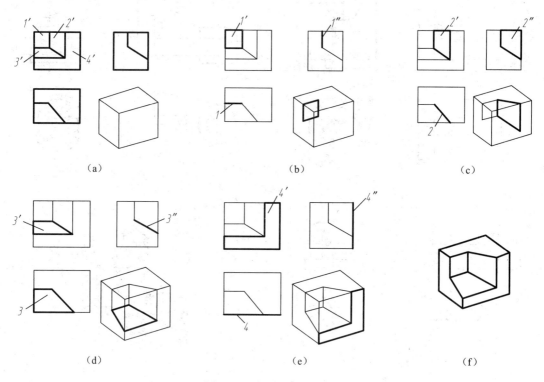

图 5-18　线面分析法读图

(2) 抓住线框对应投影。把正面投影分成四个线框 $1'$、$2'$、$3'$、$4'$，根据投影对应关系，分别找出上述各线框表示的面的水平和侧面投影，从而明确各线框所表示面的形状和在长方体上的位置。例如，线框 $1'$ 为一四边形，它相应的水平投影和侧面投影可能是四边形或是一条积聚性的直线，从图 5-18 (b) 可以看出，线框 $1'$ 在水平和侧面投影中的相应投影分别积聚为水平线 1 和竖直线 $1''$，由此判定线框 1 所表示的面为一正平面，其位置在长方体左上偏后。从图 5-18 (c) 再看四边形线框 $2'$，其相应的水平投影为一条斜线 2，而相应的侧面投影为一类似的四边形 $2''$，该四边形 $2''$ 与水平投影中的斜线 2，它们的宽相等，因此可以判定线框 2′所表示的面为铅垂面,其位置在长方体的中间,从左上方向右前方铅垂切下。如图 5-18(d)所示线框 3′也是四边形,与其对应的水平投影仍为类似四边形 3,而侧面投影为一条斜线 3″,该斜线 3″与水平投影中的类似四边形 3 宽一致,因此可以判定线框 3′所表示的面为一侧垂面,其位置在长方体的左边由后向前下方切下。如图 5-18(e)所示最后再看线框 4′,在水平和侧面投影中与它相应的投影分别积聚成水平线和竖直线,显然,线框 4′所表示的面是长方体被切割后位于最前面平行于正面的六边形。

(3) 综合起来想整体。通过上述分析,可想象出该切割体是由长方体被三个平面截切而成的,其形状如图 5-18(f)所示。在分析过程中,有时需要对水平投影或侧面投影中的封闭框进行分析,才能确切地想象出物体的形状。

【例 5-2】 识读如图 5-19 所示的压块三视图。

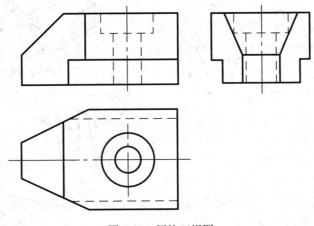

图 5-19 压块三视图

(1) 了解轮廓。如图 5-20(a)所示,将压块三视图的缺角补齐,则其基本轮廓都是矩形,说明它是由长方体切割而成。

(2) 抓住线框对应投影。如图 5-20(b)所示,从主视图斜线 1′出发,在俯、左视图中找出与之对应的线框 1 与 1″,可知Ⅰ面是正垂面,长方体被正垂面Ⅰ切掉一角。同理可知,长方体又被前后对称的铅垂面Ⅲ截切[见图 5-20(b)],被前后对称的正平面Ⅲ和水平面Ⅳ截切。另外,从俯视图的同心圆找它对应的主、左投影,可知中间从上到下又挖去了阶梯孔。

(3) 综合起来想整体。通过上述既从形体上,又从线面投影上分析了压块的三视图后,明确了各线框表示的平面的空间位置,就可以综合想象出压块的整体形状如图 5-20(e)所示。

可以看出,在读图过程中,一般先用形体分析法做粗略分析,然后对图中的难点,再利用线面分析法进一步分析。通常是以形体分析法为主,线面分析法为辅,两种方法并用。

5.2.3 补画第三视图,补画三视图中缺线

已知组合体的两个视图补画出其第三个视图,或已知三个视图补画出其中的缺线,由于它将读图与画图结合在一起,所以是培养与提高读图、画图能力的一种十分有效的方式。

【例 5-3】 由图 5-21 所示主、俯两个视图想象立体形状,并补画出左视图。

分析:本题从主视图的三个线框可知立体由三部分组成,按主、俯长对正的对应关系分析,便知该三部分的前后关系;再结合基本体投影特性分析,可知其底部为一挖槽长方形板,后部是一挖槽长方体,前面是一带孔半圆头凸缘,如图 5-22(a)、(b)、(c)所示。底板与后

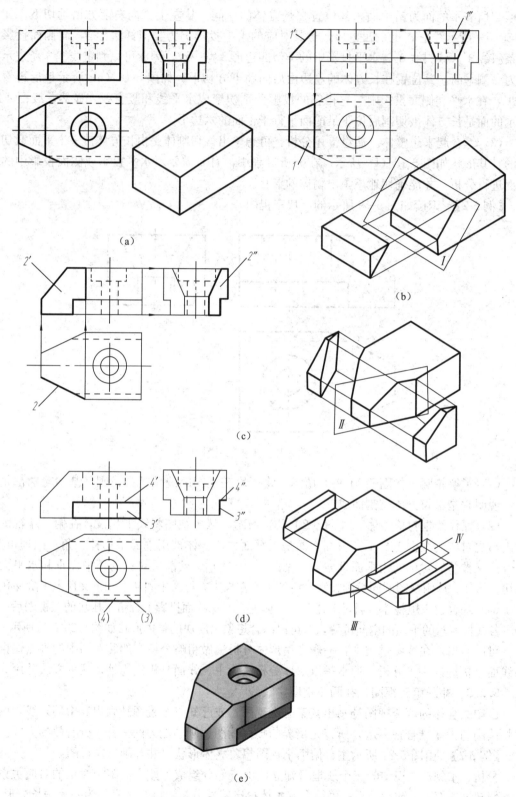

图 5-20 [例 5-2] 图

方槽按后中对齐放置，凸缘在底板上面并紧贴后方槽的正前方，圆孔贯穿后方槽和凸缘。按已知视图反映出的各部分相对位置将以上几部分组合起来，该形体空间形状如图 5-22（d）所示。

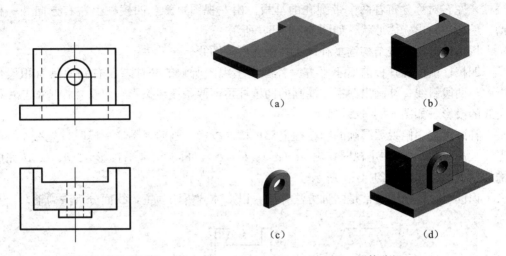

图 5-21 由两视图补画第三视图

图 5-22 形体分析
（a）底板形状；（b）后方槽形状；（c）前凸缘；（d）组合体

补画左视图，把前述结构分析的结果，按照组合体的画图步骤，根据主、左视图高平齐，俯、左视图宽相等的对应关系逐一画出各组成部分的左视图，如图 5-23 所示。

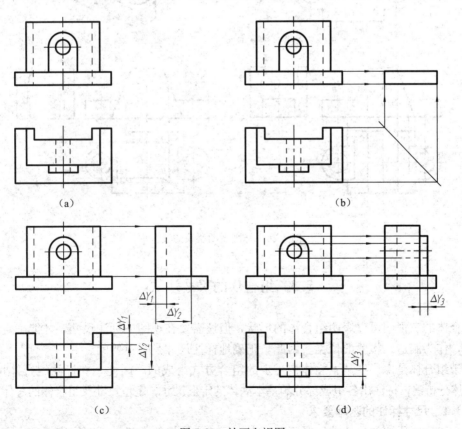

图 5-23 补画左视图

【例 5-4】 如图 5-24 所示，补画主、俯视图所缺图线。

分析：通过分析主、俯视图，想象出如图 5-24（a）所示组合体的整体形状为一梯形四棱柱，左右对称分布着两个带圆孔的耳板。由左视图可知，四棱柱上左右方向开一梯形通槽，综合想象出立体形状，如图 5-24（b）所示。

用形体分析法按结构逐步补画出各视图所缺图线。

四棱柱前面和耳板前面不平齐，补画出主视图所缺的棱柱左、右侧面具有积聚性的投影——两段斜线。补画出俯视图漏画的四棱柱顶面两条棱线投影，以及耳板顶面与棱柱棱面交线的投影，如图 5-24（c）所示。

补画出主、俯视图漏画的因棱柱上梯形槽的投影。画俯视图梯形槽时，先在左视图定出点 a''、b''、c''、d''，在主视图找出 $a'(d')$、$b'(c')$，再求出水平投影 a、b、c、d 完成梯形槽的俯视图，如图 5-24（d）所示。

识读组合体视图常常是两种方法并用，以形体分析法为主，线面分析法为辅。

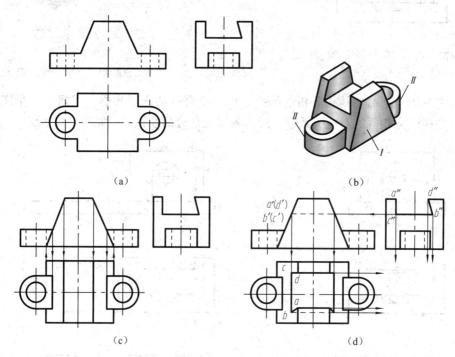

图 5-24 补画视图所缺的线

5.3 组合体的尺寸注法

组合体的三视图可以表明组合体的形状，但还需要在视图中标注尺寸，才能确定组合体的大小，作为制造、检验的依据。因此，正确地标注尺寸是很重要的。

由于组合体是由一些基本立体按一定的组合方式组成的，因此，在标注组合体尺寸时，可用形体分析法，标注出各组成部分的基本立体的定形尺寸、定位尺寸及组合体的总体尺寸。

5.3.1 尺寸标注的基本要求

（1）正确。所注的尺寸数值要正确无误，标注方法要符合机械制图国家标准中有关尺寸标注方法的基本规定。

(2) 完整。所注尺寸必须能完全确定组合体的形状、大小及相对位置，不遗漏、不重复。

(3) 清晰。尺寸的布置要整齐、清晰醒目，便于查找和看图。

5.3.2 尺寸基准

尺寸基准是标注或测量尺寸的起点。标注尺寸前应先确定尺寸基准。由于组合体有长、宽、高三个方向的尺寸，因此，在每个方向上都至少要有一个尺寸基准。同方向上的尺寸基准不管多少，只能有一个主要基准（通常是有较多尺寸从它标注出的那个基准）。

组合体上能作为尺寸基准的几何要素有对称平面、底平面、重要的大端面、回转体的轴线等。

5.3.3 尺寸种类

组合体的尺寸有定形尺寸、定位尺寸和总体尺寸三种。

1. 定形尺寸

确定基本形体的形状和大小的尺寸称为定形尺寸。

2. 定位尺寸

确定各基本形体间相互位置的尺寸称为定位尺寸。

定位尺寸也是组合体某方向上的主要基准与基本形体自身基准之间的尺寸联系。若基本形体上某平面处于与同方向主要基准面重合（或平齐）或其自身的对称平面（或回转轴线）与同方向组合体的对称平面（或回转轴线）重合，则可省略其该方向上的定位尺寸标注。

3. 总体尺寸

确定组合体外形所占空间大小的总长、总宽、总高的尺寸称为总体尺寸。即组合体的一端或两端为回转体时，不直接标注总体尺寸，而只是标注回转体的定形尺寸及其定位尺寸。

5.3.4 标注组合体尺寸的方法和步骤

尺寸注法要符合国家标准的规定；在长、宽、高三个方向，注全各个基本立体的定形尺寸、定位尺寸及组合体的总体尺寸，既不遗漏，也不重复，包括可按已标出的尺寸经计算或作图确定的尺寸；尺寸尽量注写在形体最明显的地方，且尺寸布置的位置要恰当。

要完整地注出组合体尺寸，一般可按下述步骤进行：

(1) 对组合体进行形体分析。把组合体分析成若干基本立体，如图5-25所示。

(2) 标注确定各个基本立体体积大小的定形尺寸，如图5-26（a）～（d）所示。

(3) 标注确定各个基本立体之间相对位置的定位尺寸。在标注定位尺寸时，应该在长、宽、高三个方向上分别选定尺寸基准，并使所注的定位尺寸与尺寸基准有所联系。通常选用立体的底面、端面、对称平面、回转体轴线等作为尺寸基准，如图5-26（e）所示。

(4) 根据组合体的形状结构特点，对已标出的尺寸应做适当调整，注出组合体的总长、总宽、总高尺寸。注意避免出现重复、多余尺寸、封闭尺寸。如图5-26（f）所示，轴承与支承板斜面相切，可由作图决定，为了避免注出多余尺寸，应不注出支承板的高度尺寸103；又套筒直径$\phi 110$与支承板、肋板上方的圆弧面吻合，为了不重复标注尺寸，故在图中只标出$\phi 110$一个尺寸；肋板的长度尺寸168与支承板的厚度（长度方向）32之和恰好与底板的长度尺寸200相同，为了标注支架的总长尺寸200，又要避免出现封闭尺寸，可不直接注出肋板的长度尺寸168，当欲确定肋板长度尺寸时，可由底板长度尺寸200减去支承板厚度尺寸32决定。

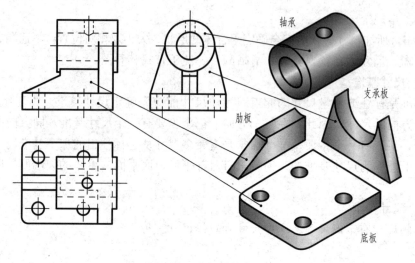

图 5-25 支架形体分析

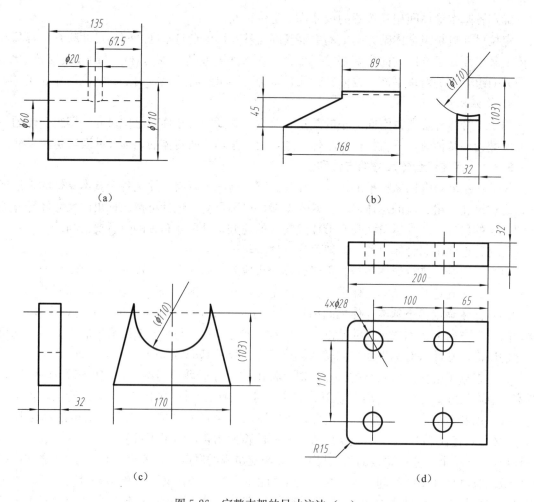

图 5-26 完整支架的尺寸注法（一）
(a) 套筒定形尺寸；(b) 肋板定形尺寸；(c) 支承板定形尺寸；(d) 底板定形尺寸

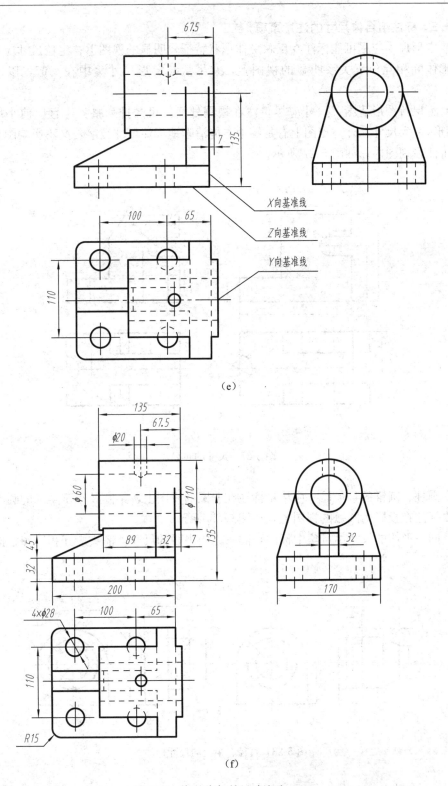

图 5-26 完整支架的尺寸注法（二）
(e) 确定尺寸基准 X、Y、Z 及各基本体的定位尺寸；(f) 支架的尺寸注法

5.3.5 标注组合体尺寸的注意事项

（1）定形尺寸应尽可能标注在反映形体形状特征较明显的视图上；定位尺寸应尽量标注在反映形体间相互位置关系明显的视图上，并尽量与定形尺寸集中在一起，以便查找和看图。

（2）为保持图形清晰，尺寸应尽量注在视图外面，尺寸排列整齐，且应使小尺寸在里（靠近图形），大尺寸在外。当图上有足够地方能清晰地标注尺寸数字，又不影响图形的清晰时，也可注在视图内，如图 5-27 所示。

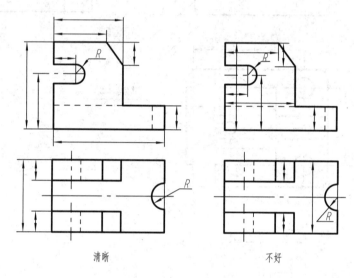

图 5-27 尺寸的布局

（3）圆柱、圆锥的直径尺寸应尽量标注在非圆的视图上，半圆及小于半圆的圆弧半径尺寸一定要标注在投影为圆弧的视图上，如图 5-28 所示。

（4）同一形体的尺寸尽量集中标注，同一方向串联的尺寸，箭头应互相对齐，排在同一直线上。

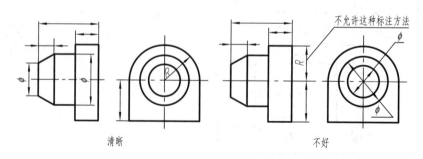

图 5-28 直径、半径的尺寸标注

5.3.6 常见几种平板的尺寸注法

常见几种平板的尺寸注法如图 5-29 所示。

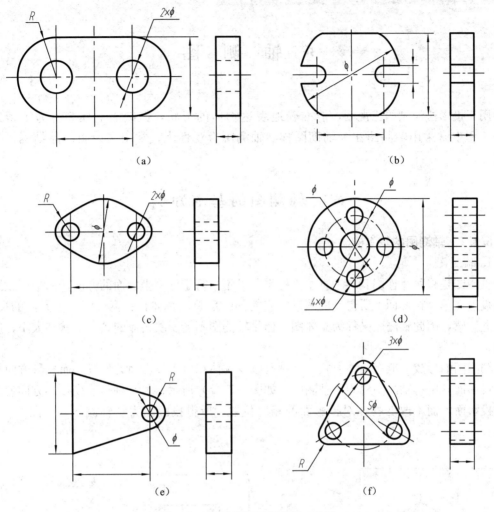

图 5-29 常见几种平板的尺寸注法

6 轴测图

用正投影法绘制的三视图，能准确地表达物体的形状，但缺乏立体感。为了帮助看图，工程上常采用轴测图作为辅助图样。轴测图直观性强，常用来说明产品结构、使用方法等。

6.1 轴测图的基本知识

6.1.1 轴测图的基本概念

1. 轴测图

轴测图是将物体连同其参考直角坐标系，沿不平行于任一坐标面的方向，用平行投影法将其投射在单一投影面上所得到的图形。它能同时反映出物体长、宽、高三个方向的尺寸，具有立体感，因此轴测图又称为立体图。但是轴测图不能反映物体的真实形状和大小，度量性差。

轴测图的形成一般有两种方式，一种是改变物体相对于投影面的位置，而投影方向仍垂直于投影面，所得轴测图称为正轴测图，如图 6-1（a）所示；另一种是改变投影方向使其倾斜于投影面，而不改变物体对投影面的相对位置，所得投影图为斜轴测图，如图 6-1（b）所示。

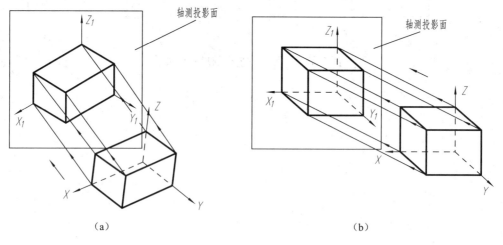

图 6-1 轴测图
(a) 正轴测图；(b) 斜轴测图

2. 轴测轴

坐标轴 OX、OY、OZ 在轴测投影面上的投影 O_1X_1、O_1Y_1、O_1Z_1 称为轴测投影轴，简称轴测轴。

3. 轴间角

轴测投影中，每两根轴测轴之间的夹角称为轴间角。

4. 轴向伸缩系数

直角坐标轴上单位长度的轴测投影长度与对应直角坐标轴上单位长度的比值，称为轴向伸缩系数，X、Y、Z 方向的轴向伸缩系数分别用 p、q、r 表示。

6.1.2 轴测图的分类

根据投射方向与轴测投影面的相对位置，轴测图分为两类：投射方向与轴测投影面垂直所得的轴测图称为正轴测图；投射方向与轴测投影面倾斜所得的轴测图称为斜轴测图。

本书只介绍正等轴测图和斜二测轴测图的绘制。

6.1.3 轴测图的基本性质

物体上互相平行的直线段，它们的轴测投影仍互相平行。

平行于坐标轴的直线段，它的轴测投影仍平行于相应的轴测轴，且同一轴向所有线段的轴向伸缩系数相同。

物体上不平行于轴测投影面的平面图形，在轴测图上变成原形的类似形。例如，正方形的轴测投影为菱形，圆的轴测投影为椭圆。

画轴测图时，凡物体上与轴测轴平行的线段的尺寸可以沿轴向直接量取。所谓轴测就是指沿轴向进行测量的意思。

6.2 正等轴测图

6.2.1 正等轴测图的形成及参数

将形体放置成使它的三个坐标轴与轴测投影面具有相同的夹角，然后用正投影的方法向轴测投影面投影，就可得到该形体的正等轴测投影，称为正等轴测图。

如图 6-2 所示的正方形，取其后面三根棱线为其内在的直角坐标轴，然后绕 Z 轴旋转 $45°$，成为如图 6-2（b）所示的位置；再向前倾斜到正方体的对角线垂直于投影面 P，成为如图 6-2（c）所示的位置。在此位置上，正方形的三个坐标轴与轴测投影面有相同的夹角，

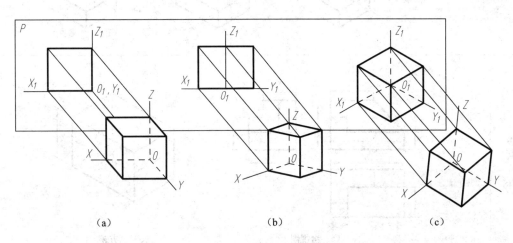

图 6-2 正等轴测图的形成

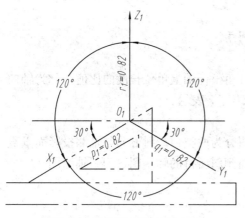

图 6-3 正等轴测图的轴间角和轴向伸缩系数

然后向轴测投影面 P 进行正投影,所得轴测图即为此正方体的正等轴测图。

如图 6-2(c)所示,正立方体的三根直角坐标轴 OX、OY、OZ 都与轴测投影面构成相同的倾角,投影以后所成三根轴测轴 O_1X_1、O_1Y_1、O_1Z_1 称为正等测轴。轴间角 $\angle X_1O_1Y_1 = \angle Y_1O_1Z_1 = \angle Z_1O_1X_1 = 120°$;三个轴向伸缩系数也相等,即 $p_1 = q_1 = r_1 = 0.82$,如图 6-3 所示。为了画图方便,画正等测图时,通常采用简化的轴向伸缩系数,即 $p = q = r = 1$。用简化的轴向伸缩系数画成的正等测图约是实际投影尺寸的 1.22 倍,但是并不影响立体感,而作图却简便多了。

作正等测图时,一般总是使 O_1Z_1 轴画成垂直位置,使 O_1X_1 和 O_1Y_1 轴与水平线呈 30°。应想象在空间是互相垂直的三个坐标构成的一个坐标系统。

6.2.2 平面立体正等轴测图的画法

平面立体正等轴测图的绘制方法主要有切割法、坐标法和叠加法。

1. 切割法

用切割法绘制平面立体见表 6-1。

表 6-1　　　　　切割法绘制平面立体

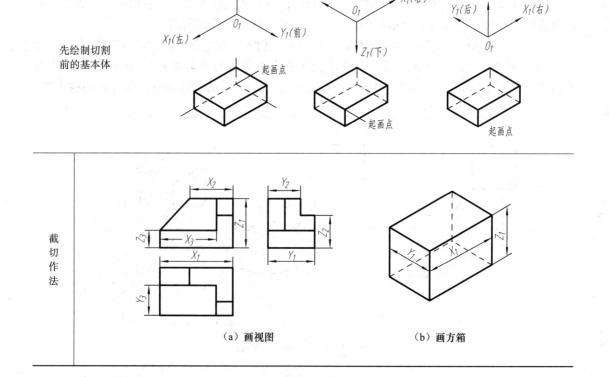

截切作法	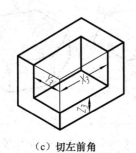 (c) 切左前角	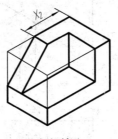 (d) 切斜面	 (e) 切右前角

2. 坐标法

将形体上各点的直角坐标位置移置于轴测坐标系统中去，定出各点的轴测投影，从而就能作出整个形体的轴测图，这种作轴测图的方法称为坐标法，它是画轴测图的基本方法。

坐标法作图时，先定出形体直角坐标轴和坐标原点，画出轴测轴，按形体上各点的直角坐标，定出各点的轴测投影，然后连接有关点，完成轴测图。

【例 6-1】 绘制正六棱柱的正等轴测图。

正六棱柱的前后、左右对称，设坐标原点为顶面六边形的对称中心，X_1 轴、Y_1 轴分别为六边形的对称种心线，Z_1 轴与六棱柱的轴线重合（这样取坐标便于定出顶面六边形各顶点坐标）。从顶面开始画图，绘图步骤见表 6-2。

表 6-2　　　　　　　　　　正六棱柱正等轴测图的绘图步骤

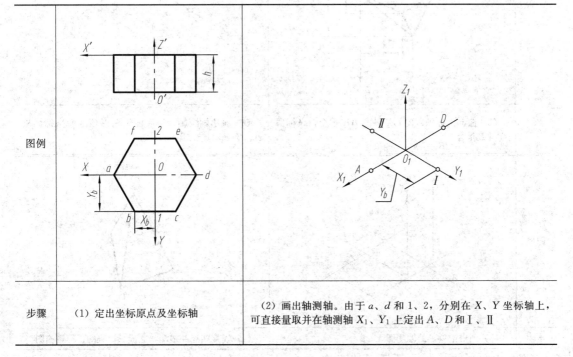

图例	
步骤	(1) 定出坐标原点及坐标轴	(2) 画出轴测轴。由于 a、d 和 1、2，分别在 X、Y 坐标轴上，可直接量取并在轴测轴 X_1、Y_1 上定出 A、D 和 Ⅰ、Ⅱ

图例	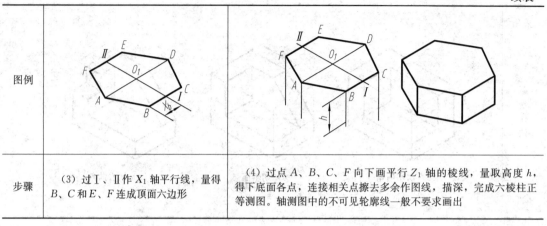	
步骤	(3) 过Ⅰ、Ⅱ作 X_1 轴平行线，量得 B、C 和 E、F 连成顶面六边形	(4) 过点 A、B、C、F 向下画平行 Z_1 轴的棱线，量取高度 h，得下底面各点，连接相关点擦去多余作图线，描深，完成六棱柱正等测图。轴测图中的不可见轮廓线一般不要求画出

【例 6-2】 绘制三棱锥的正等轴测图。

三棱锥正等轴测图的绘图步骤见表 6-3。

表 6-3　　　　　　　　三棱锥正等轴测图的绘图步骤

图例	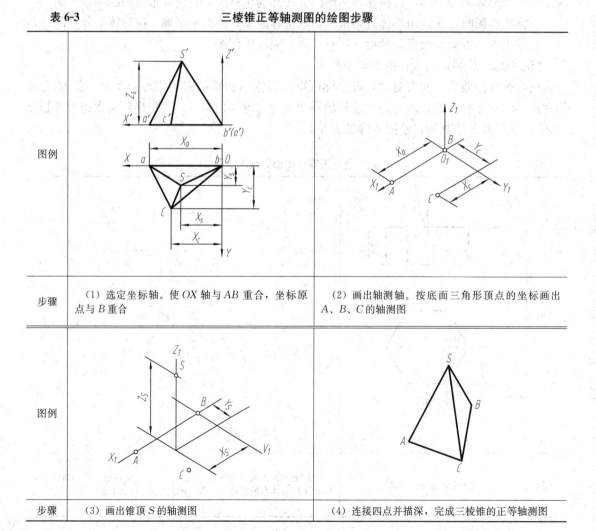	
步骤	(1) 选定坐标轴。使 OX 轴与 AB 重合，坐标原点与 B 重合	(2) 画出轴测轴。按底面三角形顶点的坐标画出 A、B、C 的轴测图
图例		
步骤	(3) 画出锥顶 S 的轴测图	(4) 连接四点并描深，完成三棱锥的正等轴测图

【例 6-3】 绘制圆柱的正等轴测图。

表 6-4 中直立圆柱的轴线垂直于水平面，上、下端面为两个与水平面平行且大小相同的圆，在轴测图中均为椭圆。可根据圆的直径 ϕ 和柱高 h 作出两个形状和大小相同、中心距为 h 的椭圆，然后作两椭圆的公切线即得圆柱轴测图。

表 6-4　　　　　　　　　　　圆柱正等轴测图的绘图步骤

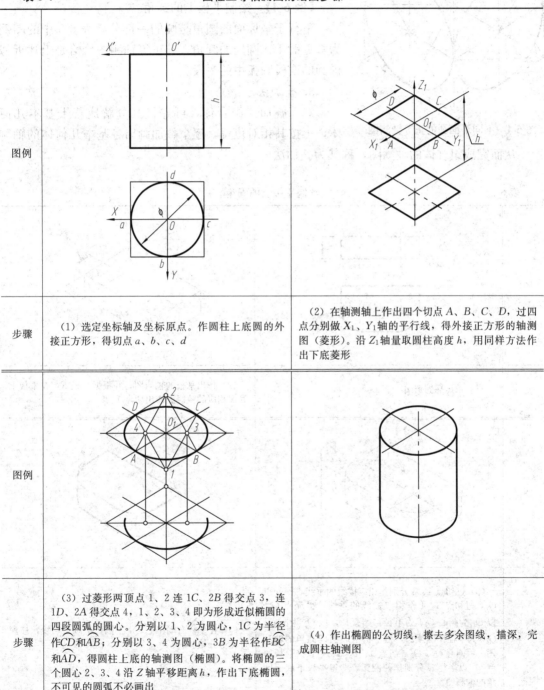

图例	（见上图左）
步骤	（1）选定坐标轴及坐标原点。作圆柱上底圆的外接正方形，得切点 a、b、c、d	（2）在轴测轴上作出四个切点 A、B、C、D，过四点分别做 X_1、Y_1 轴的平行线，得外接正方形的轴测图（菱形）。沿 Z_1 轴量取圆柱高度 h，用同样方法作出下底菱形
图例	（见上图左下）	（见上图右下）
步骤	（3）过菱形两顶点 1、2 连 1C、2B 得交点 3，连 1D、2A 得交点 4，1、2、3、4 即为形成近似椭圆的四段圆弧的圆心。分别以 1、2 为圆心，1C 为半径作 $\widehat{CD}$ 和 $\widehat{AB}$；分别以 3、4 为圆心，3B 为半径作 $\widehat{BC}$ 和 $\widehat{AD}$，得圆柱上底的轴测图（椭圆）。将椭圆的三个圆心 2、3、4 沿 Z 轴平移距离 h，作出下底椭圆，不可见的圆弧不必画出	（4）作出椭圆的公切线，擦去多余图线，描深，完成圆柱轴测图

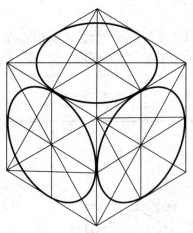

图 6-4 不同平面圆的正等轴测图

同理，如图 6-4 所示，平行于 XOY 坐标面的圆，其椭圆的长轴垂直于 O_1Z_1 轴，短轴平行于 O_1Z_1 轴；平行于 YOZ 坐标面的圆，其椭圆长轴垂直于 O_1X_1 轴，短轴平行于 O_1X_1 轴；平行于 XOZ 坐标面的圆，其椭圆长轴垂直于 O_1Y_1 轴，短轴则与 O_1Y_1 轴平行。

【例 6-4】 绘制平板上的圆角。

平行于坐标面的圆角是圆的一部分，表 6-5 中的图例为常见的 1/4 圆周的圆角，其正等轴测图恰恰是上述近似椭圆的四段圆弧中的一段。

3. 叠加法

对于叠加式组合体，可先将其分解成若干基本几何体，再按其相对位置，逐个叠加画出各基本几何体的轴测图，从而完成组合体的轴测图，称其为叠加法。

表 6-5　　　　　　　　　绘制平板上的圆角

图例	（平板的两视图）	（平板轴测图，切点 1、2、3、4）
步骤	(1) 平板的两视图	(2) 作出平板的轴测图，并根据半径 R，在平板上底面相应的棱线上作出切点 1、2、3、4
图例	（作图过程图）	（完成图）
步骤	(3) 过切点 1、2 分别作相应棱线的垂线，得交点 O_1，过切点 3、4 作相应棱线的垂线，得交点 O_2。以 O_1 为圆心 O_11 为半径作圆弧 $\overset{\frown}{12}$，以 O_2 为圆心，O_23 为半径作圆弧 $\overset{\frown}{34}$，得平板上底面两圆角的轴测图。将圆心 O_1、O_2，切点 1、2、3、4 下移平板厚度 h，以半径 R 分别作两圆弧，即得平板下底面圆角的轴测图	(4) 在平板右端作上、下小圆弧上画公切线，描深可见部分轮廓线

如图 6-5（a）所示叠加式组合体的三视图，其正等轴测图的画法如下：该组合体可看成是由底板Ⅰ、背板Ⅱ及斜支承板Ⅲ叠加而成。画图时先画底板，再画背板，最后画出斜支承板的轴测图，即将各部分的轴测图按一定的相对位置叠加起来，即得组合体的轴测图。作图方法与步骤如图 6-5（b）～（d）所示。

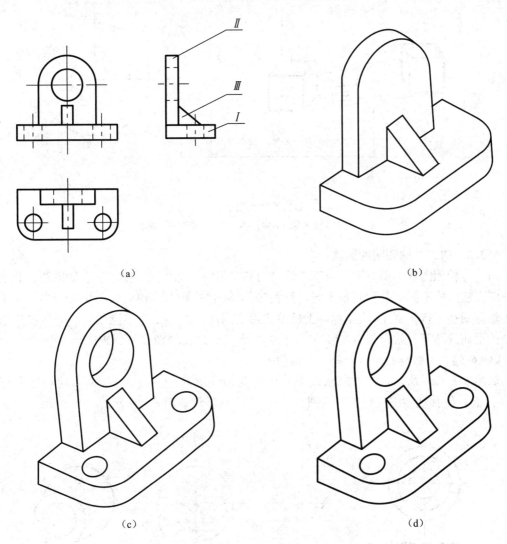

图 6-5　组合体正等测画法
(a) 立体的三视图；(b) 画未被切割的Ⅰ、Ⅱ、Ⅲ、三部分；
(c) 画出挖孔；(d) 按线型要求加深并完成全图

6.3　斜二等轴测图

6.3.1　斜二等轴测图的形成及参数

如图 6-6（a）所示，如果物体上的 XOY 坐标面平行于轴测投影面时，采用平行斜投影法，也能得到具有立体感的轴测图。当所选择的投射方向使 O_1Y_1 轴与 O_1X_1 轴之间的夹角为

$135°$,$O_1X_1 \perp O_1Z_1$,并使 O_1Y_1 轴的轴向伸缩系数为 0.5 时,这种轴测图就称为斜二等轴测图,简称斜二轴测图。

斜二轴测图的轴测轴、轴间角及轴向伸缩系数如图 6-6(b)所示。

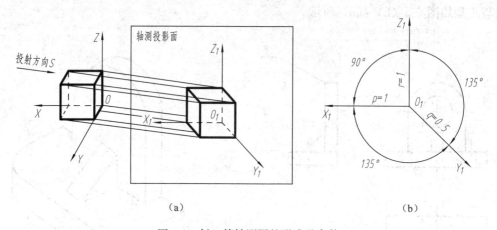

图 6-6 斜二等轴测图的形成及参数
(a)斜二等轴测图的形成;(b)斜二等轴测图的参数

6.3.2 斜二等轴测图的画法

斜二等轴测图在作图方法上与正等轴测图基本相同,也可采用坐标法、切割法、叠加法等作图方法。所不同的是轴间角不同,且斜二等轴测图沿 O_1Y_1 轴只取实长的一半。由于斜二等轴测图在平行于 $X_1O_1Z_1$ 坐标面上反映实形,因此,画斜二等轴测图时,应尽量把形状复杂的平面或圆等置放在与 $X_1O_1Z_1$ 面平行的位置上,以使作图简便、快捷。

【例 6-5】 绘制空心圆锥台斜二等轴测图。

如图 6-7(a)所示,单方向圆较多,故将其轴线垂直于 XOZ 坐标面,使均能平行于 $X_1O_1Z_1$ 面,使其轴测图反映实形(圆)。作图方法与步骤如图 6-7 所示。

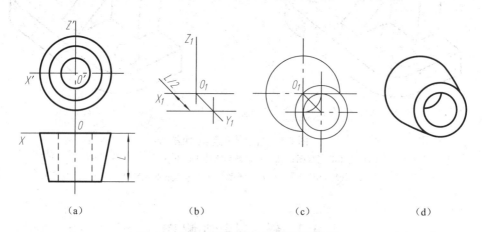

图 6-7 空心圆锥台斜二等轴测图的画法

【例 6-6】 绘制斜二等轴测图。

如图 6-8 所示,由于单方向圆较多,为便于作图,可将这些圆放置与 $X_1O_1Y_1$ 平行,使它们的轴测图反映实形(圆)。作图方法与步骤如图 6-8 所示。

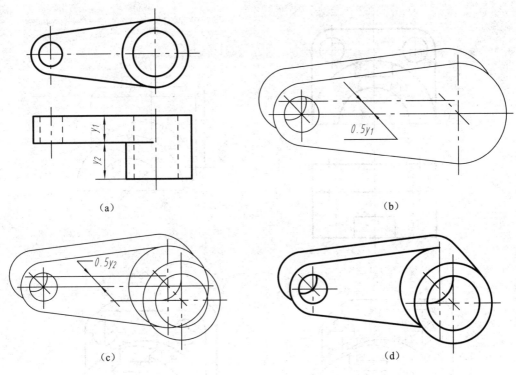

图 6-8 斜二等轴测图的画法

当圆平行于 XOY 或 YOZ 坐标面时，其斜二等轴测投影为椭圆。图 6-9 所示为平行于各坐标画圆的斜二等轴测图画法。

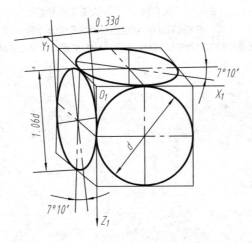

图 6-9 平行于各坐标画圆的斜二等轴测图画法

【例 6-7】 绘制如图 6-10（a）所示组合体的斜二等轴测图。

从图 6-10（a）可知，该组合体是由一长方体背板和一半圆筒切割而成，画图时应先画背板和半圆筒的轴测图，即可画出组合体的斜二等轴测图，具体作图方法与步骤如图 6-10 所示。

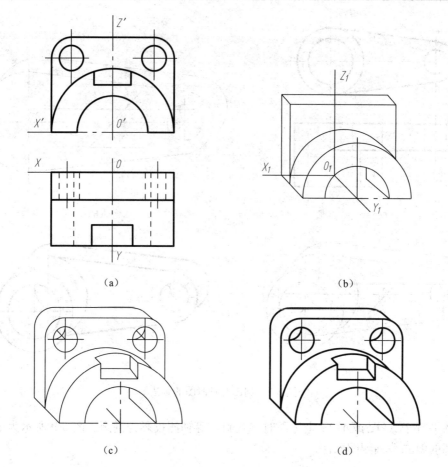

图 6-10 组合体斜二等轴测图的画法
(a) 选坐标轴；(b) 画空心半圆柱孔竖板外形；
(c) 画前面的切口及竖板圆角，小孔；(d) 整理，加深，完成作图

7 机件常用的表达方法

前几章介绍了正投影的基本理论及用三面视图表示物体的方法。但是，在工程实际中机件的形状是千变万化的，有些机件的外形和内形都较复杂，仅用三个视图和"可见部分画粗线，不可见部分画虚线"的方法不可能完整、清晰地把它们表达出来，为此，国家标准规定了表示机件的图样画法。

7.1 视 图

本节的视图（GB/T 17451—1998，GB/T 4458.1—2002）主要用来表达机件的外部形状。通常有基本视图、向视图、局部视图和斜视图。

7.1.1 基本视图

在原来的三个投影面的基础上，再增加三个互相垂直的投影面，从而构成一个正六面体的六个侧面，这六个侧面为基本投影面。将机件放在正六面体内，分别向各基本投影面投射，所得的视图称为基本视图，如图 7-1 所示。其中，除了前面介绍过的主视图、俯视图和左视图外，还包括从后向前投射所得的后视图、从下向上投射所得的仰视图和从右向左投射所得的右视图。

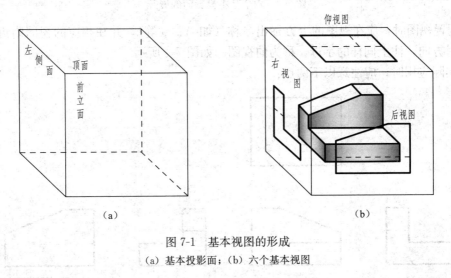

图 7-1 基本视图的形成
(a) 基本投影面；(b) 六个基本视图

各投影面的展开方法如图 7-2 所示。六个基本视图之间仍满足"长对正、高平齐、宽相等"的投影规律。

实际使用时，并非要将六个基本视图都画出来，而是根据机件形状的复杂程度和结构特点，选择若干个基本视图。

7.1.2 向视图

在同一张图纸内，六个基本视图按图 7-3 配置时，可不标注视图的名称，如果不能按

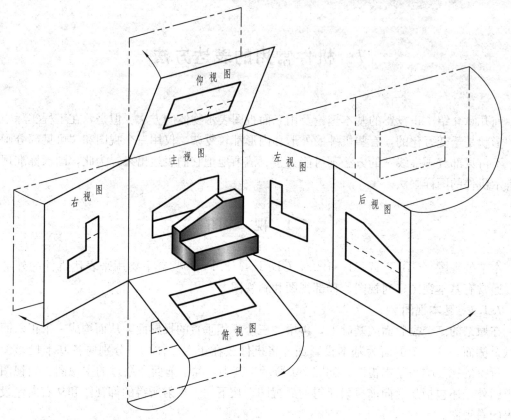

图 7-2 六个基本投影面的展开

图 7-3 配置视图时，应在视图的上方标出名称（如 A、B 等），并在相应的视图附近用箭头指明投射方向，注上同样的字母，称为向视图，如图 7-4 所示。

在实际应用时，应注意以下两点：

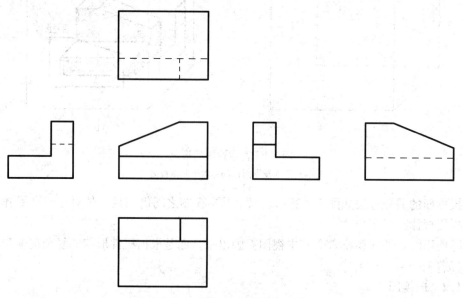

图 7-3 六个基本视图的配置

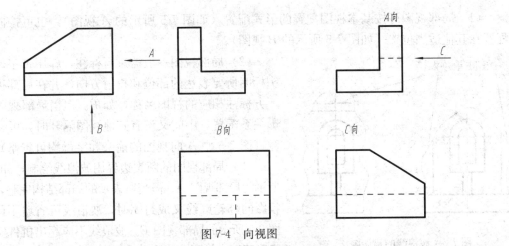

图 7-4 向视图

(1) 向视图是基本视图的另一种表现形式,它们的主要区别在于视图的配置发生了变化。所以,在向视图中表示投射方向的箭头应尽可能配置在主视图上,使所获视图与基本视图相一致;而绘制以向视图方式表达的后视图时,应将投射箭头配置在左视图或右视图上。

(2) 向视图的视图名称为大写拉丁字母,无论箭头旁的字母,还是视图上方的字母,均应与读图方向相一致,以便识别。

7.1.3 局部视图

将机件的某一部分向基本投影面投射所得的视图称为局部视图。当采用一定数量的基本视图后,该机件上只有部分结构尚未表达清楚,而又没有必要再画出完整的基本视图时,可采用局部视图。如图 7-5 所示的机件,用主、俯两个基本视图已清楚地表达出主体形状,但为了表达左、右两个凸缘形状,再增加左视图和右视图,就显得烦琐和重复。此时可采用两个局部视图,只画出所需表达的左、右凸缘形状,则表达方案既简练又突出重点。

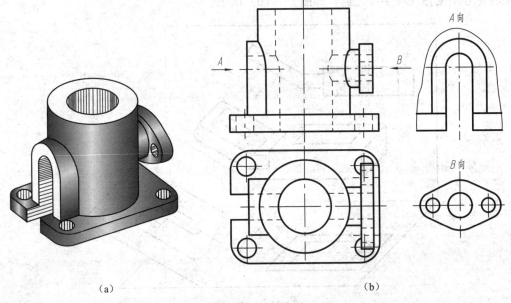

图 7-5 局部视图

局部视图的配置、标注及画法如下:

（1）局部视图可按基本视图配置的形式配置（如图 7-5 所示的 A 视图），也可按向视图配置在其他适当位置（如图 7-5 所示的 B 视图）。

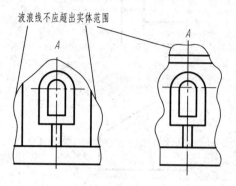

图 7-6　波浪线的错误画法

（2）局部视图一般需进行标注，即用带字母的箭头标明所要表达的部位和投射方向，并在局部视图的上方标注相应的视图名称，如 B。但当局部视图按投影关系配置，中间又没有其他视图隔开时，可省略标注（图 7-5 中 A 向视图的箭头和字母均可省略）。

（3）局部视图的断裂边界用波浪线绘制，如图 7-5 所示的局部视图 A。但当所表示的局部结构完整，且其投影的外轮廓线又成封闭时，波浪线可省略不画，如图 7-5 所示的局部视图 B。波浪线不应超出机件实体的投影范围，如图 7-6 所示。

7.1.4　斜视图

当机件上有倾斜于基本投影面的结构时，为了表达倾斜部分的实形，可设置一个与倾斜结构平行且垂直于一个基本投影面的辅助投影面（如图 7-7 所示的投影面 P 面），然后将该倾斜结构向辅助投影面投射，所得的视图称为斜视图，如图 7-7（a）所示。

斜视图的配置、标注及画法如下：

（1）斜视图一般按向视图的配置形式配置并标注，即在斜视图的上方用字母标出视图的名称，在相应的视图附近用带相同字母的箭头指明投射方向，如图 7-7（b）所示。

（2）在不致引起误解的情况下，从作图方便考虑，允许将图形旋转，这时斜视图应加注旋转符号，如图 7-7（c）所示。旋转符号为半圆形，半径等于字体高度，线宽为字体高度的 1/14～1/10。必须注意，表示视图名称的大小写拉丁字母应靠近旋转符号的箭头端；也允许将旋转符号角度标注在字母之后，如图 7-7（d）所示。

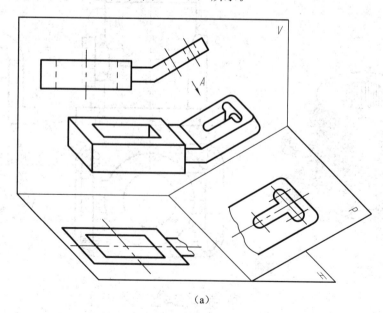

(a)

图 7-7　斜视图（一）

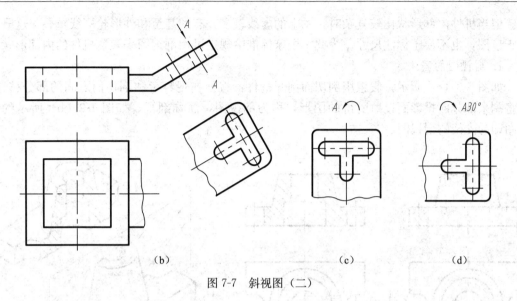

图 7-7 斜视图（二）

（3）斜视图只表达倾斜表面的真实形状，其他部分用波浪线断开，如图 7-7 所示。
图 7-8 所示为局部视图和斜视图的应用示例。

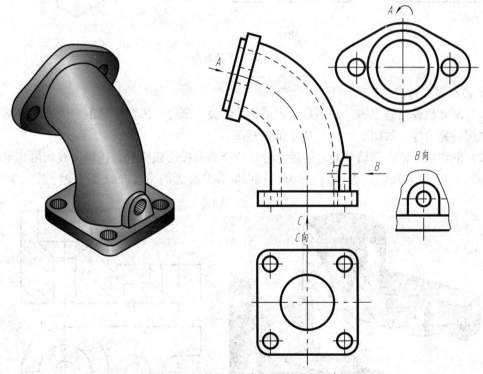

图 7-8 局部视图和斜视图的应用示例

7.2 剖 视 图

7.2.1 剖视图的概念

画视图时，机件的内部形状，如孔、槽等，因其不可见而用虚线表示，如图 7-9（a）所示。但当机件内部形状比较复杂时,图上的虚线较多,有的甚至和外形轮廓线重叠,这既不利于读图,也不便于标注尺寸。为此,国家标准中规定可用剖视图来表达机件的内部形状。

1. 剖视图的画法

如图 7-9(c)所示,假想用剖切面剖开机件,将处在观察者和剖切面之间的部分移开,而将剩余部分向投影面投射所得的图形,称为剖视图,简称剖视。如图 7-9(b)所示的主视图即为支架的剖视图。

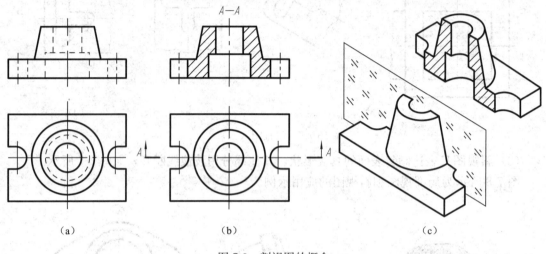

图 7-9 剖视图的概念

2. 画剖视图时应注意的问题

(1)剖开机件是假想的,并不是真的把机件切掉一部分,因此,除剖视图外,并不影响其他视图的完整性,如图 7-9(b)所示的俯视图。

(2)剖切后,留在剖切平面之后的部分,应全部向投影面投射,用粗实线画出其可见投影,如图 7-10(b)所示。表 7-1 列出画剖视图时容易漏画的图线,画图时应特别注意。

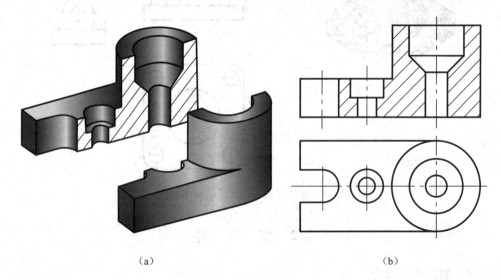

图 7-10 剖视图的画法

表 7-1　　　　　　　　　　剖视图中容易漏线的示例

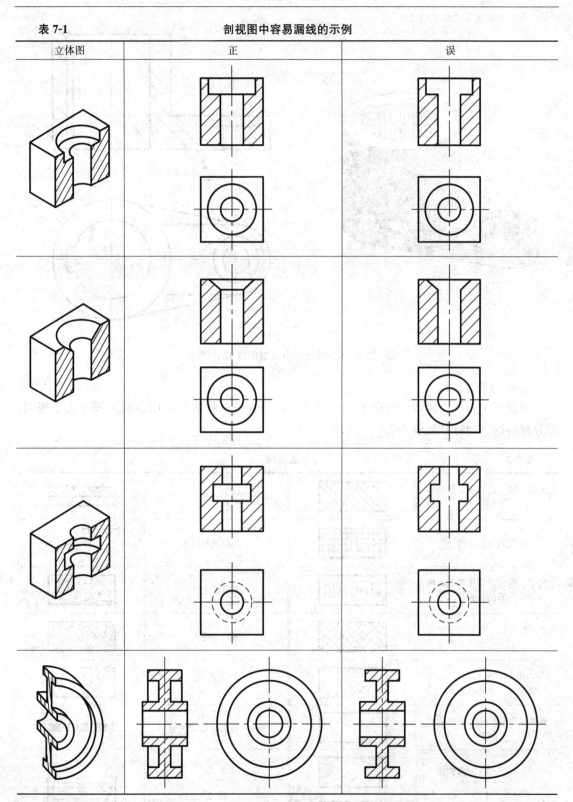

（3）剖视图中，凡是已表达清楚的结构，虚线可以省略不画。只有对尚未表达清楚的结构，才必须用虚线表示。如图 7-11 所示，剖视图中的虚线表示底板的高度。

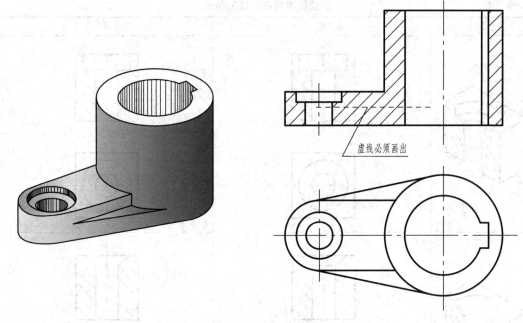

图 7-11　剖视图中应画虚线的示例

3. 剖面符号

剖视图中，剖面区域一般应画出剖面符号，随着机件材料的不同，剖面符号也不相同，部分材料的剖面符号见表 7-2。

表 7-2　　　　　　　　　　剖面符号

材料		符号	材料	符号
金属材料（已有规定剖面符号者除外）		▨	木质胶合板（不分层数）	▨
线圈绕组元件		▦	基础周围的泥土	▨
转子、电枢、变压器和电抗器等的叠钢片		▥	混凝土	▨
非金属材料（已有规定剖面符号者除外）		▧	钢筋混凝土	▨
型砂、堆砂、粉末冶金、砂轮、陶瓷刀片、硬质合金刀片等		▨	砖	▨
玻璃及供观察用的其他透明材料		▨	格网（筛网、过滤网等）	▨
木材	纵剖面	▨	液体	▨
	横剖面	▨		

金属材料的剖面符号又称剖面线，一般画成与水平线呈45°角的等距细实线，剖面线向左或向右倾斜均可，但同一机件在各个视图中的剖面线倾斜方向应相同，间距应相等。

当图形中的主要轮廓线与水平线呈45°或接近45°时，该图形上的剖面线应画成与水平线呈30°（或60°）的平行线，倾斜方向和间距仍应与其他剖视图上的剖面线一致，如图7-12所示。

4. 剖视图的配置与标注

剖视图一般按投影关系配置，例如图7-9所示的主视图，图7-12所示的 A—A 剖视图。

为了在读图时便于找出投影关系，剖视图一般要标注剖切平面的位置、投射方向和剖视图名称，如图7-12所示的 A—A 剖视图。剖切平面的位置通常用剖切符号标出。

剖切符号是带有字母的粗实线，它不能与图形轮廓线相交；投射方向是在剖切符号的外侧用箭头表示，如图7-13中的箭头；剖视图名称则是在所画剖视图的上方用相同的字母（如 A—A）标注。

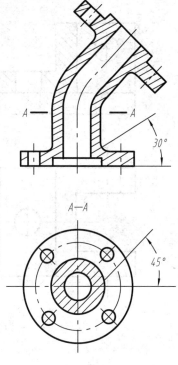

图 7-12 剖面线的方向

在下列两种情况下，可省略或部分省略标注：

（1）当剖视图按投影关系配置，且中间没有其他图形隔开时，由于投射方向明确，可省略箭头，如图7-12所示的 A—A 剖视。

（2）当单一剖切平面通过机件的对称面或基本对称面，同时满足情况（1）的条件，此时剖切位置、投射方向及剖视图都非常明确，故可省去全部标注，如图7-10（b）所示的主视图。

7.2.2 剖视图的种类

按机件被剖开的范围来分，剖视图可分为全剖视图、半剖视图和局部剖视图三种。

1. 全剖视图

用剖切面完全剖开机件所获得的剖视图，称为全剖视图。前述的各剖视图例均为全剖视图。

由于全剖视图是将机件完全剖开，机件外形的投影受影响，因此，全剖视图一般适用于外形简单、内部形状较复杂的机件，如图7-13所示。

对于一些具有空心回转体的机件，即使结构对称，但由于外形简单，也常采用全剖视图，如图7-14所示。

2. 半剖视图

当机件具有对称平面时，向垂直于对称平面的投影面上投射所得的图形，允许以对称中心线为界，一半画成剖视图，另一半画成视图，这样获得的剖视图，称为半剖视图。半剖视图主要用于内、外形状都需要表达，且结构对称的机件，如图7-15所示。

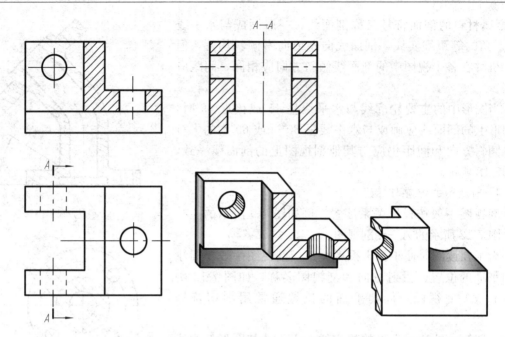

图 7-13 全剖视图（一）

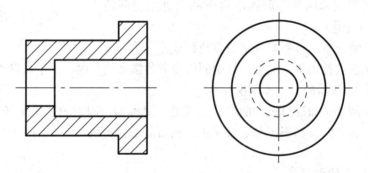

图 7-14 全剖视图（二）

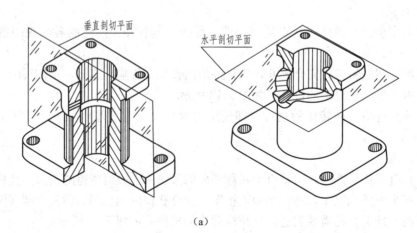

(a)

图 7-15 半剖视图（一）

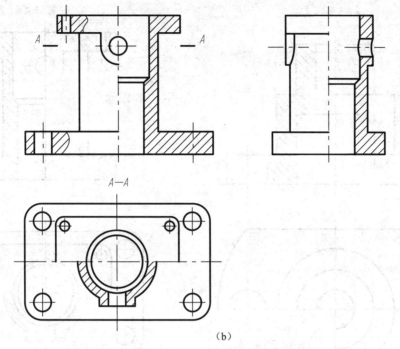

图 7-15　半剖视图（二）

当机件的形状接近于对称，且不对称部分已另有图形表达清楚时，也可以画成半剖视图，如图 7-16 所示。

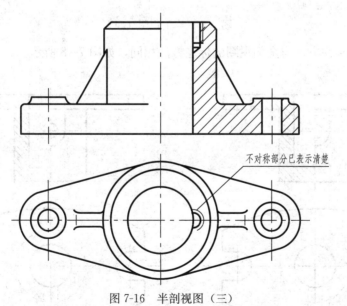

图 7-16　半剖视图（三）

半剖视图中，因机件的内部形状已由半个剖视图表达清楚，所以在不剖的半个视图中，表达内部形状的虚线，应省去不画，如图 7-17（a）主视图所示。

画半剖视图时，不影响其他视图的完整性，所以，如图 7-17（a）所示的主视图为半剖视图，俯视图不应缺四分之一。

半剖视图中间应以点画线为分界线，不应该画成粗实线，如图 7-17（b）所示。

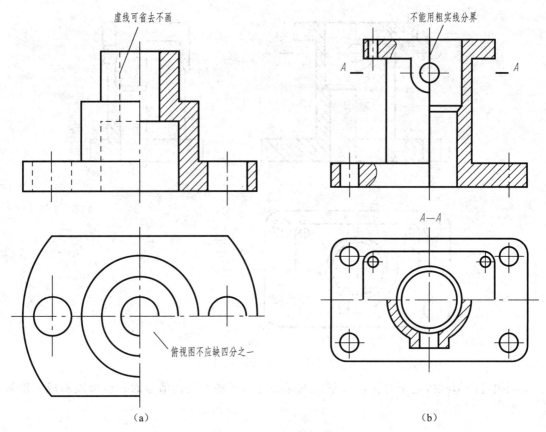

图 7-17 半剖视图（四）

半剖视图的标注方法与全剖视图的标注方法相同，如图 7-18 所示。

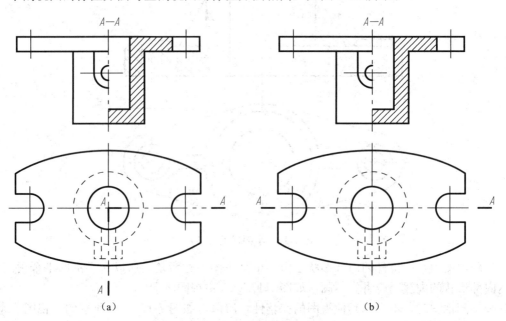

图 7-18 半剖视图（五）
(a) 错误注法；(b) 正确注法

3. 局部剖视图

用剖切平面局部地剖开机件所获得的剖视图，称为局部剖视图，局部剖视图应用比较灵活，适用范围较广。

（1）需要同时表达不对称机件的内外形状时，可采用局部剖，如图 7-19 所示。

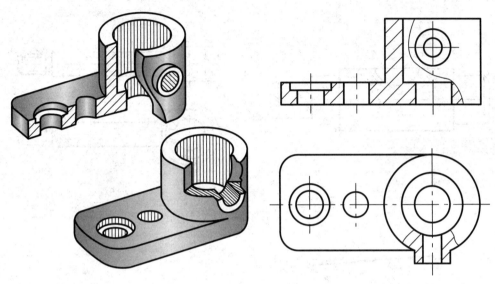

图 7-19　局部剖视图（一）

（2）虽有对称面，但轮廓线与对称中心线重合，不宜采用半剖视图时，可采用局部剖，如图 7-20 所示。

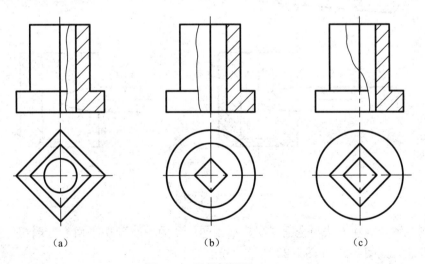

图 7-20　局部剖视图（二）
(a) 保留外棱线；(b) 显示内棱线；(c) 兼顾内外棱线

（3）表达机件上的孔、槽等局部的内部形状，如图 7-21 所示的槽、孔等分别采用了局部剖视图。

局部剖视图剖切范围可大可小，视机件的具体结构形状而定。如图 7-19 所示的支座，其主视图剖开了支座的大部分，而俯视图仅仅剖开了一小部分。因此，局部剖视是一种较为灵活的表达方法，运用得当，可使图形简明清晰。但在一个视图中，局部剖视的数量不宜过多，否则反而会影响图形的清晰。

局部剖视图中视图与剖视部分的分界线为波浪线，如图 7-19～图 7-21 所示；当被剖切的局部结构为回转体时，允许将回转中心线作为局部剖视与视图的分界线，如图 7-22（b）所示。

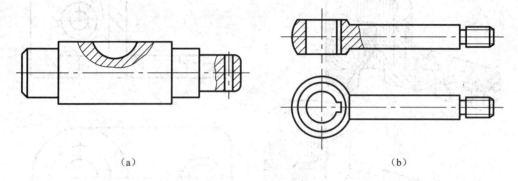

图 7-21　局部剖视图（三）

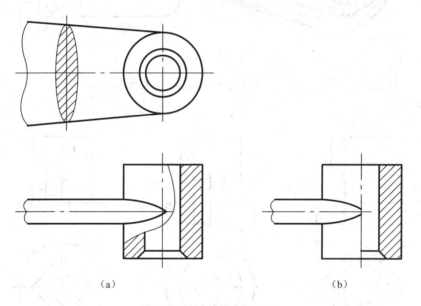

图 7-22　局部剖视图（四）

局部剖视图的标注方法与全剖视图基本相同；若为单一剖切平面，且剖切位置明显时，可以省略标注，如图 7-20 和图 7-22 所示的局部剖视图。

画波浪线时应注意以下几点：

（1）波浪线不应画在轮廓线的延长线上，也不能用轮廓线代替波浪线，如图 7-23（a）所示。

（2）波浪线不应超出视图上被剖切实体部分的轮廓线，如图 7-23（b）所示的主视图。

（3）遇到零件上的孔、槽时，波浪线必须断开，不能穿孔（槽）而过，如图 7-23（b）所示的俯视图。

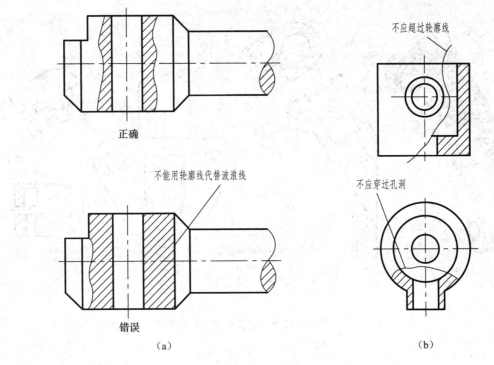

图 7-23　局部剖视图（五）

7.2.3　常用剖切面的形式

国家标准规定，根据机件的结构特点，可选择以下剖切面剖切物体：单一剖切面，不平行于任何基本投影面的剖切平面，几个平行的剖切平面，几个相交的剖切面（交线垂直于某一基本投影面），组合的剖切平面。

1. 单一剖切面

本节前述的图例均为单一剖切面（仅用一个剖切平面剖开机件），这种剖切方式应用较多。

2. 不平行于任何基本投影面的剖切平面

剖切平面可以与基本投影面平行，也可以不与基本投影面平行。当机件上倾斜部分的内部结构需要表达时，与斜视图一样，可以选择一个与该倾斜部分平行的辅助投影面，然后用一个平行于该投影面的单一剖切平面剖切机件，在辅助投影面上获得剖视图，如图 7-24 所示。为了看图方便，用这种方法获得的剖视图应尽量使剖视图与剖切面投影关系相对应，如图 7-24（a）所示。在不致引起误解的情况下，允许将图形做适当的旋转，此时必须加注旋转符号，如图 7-24（b）所示。

3. 几个平行的剖切平面

当机件上具有几种不同的结构要素（如孔、槽等），而且它们的中心线排列在几个互相平行的平面上时，因而难以用单一剖切平面剖切的机件，宜采用几个平行的剖切平面剖切，此剖切方法称为阶梯剖，如图 7-25 所示的 A—A 剖视图。

用几个平行的剖切平面剖切获得的剖视图必须标注，如图 7-25 所示。

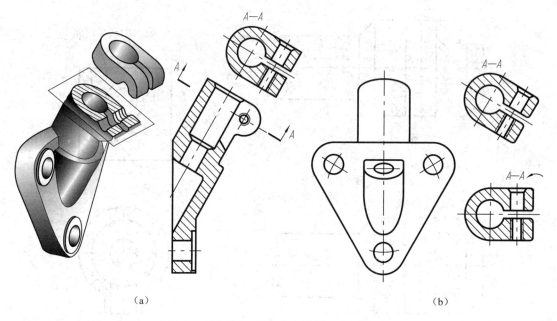

图 7-24　不平行于任何基本投影面的剖切平面

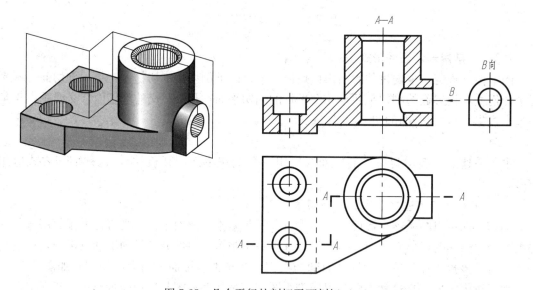

图 7-25　几个平行的剖切平面剖切（一）

阶梯剖应注意的几个问题：

（1）不应画出剖切平面转折处的分界线，如图 7-26（a）中的剖视图所示。

（2）剖切平面的转折处不应与轮廓线重合［见图 7-26（a）］；转折处如果位置有限，且不会引起误解时，可以不注写字母。

（3）剖视图中不应出现不完整结构要素［见图 7-26（b）］。只有当两个要素在图形上具有公共对称中心线或轴线时，可以各画一半，合并成一个剖视图。此时应以中心线或轴线为分界线，如图 7-27 所示。

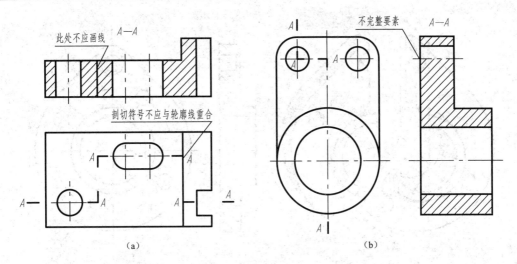

图 7-26 几个平行的剖切平面（二）

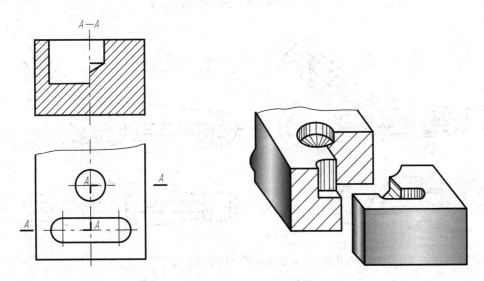

图 7-27 几个平行的剖切平面剖切（三）

4. 几个相交的剖切平面

用两个相交的剖切平面（交线垂直于某一基本投影面）剖开机件，以表达具有回转轴机件的内部形状，两剖切平面的交线与回转轴重合，如图 7-28（a）所示。用该方法画剖视图时，应将被剖切平面的断面旋转到与选定的基本投影面平行，再进行投射，如图 7-28（b）所示。

应注意，凡没有被剖切平面剖到的结构，应按原来的位置投射。如图 7-29 所示机件上的小圆孔，其俯视图即是按原来位置投射画出的。

用相交的剖切平面剖切获得的剖视图必须标注，如图 7-29 所示。剖切符号的起、止及转折处应用相同的字母标注，但当转折处地方有限又不致引起误解时，允许省略字母。

5. 组合的剖切平面

除旋转、阶梯剖外，用组合的剖切平面剖开机件的方法。如图 7-30 所示的机件，为了

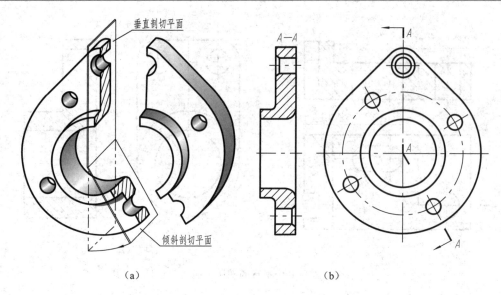

图 7-28 几个相交的剖切平面剖切（一）

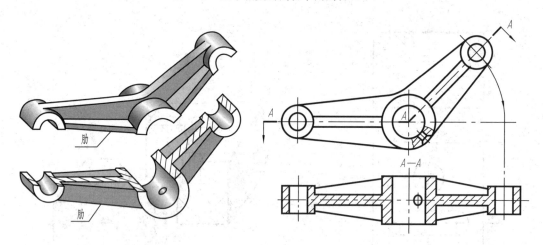

图 7-29 几个相交的剖切平面剖切（二）

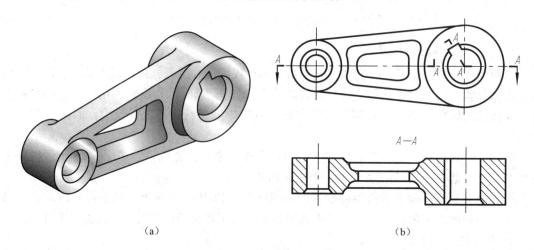

图 7-30 组合的剖切平面剖切

把它们上面各部分不同形状、大小和位置的孔或槽等结构表达清楚，可以采用组合的剖切平面进行剖切。这些剖切平面有的与投影面平行，有的与投影面倾斜，但它们都同时垂直于另一投影面。用这种方法画剖视图时，将倾斜剖切平面剖切到的部分旋转到与选定的投影面平行后再进行投射，其标注方法如图 7-30（b）所示。

7.3 断 面 图

7.3.1 断面图的形成

假想用剖切平面将机件的某处切断，仅画出断面的图形，称为断面图（简称断面）。如图 7-31（a）所示的轴，为了表示键槽的深度和宽度，假想在键槽处用垂直于轴线的剖切面将轴切断，只画出断面的形状，并在断面上画出剖面线，如图 7-31（b）所示。

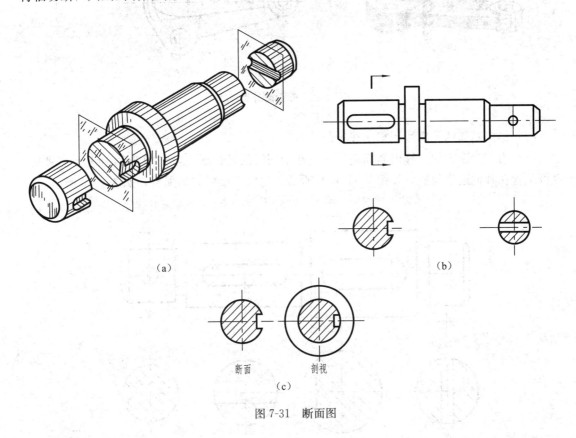

图 7-31 断面图

画断面图时，应特别注意断面图与剖视图的区别，断面图仅画出机件被切断处的断面形状，而剖视图除了画出断面形状外，还必须画出剖切面以后的可见轮廓线，如图 7-31（c）所示。

7.3.2 断面图的分类

根据断面图配置的位置，断面可分为移出断面和重合断面，如图 7-32 所示。

1. 移出断面

画在视图之外的断面图，称为移出断面。画移出断面时，应注意以下几点：

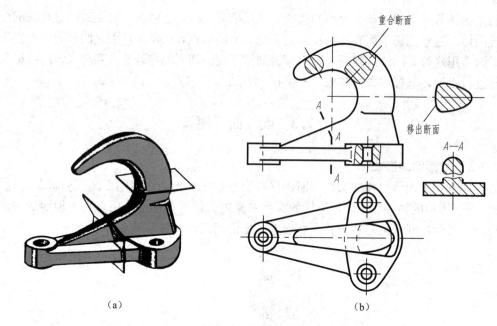

图 7-32 断面图分类

(1) 移出断面的轮廓线用粗实线绘制。

(2) 为了看图方便,移出断面应尽量画在剖切线的延长线上,如图 7-33 所示。必要时,也可配置在其他适当位置,如图 7-34(a)所示。也可按投影关系配置,如图 7-35 所示。

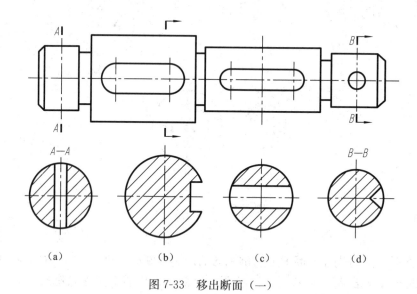

图 7-33 移出断面(一)

(3) 剖切平面一般应垂直于被剖切部分的主要轮廓线。当遇到如图 7-34(b)所示的肋板结构时,可用两个相交的剖切平面,分别垂直于左、右板进行剖切,这样画出的断面图,中间应用波浪线断开。

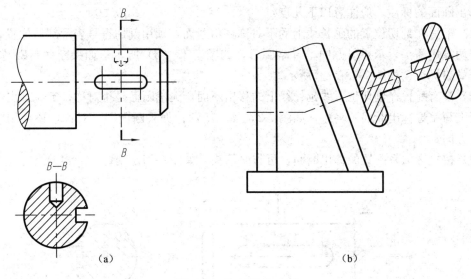

图 7-34 移出断面（二）

(4) 当剖切平面通过回转面形成的孔。凹坑或当剖切平面通过非圆孔，会导致出现完全分离的几部分时，这些结构按剖视绘制，如图 7-33（d）所示的 $B—B$ 断面和图 7-35 所示的 $A—A$ 断面。

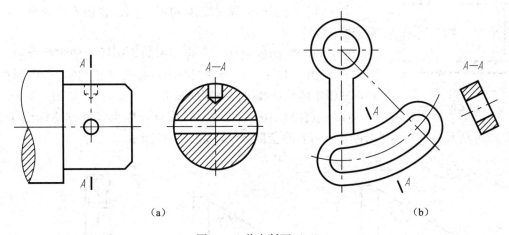

图 7-35 移出断面（三）

(5) 当断面图形对称时，也可画在视图的中断处，如图 7-36 所示。

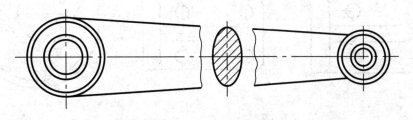

图 7-36 移出断面（四）

移出断面的标注，应注意以下几点：

(1) 配置在剖切位置的延长线上的不对称移出断面，须用剖切符号表示剖切位置，在剖切符号两端用箭头表示投射方向，省略字母，如图 7-33（b）所示；如果断面是对称图形，可完全省略标注，如图 7-33（c）所示。

(2) 没有配置在剖切位置线延长线上的移出断面，无论断面是否对称，都应画出剖切符号，用大写字母标出断面图名称，如图 7-34（a）所示；如果断面图不对称，还须用箭头表示投射方向。

(3) 按投影关系配置的移出断面，可省略箭头，如图 7-37 所示。

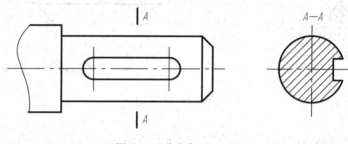

图 7-37　移出断面（五）

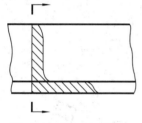

图 7-38　重合断面（一）

2. 重合断面

将断面图绕剖切位置线旋转 90°后，与原视图重叠画出，称为重合断面。

(1) 重合断面的画法。重合断面的轮廓线用细实线绘制，如图 7-38 和图 7-39 所示。当视图中的轮廓线与重合断面的图形重叠时，视图中的轮廓线仍需完整地画出，不能间断，如图 7-38 所示。

(2) 重合断面的标注。不对称重合断面，可省略标注字母，如图 7-38 所示；对称的重合断面，可省略全部标注，如图 7-39 所示。

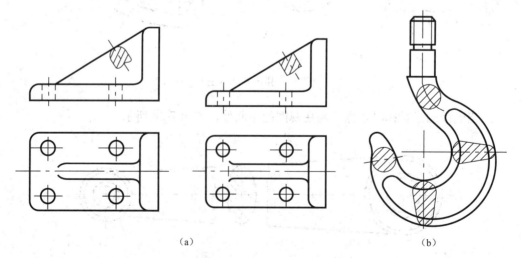

图 7-39　重合断面（二）

7.4 其他表达方法

7.4.1 局部放大图

当机件上某些局部细小结构在视图上表达不够清楚或不便于标注尺寸时,可将该部分结构用大于原图的比例画出,这种图形称为局部放大图,如图 7-40 所示。

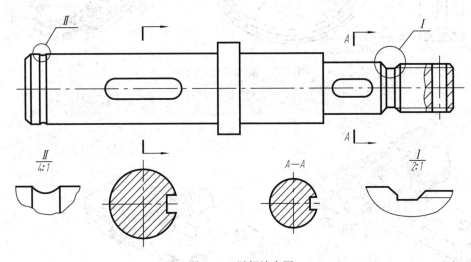

图 7-40 局部放大图

画局部放大图时应注意以下几点:

(1) 局部放大图可以画成视图、剖视图或断面图,它与被放大部分所采用的表达方式无关。

(2) 绘制局部放大图时,应在视图上用细实线圈出放大部位,并将局部放大图配置在被放大部位的附近。

(3) 当同一机件上有几个放大部位时,需用罗马数字顺序注明,并在局部放大图上方标出相应的罗马数字及所采用的比例。当机件上被放大的部位仅有一处时,在局部放大图的上方只需注明所采用的比例。

(4) 局部放大图中标注的比例为放大图尺寸与实物尺寸之比,而与原图所采用的比例无关。

7.4.2 简化画法

(1) 对于机件上的肋、轮辐、薄壁等结构,当剖切平面沿纵向(通过轮辐、肋等的轴线或对称平面)剖切时,规定在这些结构的截断面上不画剖面符号,但必须用粗实线将它与邻接部分分开,如图 7-41 所示主视图中的轮辐和图 7-42 所示左视图中的肋。但当剖切平面沿横向(垂直于结构轴线或对称面)剖切时,仍需画出剖面符号,如图 7-42 的俯视图。

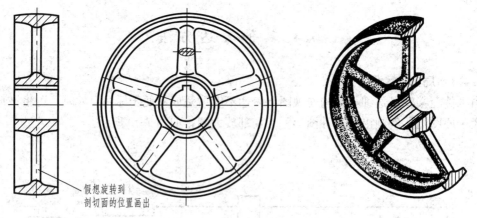

图 7-41 轮辐的规定画法

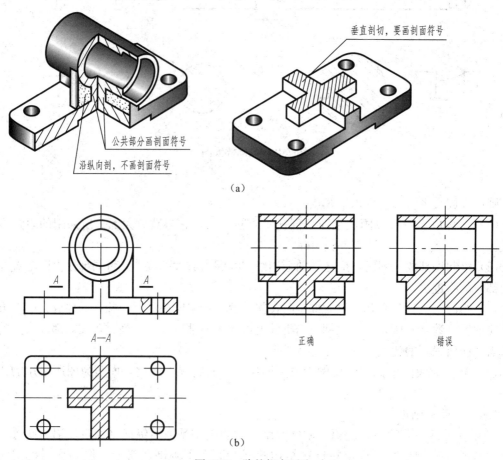

图 7-42 肋的规定画法

（2）当机件上的平面在视图中不能充分表达时，可采用平面符号（两条相交的细实线）表示，如图 7-43 所示。

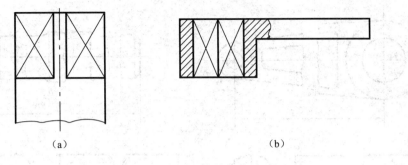

图 7-43 用平面符号表示平面

（3）当回转体机件上均匀分布的肋、轮辐、孔等结构不处于剖切平面上时，可将这些结构假想旋转到剖切平面上画出，如图 7-41 和图 7-44 所示。

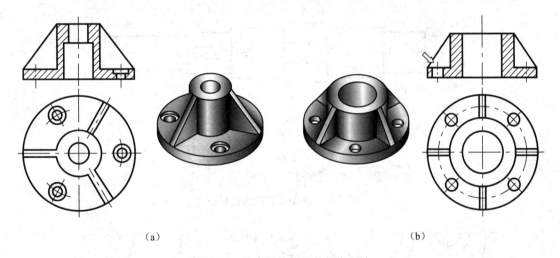

图 7-44 均布结构剖视的规定画法

（4）对于较长的机件（如轴、杆、型材等），当沿长度方向的形状一致或按一定规律变化时，可将其断开缩短画出，但尺寸仍要按机件的实际长度标注，如图 7-45 所示。

（5）移出断面一般要画出剖面符号，但当不致引起误解时，允许省略剖面符号，如图 7-46 所示。

（6）在不致引起误解的前提下，对称机件的视图可只画一半或 1/4，但需在对称中心线的两端分别画出两条与之垂直的平行短细实线，如图 7-47 所示。

（7）若干形状相同且有规律分布的孔，可以仅画出一个或几个孔，其余只需用细点画线表示其中心位置，如图 7-48 所示。

（8）若干形状相同且有规律分布的齿、槽等结构，可以仅画出一个或几个完整结构的图形，其余用细实线连接，但必须在机件图中注明该结构的总数，如图 7-49 所示。

（9）圆柱上的孔、键槽等较小结构产生的表面交线允许简化成直线，如图 7-50 所示。

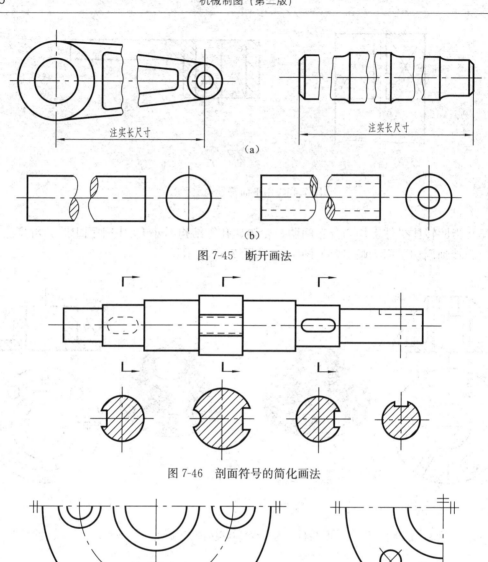

图 7-45 断开画法

图 7-46 剖面符号的简化画法

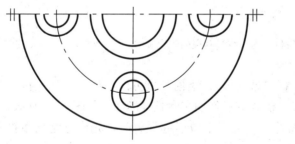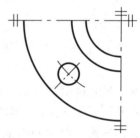

图 7-47 对称机件视图的简化画法

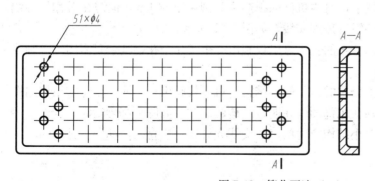

图 7-48 简化画法（一）

7　机件常用的表达方法　　　　　　　　　　　　　　　　　　　　137

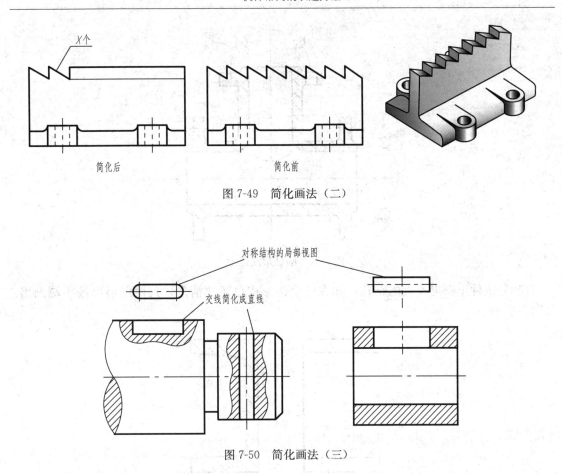

图 7-49　简化画法（二）

图 7-50　简化画法（三）

（10）机件上的滚花、网状物或编织物，可在轮廓线附近用粗实线示意画出，并在零件图上或技术要求中注明这些结构的具体要求（见图 7-51）。

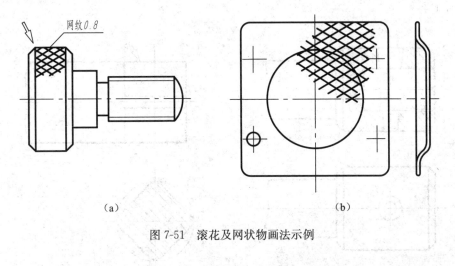

图 7-51　滚花及网状物画法示例

（11）圆柱形法兰和类似零件上均匀分布的孔，可按如图 7-52 所示的方法表示。

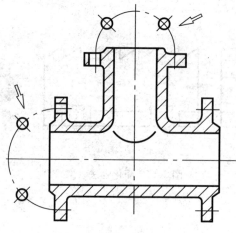

图 7-52 圆柱形法兰上

（12）机件上斜度不大的结构，如在一个图形中已表达清楚，其他图形可按小端画出，如图 7-53 所示。

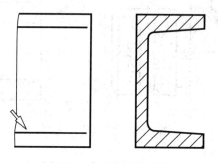

图 7-53 斜度的简化画法

（13）机件上较小的结构，当在一个图形中已表达清楚时，其他图形可简化或省略，如图 7-54 所示。

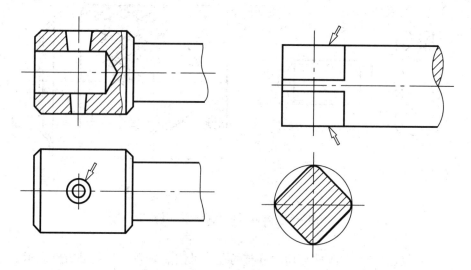

图 7-54 较小结构的简化画法

7.5 表达方法综合应用举例

7.5.1 机件表达方法的选用原则

本章介绍了表达机件的各种方法，如视图、剖视图、断面图、简化画法等。在绘制图样时，确定机件表达方案的原则是：在完整、清晰地表达各部分内外结构形状及相对位置的前提下，力求看图方便，绘图简单。因此在绘制图样时，应有效、合理地综合运用这些表达方法。

1. 视图数量应适当

在完整、清晰地表达机件，且在看图方便的前提下，视图的数量要减少，但也不是越少越好，如果由于视图数量的减少而增加了看图的难度，则应适当补充视图。

2. 合理地综合运用各种表达方法

视图的数量与选用的表达方案有关，因此在确定表达方案时，既要注意使每个视图、剖视图、断面图等具有明确的表达内容，又要注意它们之间的相互联系及分工，以达到表达完整、清晰的目的。在选择表达方案时，应首先考虑主体结构和整体的表达，然后针对次要结构及细小部位进行修改和补充。

3. 比较表达方案，择优选用

同一机件，往往可以采用多种表达方案。不同视图数量、表达方法和尺寸标注方法可以构成多种不同的表达方案。同一机件的几个表达方案相比较，可能各有优缺点，但要认真分析，择优选用。

7.5.2 综合运用举例

1. 支架

下面以支架为例（见图 7-55）提出几种表达方案并进行比较。

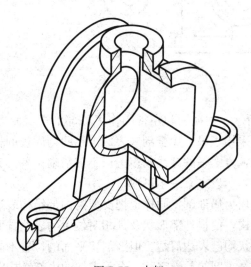

图 7-55 支架

方案一 如图 7-56 所示，采用了主、俯、左三个视图。主视图上作局部剖视，表达安装孔；左视图采用全剖视，表达支架的内部结构形状；为了清楚地表达十字肋的形状，还画出了一个A—A移出断面图。

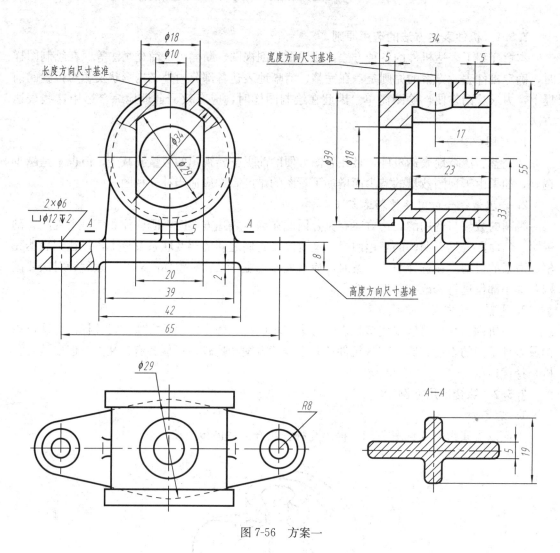

图 7-56　方案一

方案二　如图 7-57 所示，主视图和左视图作了局部剖视，使支架上部内、外结构形状表达得比较清楚，俯视图采用了A—A全剖视表达十字肋与底板的相对位置及实形。

以上两个表达方案中，方案一的虚线较多图形不够清晰；各部分的相对位置表达不够明显，给读图带来一定困难，所以方案一不可取。

方案二的主、左视图均为局部剖，同样也把支架的内部结构表达清楚了。由于方案二用了局部剖，保留了外部结构，使得外部形状及其相对位置的表达方面优于方案一。再比较俯视图，两方案对底板的形状均已表达清楚。但因剖切平面的位置不同，方案一的俯视图表达支架外部结构，方案二A—A剖的是十字肋，由于支架的内部结构在主、左视图中用局部剖已经表达清楚了，按方案二表达，可省去一个断面图，将十字肋与底板的形状及相对位置表达得非常清楚。

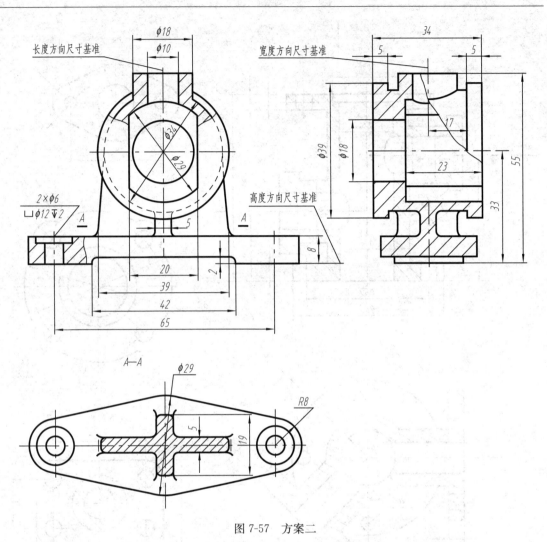

图 7-57　方案二

从便于读图和简化作图方面考虑,方案二是一个较好的表达方案。

2. 四通管

如图 7-58 所示的四通管的表达方案共有五个图形,两个基本视图(全剖视主视图 B—B、全剖视俯视图 A—A)两个局部视图(C 向、D 向)和一个斜剖的全剖视图(E—E 旋转)。

主视图 B—B 是采用旋转剖画出的全剖视图,表达四通管的内部结构形状;俯视图 A—A 是采用阶梯剖画的全剖视图,着重表达左、右管道的相对位置,还表达了下连接板的外形及 $4×\phi6$ 小孔的位置。

C 向局部视图,相当于左视图的一部分,表达左端连接板的外形及其上 $2×\phi4$ 孔的大小和相对位置;D 向局部视图,相当于俯视图的补充,表达了上连接板的外形及其上 $4×\phi6$ 孔的大小与位置。

因右端连接管与正投影面倾斜 $45°$,所以采用斜剖面画出 E—E 全剖视图,以表达右连接板的形状。左端肋板的断面厚度则在主视图中采用重合断面表示。

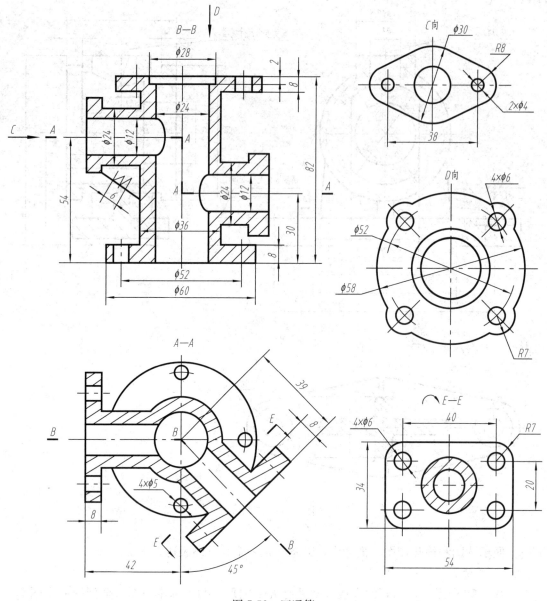

图 7-58 四通管

由图形分析中可见，四通管的构成大体和分为管体、上连接板、下连接板、左连接板、右连接板、肋板六部分。

管体的内外形状通过主、俯视图已表达清楚，它是由中间一个外径为 φ36、内径为 φ24 的竖管，左边一个距底面 54、外径 φ24、内径 φ12 的横管，右边一个距底面 30、外径 φ24、内径 φ12、向前方倾斜 45°的横管，三部分组合而成。三段管子的内径互相连通，形成有四个通口的管件。

四通管的上、下、左、右四块连接板形状大小各异，这可以分别由主视图以外的四个图形看清它们的轮廓，而它们的厚度为 8，主视图上的肋板为 6。

7.6 第三角画法

世界各国都采用正投影法来绘制机械图样。ISO 国际标准规定，表达机件结构时，第一角画法和第三角画法等效使用；GB/T 14692—2008 中规定"应按第一角画法布置六个基本视图，……必要时（如按合同规定等），才允许使用第三角画法"。目前，美国和日本等国仍采用第三角画法。为适应国际科学技术交流的需要，对第三角画法的特点简介如下：三个互相垂直的平面将空间划分为八个分角，分别称为第一角、第二角……第八角，如图 7-59 所示。

第一角画法是将物体置于第一角内，使其处于观察者与投影面之间（即保持人-物-面的位置关系）而得到正投影的方法，如图 7-60 所示。第三角画法是将物体置于第三角内，使投影面处于观察者与物体之间（假设投影面是透明的，并保持人-面-物的位置关系）而得到正投影的画法，如图 7-61 所示。

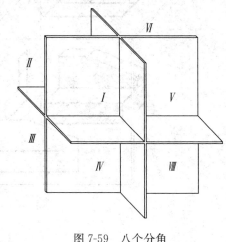

图 7-59　八个分角

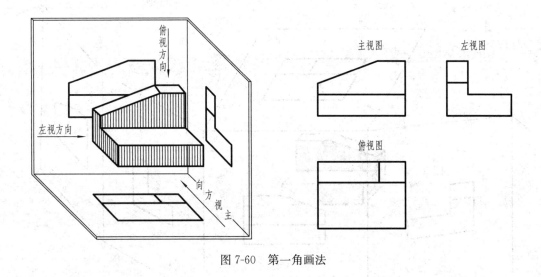

图 7-60　第一角画法

第一角画法和第三角画法都是采用正投影法，各视图之间仍保持"长对正、高平齐、宽相等"的对应关系。它们的主要区别如下：

（1）视图的配置不同。第三角画法规定，投影面展开摊平时前立面不动，顶面向上旋转 90°、侧面向前旋转 90°，与前立面摊平在一个平面上，如图 7-62 所示，各视图的配置如图 7-63 所示。

（2）里前外后。由于各视图的配置不同，第三角画法的顶视图、底视图、右视图、左视图，靠近前视图的一边（里边），表示物体的前面；远离前视图的一边（外边），表示物体的外面。这与第一角画法"里后外前"正好相反。

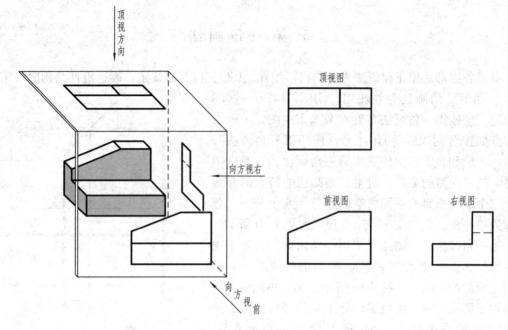

图 7-61　第三角画法

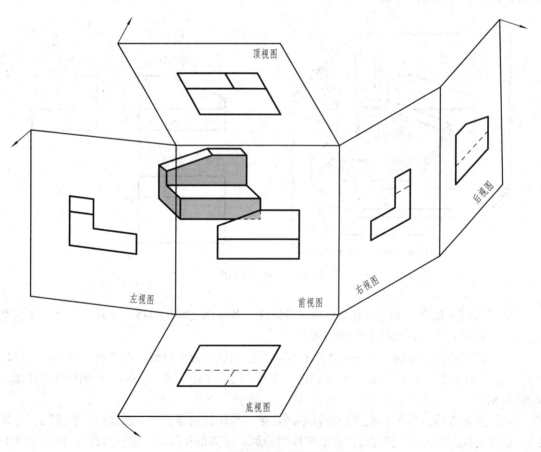

图 7-62　第三角画法投影面的展开

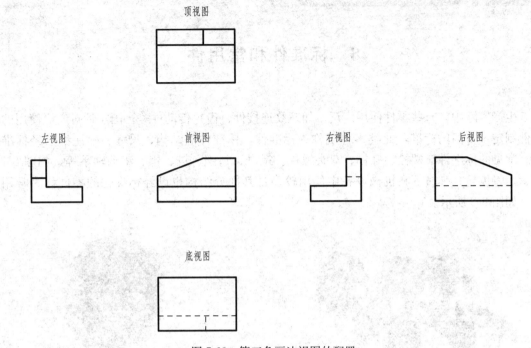

图 7-63 第三角画法视图的配置

在 ISO 国际标准中，第一角画法用如图 7-64（a）所示的识别符号表示；第三角画法用如图 7-64（b）所示的识别符号表示。识别符号画在标题栏附近。国家标准规定，我国采用第一角画法。因此，采用第一角画法时无须标出画法的识别符号。当采用第三角画法时，必须在图样中（在标题栏附近）画出第三角画法的识别符号。

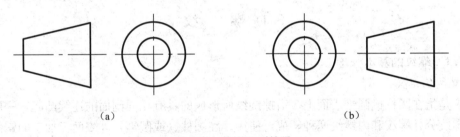

图 7-64 投影识别符号
(a) 第一角画法；(b) 第三角画法

8 标准件和常用件

生产实际中，有些零件使用广泛，如螺纹连接件、齿轮传动件等。国家针对广泛使用的零件制定了专门的标准，此类零件统称为标准件，标准件的结构、尺寸、标注都已经标准化。常见的标准件有螺栓、螺钉、双头螺柱、螺母、垫圈、键、销、滚动轴承等，如图 8-1 所示。将齿轮、弹簧等在机械设备中使用较多且其部分结构也已经标准化的零件称为常用件，如图 8-2 所示。

图 8-1 常见标准件

图 8-2 齿轮常用件

为了提高绘图效率，对标准件和常用件的结构和形状，可不必按其真实投影画出，而是根据相应的国家标准所规定的画法、代号和标记，进行绘图和标注。

8.1 螺 纹

8.1.1 螺纹的基本概念

1. 螺纹的定义

螺纹是指在圆柱或圆锥表面上，沿螺旋线所形成的具有相同剖面的连续凸起，一般称其为牙。螺纹分外螺纹和内螺纹两种，成对使用。在圆柱（或圆锥）外表面上加工的螺纹称为外螺纹，在圆柱（或圆锥）内表面上加工的螺纹称为内螺纹。

2. 螺纹的加工方法

螺纹的加工方法包括车削加工、丝锥加工、板牙加工。

（1）车削加工。工件夹在车床的卡盘中，绕其轴线做匀速旋转，车刀沿工件轴线方向做匀速移动，当刀尖切入工件后，在工件表面上便车出螺纹，如图 8-3（a）、（b）所示。

（2）丝锥加工。对于不能车削加工的内螺纹，先用钻头钻出光孔，再用丝锥攻螺纹，如图 8-3（c）所示。

（3）板牙加工。外螺纹还可采用板牙加工，如图 8-3（d）所示。

在加工螺纹的过程中，由于刀具的切入（或压入）构成了凸起和沟槽两部分，凸起的顶端称为螺纹的牙顶，沟槽的底部称为螺纹的牙底，螺纹上还有便于退刀的退刀槽等工艺结构，如图 8-4 所示。

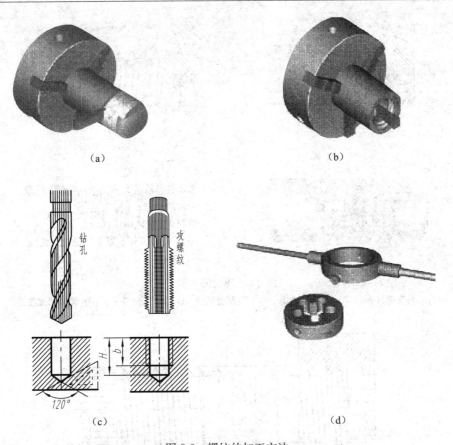

图 8-3 螺纹的加工方法

(a) 车削外螺纹；(b) 车削内螺纹；(c) 钻孔后攻螺纹；(d) 板牙加工外螺纹

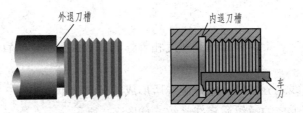

图 8-4 螺纹退刀槽

8.1.2 螺纹的基本要素

1. 牙型

在通过螺纹轴线的剖面上，螺纹的轮廓形状称螺纹牙型。常用的牙型有三角形、梯形、锯齿形等，如图 8-5 所示。最常见的牙型是等边三角形，称为普通螺纹，用 M 表示。

2. 直径

直径有大径（d、D）、中径（d_2、D_2）和小径（d_1、D_1）之分，其中，外螺纹大径 d 和内螺纹小径 D_1 也称顶径，螺纹大径称为公称直径（管螺纹用尺寸代号表示），如图 8-6 所示。

（1）大径。与外螺纹牙顶或内螺纹牙底相切的假想圆柱的直径称为大径。

（2）小径。与外螺纹牙底或内螺纹牙顶相切的假想圆柱的直径称为小径。

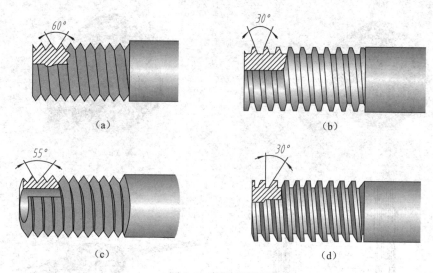

图 8-5 螺纹的牙型
(a) 普通螺纹 M；(b) 梯形螺纹 Tr；(c) 英制管螺纹（G、R、Rp、Rc）；(d) 锯齿形螺纹 B

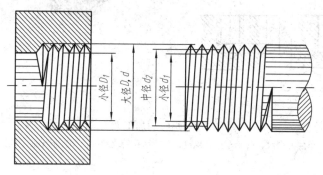

图 8-6 螺纹的直径

(3) 中径。通过牙型上沟槽和凸起宽度相等处的一个假想圆柱的直径称为中径。

3. 线数（n）

螺纹有单线与多线之分。沿一条螺旋线所形成的螺纹称单线螺纹；沿两条或多条在轴向等距分布的螺旋线所形成的螺纹称多线螺纹，如图 8-7 所示。

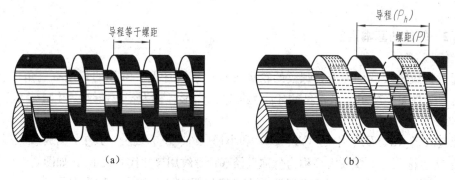

图 8-7 螺纹的线数、螺距和导程
(a) 单线螺纹；(b) 多线螺纹

4. 螺距（P）和导程（P_h）

螺距指相邻两牙在中径线上对应两点间的轴向距离；导程指同一条螺旋线上的相邻两牙在中径线上对应两点间的轴向距离，如图 8-7 所示。应注意，螺距与导程是两个不同的概念。

单线螺纹：导程（P_h）＝螺距（P）

多线螺纹：导程（P_h）＝螺距（P）×线数（n）

5. 旋向

内、外螺纹的旋转方向称为旋向。螺纹分为左旋和右旋两种。顺时针旋转时旋入的螺纹称为右旋螺纹；逆时针旋转时旋入的螺纹称为左旋螺纹。

旋向可按下列方法判定：将外螺纹轴线垂直放置，螺纹的可见部分是右高左低者称为右旋螺纹；左高右低者称为左旋螺纹，如图 8-8 所示。

对于螺纹来说，只有牙型、大径、螺距、线数、旋向等要素都相同，内、外螺纹才能旋合在一起。凡是牙型、大径和螺距符合标准的螺纹称标准螺纹；牙型符合标准，而大径或螺距不符合标准的螺纹称特殊螺纹；牙型不符合标准的螺纹称非标准螺纹。

在实际生产中使用的各种螺纹，单线、右旋螺纹使用得较多，且绝大多数是标准螺纹。

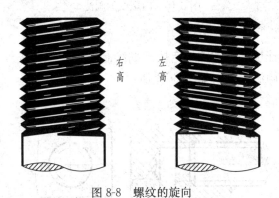

图 8-8　螺纹的旋向

8.1.3　螺纹的画法

1. 外螺纹的画法

（1）外螺纹牙顶圆的投影用粗实线表示，牙底圆的投影用细实线表示（通常按牙顶圆投影的 0.85 倍绘制），在螺杆的倒角或倒圆部分也应画出，如图 8-9 所示。

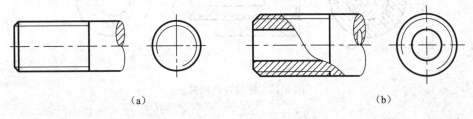

图 8-9　外螺纹的画法

（2）在垂直于螺纹轴线的投影面的视图中，表示牙底圆的细实线只画约 3/4 圈（空出约

1/4 的位置不作规定)。此时,螺杆或螺孔上倒角圆的投影省略不画。

(3) 螺纹终止线用粗实线表示。

(4) 在剖视图中,剖面线必须画到大径的粗实线处。

2. 内螺纹的画法

内螺纹常用剖视图表示,在非圆视图中,螺纹牙顶(小径)用粗实线绘制,牙底(大径)用细实线绘制,如图 8-10 所示。在垂直于螺纹轴线的投影面的视图中,螺纹牙顶圆(小径)的投影用粗实线圆表示(按大径的 0.85 倍绘制),牙底圆(大径)的投影画成 3/4 圈细实线圆。

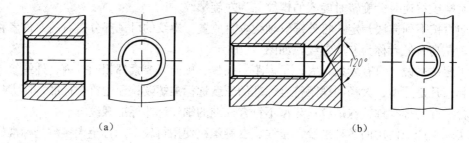

图 8-10 内螺纹的画法

3. 螺纹旋合的画法

在剖视图中,螺纹连接的外螺纹规定按不剖绘制,旋合部分按外螺纹的规定画法绘制,其余部分按各自的规定画法绘制,如图 8-11 所示。

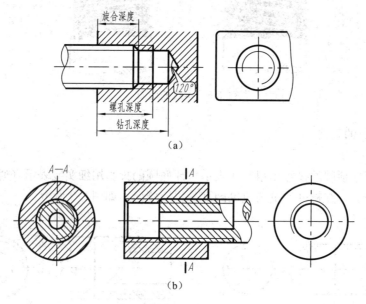

图 8-11 螺纹连接的画法

因为只有牙型、大径、小径、螺距、旋向等都相同的螺纹才能旋合在一起,所以在剖视图中,表示外螺纹牙顶的粗实线必须与表示内螺纹牙底的细实线在一条直线上;表示外螺纹牙底的细实线,也必须与表示内螺纹牙顶的粗实线在一条直线上。螺纹旋合深度与被连接的材料有关，螺孔深度一般应比旋合深度深 $0.5d$，而钻孔深度比螺孔深 $0.5d$。

4. 螺纹牙型的表示法

一般不在图中表示螺纹牙型，当需要表示螺纹牙型时，可采用局部剖视图或局部放大图绘出螺纹的牙型，如图 8-12 所示。

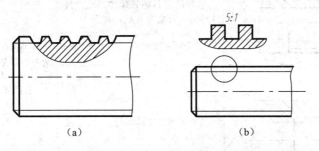

图 8-12　螺纹牙型的表达方法

8.1.4　螺纹的种类和标注

1. 螺纹的种类

螺纹按用途分为连接螺纹和传动螺纹两种。

（1）连接螺纹。起连接作用的螺纹称为连接螺纹。常用的有粗牙普通螺纹、细牙普通螺纹、非螺纹密封的管螺纹和用螺纹密封的管螺纹四种标准螺纹。

（2）传动螺纹。用于传递动力和运动的螺纹称为传动螺纹。常用的有梯形螺纹和锯齿形螺纹两种标准螺纹。

2. 螺纹的标记和标注

GB/T 4459.1—1995 对螺纹的标注进行了规定。标准螺纹的标记和标注见表 8-1。

例如，M16×Ph6P2—5g6g—L 的含义如下：公称直径为 16mm，导程为 6mm，螺距为 2mm，3 重线普通外螺纹，中径公差带为 5g，顶径公差带为 6g，长旋合长度，右旋。

表示内、外螺纹配合时，内螺纹公差带代号在前，外螺纹公差带代号在后，中间用斜线"/"分开，如 M20×2-6H/5g6g。

表 8-1　　标准螺纹的标记和标注

螺纹种类	标注示例	标注的含义	标注要点说明
普通螺纹 M	M20-5g6g-s	粗牙普通螺纹，公称直径为 20，右旋，中径、顶径公差带分别为 5g、6g，短旋合长度	1. 粗牙螺纹不注螺距，细牙螺纹标注螺距 2. 右旋省略不注，左旋以"LH"表示（各种螺纹皆如此） 3. 中径、顶径公差带相同时，只注一个公差带代号 4. 旋合长度有短旋合长度（S），中等旋合长度（N），长旋合长度（L），中等旋合长度不注 5. 螺纹标记应直接注在大径的尺寸线或延长线上
	M20×2LH-6H	细牙普通螺纹，公称直径为 20，螺距 2，左旋，中径、小径公差带皆为 6H，中等旋合长度	

续表

螺纹种类	标注示例	标注的含义	标注要点说明
非螺纹密封的管螺纹 G	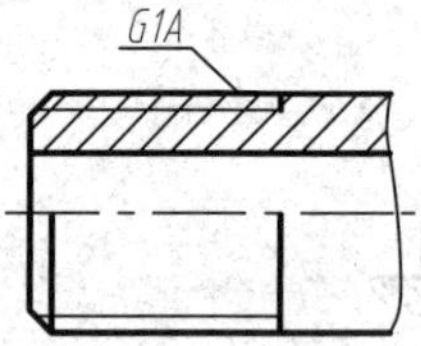 G1A	非螺纹密封的管螺纹，尺寸代号为1，公差为A级，右旋	1. 非螺纹密封的管螺纹，其内、外螺纹都是圆柱管螺纹 2. 外螺纹的公差等级代号分为A、B两级，内螺纹不标注
	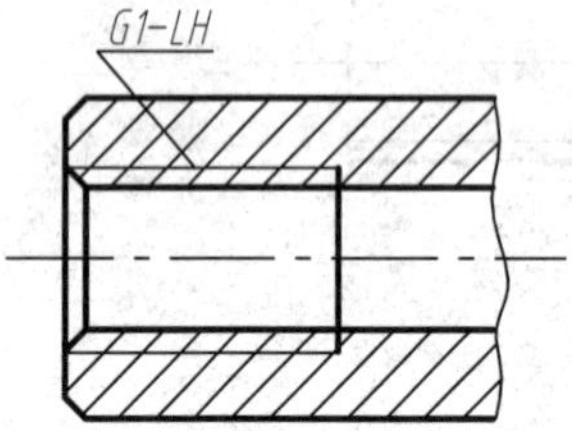 G1-LH	非螺纹密封的管螺纹，尺寸代号为1，左旋	
梯形螺纹 Tr 锯齿形螺纹 B	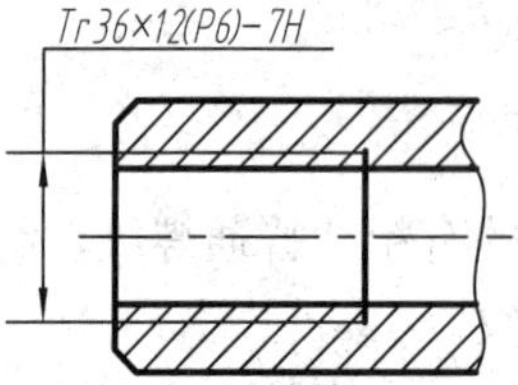 Tr36×12(P6)-7H	梯形螺纹，公称直径为36，双线，导程12，螺距6，右旋，中径公差带为7H，中等旋合长度	1. 两种螺纹只标注中径公差带代号 2. 旋合长度只有中等旋合长度和长旋合长度两种，中等旋合长度规定不标
	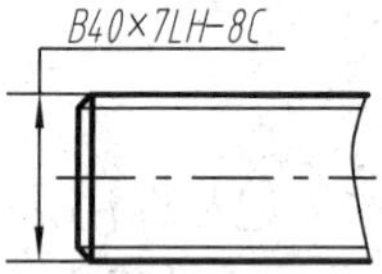 B40×7LH-8C	锯齿形螺纹，公称直径为40，单线，螺距7，左旋，中径公差带为8c，中等旋合长度	
用螺纹密封的管螺纹 R、Rc、Rp	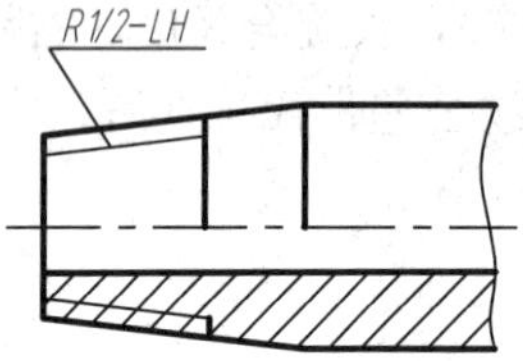 R1/2-LH	圆锥外螺纹，尺寸代号为1/2，左旋	1. 用螺纹密封的管螺纹，只注螺纹特征代号、尺寸代号和旋向 2. 管螺纹一律标注在引出线上，引出线应由大径处引出或对称中心线处引出
	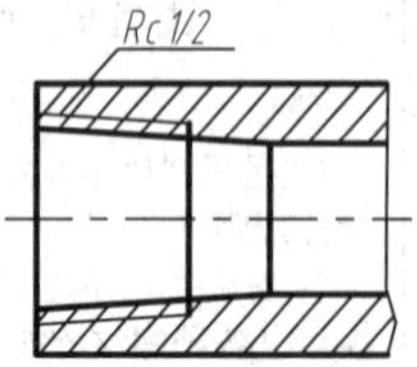 Rc1/2	圆锥内螺纹，尺寸代号为1/2，右旋	
	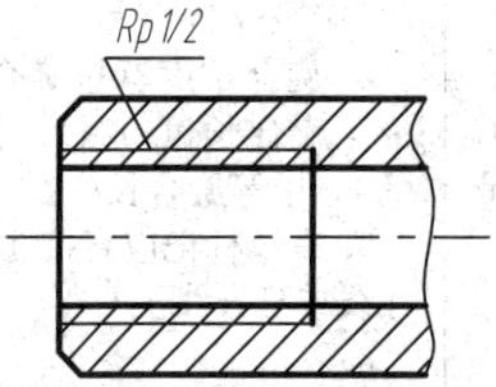 Rp1/2	圆柱内螺纹，尺寸代号为1/2，右旋	

8.2 螺纹连接件

螺纹的常见用途是制成螺纹连接件使用。螺纹连接件是标准件，不画零件图，只画装配图。

8.2.1 常用的螺纹连接件种类和标记

常用的螺纹连接件有螺栓、双头螺柱、螺钉、螺母、垫圈等，如图 8-13 所示。它们的结构、尺寸都已标准化。使用时，可从附表 1～附表 5 的标准中查出所需的结构和尺寸。

图 8-13 常用螺纹连接件

标准的螺纹连接件标记的内容有名称、标准编号、螺纹规格×公称长度，常用螺纹连接件的标记示例见表 8-2。

表 8-2　　　　　　　　　常用螺纹连接件的标记示例

名　称	标记示例	说　明
螺栓	螺栓 GB/T 5782—2016 M10×50	螺纹规格 d=M10、公称长度 L=50mm（不包括头部）的六角头螺栓
双头螺柱	螺柱 GB 898—1988 M12×40	螺纹规格 d=M12、公称长度 L=40mm（不包括旋入端）的双头螺柱
螺母	螺母 GB/T 6170—2015 M16	螺纹规格 D=M16 的六角螺母
平垫圈	垫圈 GB/T 97.2—2002 16—140HV	公称尺寸 d=16mm、性能等级为 140HV、不经表面处理的平垫圈
弹簧垫圈	垫圈 GB 93—1987 20	规格（螺纹大径）为 20mm 的弹簧垫圈
螺钉	螺钉 GB/T 65—2016 M10×40	螺纹规格 d=M10、公称长度 L=40mm（不包括头部）的开槽圆柱头螺钉
紧定螺钉	螺钉 GB/T 71—1985 M5×12	螺纹规格 d=M5、公称长度 L=12mm 的开槽锥端紧定螺钉

为了提高画图速度，螺纹连接件各部分的尺寸（除公称长度外）都可用 d（或 D）的一定比例画出，称为比例画法（也称简化画法）。画图时，螺纹连接件的公称长度 L 由被连接零件的有关厚度等决定。

各种常用螺纹连接件的比例画法见表 8-3。

表 8-3　　常用螺纹连接件的比例画法

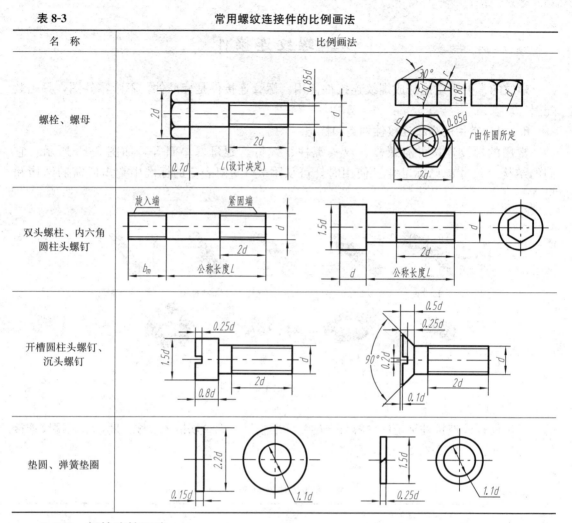

8.2.2 螺栓连接画法

螺栓连接由螺栓、螺母、垫圈组成。螺栓连接是将螺栓的杆身穿过两个被连接件的通孔，套上垫圈，再用螺母拧紧，使两个零件连接在一起的一种连接方式。螺栓连接用于连接两个不太厚，并容易钻出通孔的零件。

在装配图中，螺栓、螺母、垫圈常采用比例画法，根据螺栓的公称直径 d 按表 8-3 中的比例关系画出各连接件，其画法如图 8-14 所示。

画图时需知道螺纹连接件的形式、大径和被连接零件的厚度，从有关标准中查出螺栓、螺母、垫圈的相关尺寸，螺栓的长度 L 可估算为

$$L \approx t_1 + t_2 + h(0.15d\ \text{垫圈厚}) + m(0.8d\ \text{螺母厚}) + a(0.3d\ \text{螺纹余量})$$

由此估算出螺栓长度，再从附表的螺栓标准所规定的长度系列中选取接近的标准长度。

为了保证成组多个螺栓装配方便，不因上、下板孔间距误差造成装配困难，被连接零件上的孔径一般比螺纹大径大一些，画图时按 $1.1d$ 画出。同时，螺栓上的螺纹终止线应低于通孔的顶面，以显示拧紧螺母时有足够的螺纹长度。

画螺纹连接件的装配图时应注意下列几点：

（1）当剖切平面通过螺纹连接件的轴线时，螺栓、螺柱、螺钉、螺母、垫圈等螺纹连接

件均按未剖切绘制；螺纹连接件上的工艺结构（如倒角、退刀槽等）均可省略不画。

（2）两个被剖开的连接件其剖面线方向应相反。同一个零件在各视图中剖面线的倾斜方向和间隔都应相同。

（3）凡不接触表面，无论间隙大小，在图上应画出间隙，间隙过小时按夸大画法画出；两接触面之间只画一条轮廓线。

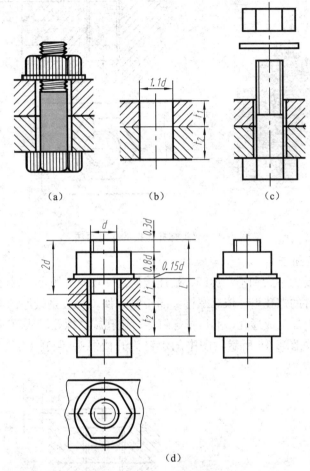

图 8-14　螺栓连接的规定画法

8.2.3　双头螺柱连接画法

双头螺柱连接适用于被连接零件之一较厚，不便于加工成通孔的情况，使用时，在较厚的零件上加工成不穿通的螺孔，在较薄的零件上加工成通孔。装配时，先将双头螺柱的一端旋入较厚零件的螺孔，再将通孔零件穿过螺柱的另一端，然后套上垫圈，拧紧螺母，如图 8-15（a）所示。

双头螺柱的公称长度 L，也应通过计算确定：

$$L \approx \delta + h\,(0.2d\ 垫圈厚) + m\,(0.8d\ 螺母厚) + a\,(0.3d\ 螺纹余量)$$

旋入螺母端的配合画法与螺栓连接画法相同，各部分尺寸的比例关系及画法如图 8-15（b）所示。

这里选用的弹簧垫圈可以按照图中的比例关系绘制，其开口画成与水平线呈 60°，从右下向左上方向倾斜的加粗实线，线宽为粗实线的 2 倍。

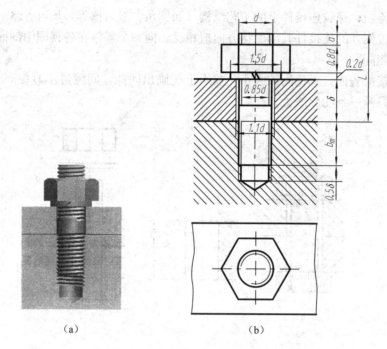

图 8-15 双头螺柱连接的规定画法

8.2.4 螺钉连接画法

螺钉连接多用于受力不大和不常拆卸、被连接件之一较厚的场合。螺钉连接不用螺母，而是将螺钉直接拧入零件的螺孔里，依靠螺钉头部压紧零件。一般是较厚的零件上加工出螺孔，而在另一被连接零件上加工成通孔，然后把螺钉穿过通孔旋进螺孔，从而达到连接的目的。

螺钉连接的画法如图 8-16 所示，图中的螺钉为开槽沉头螺钉。为简化作图，螺钉上表

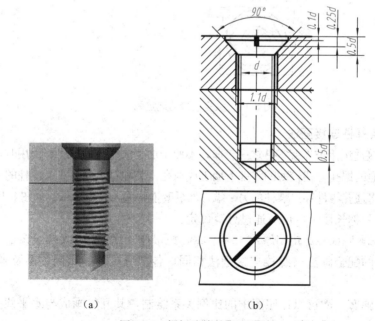

图 8-16 螺钉连接的规定画法

示螺纹牙底的细实线可以一直画到螺钉头的肩部。旋入端的画法与双头螺柱连接相同，螺纹的旋入深度也是由被旋入零件的材料决定的，画图时螺纹的终止线必须高于两被连接零件的结合面。螺钉各部分按照图中的比例来确定尺寸并绘制。

螺钉头部的一字槽在主视图被放正绘制，而在垂直于轴线的视图中用加粗实线绘制，与水平线呈45°，从左下向右上方向倾斜。

紧定螺钉连接的装配图画法如图8-17所示，图中的螺钉为开槽锥端紧定螺钉。紧定螺钉通常起固定作用，限制两个相配零件间的相对运动，或者防止零件脱落。装配时，将螺钉旋入一个零件的螺孔中，并将其尾端压入另一个零件的凹坑中。

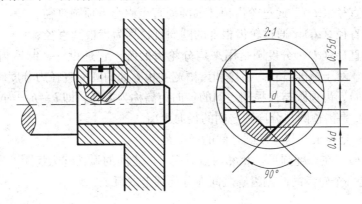

图 8-17 紧定螺钉连接画法

8.3 齿 轮

8.3.1 齿轮的基本知识

齿轮是广泛应用于机器和部件中的传动零件，它能将一根轴的动力及旋转运动传递给另一轴，也可改变转速和旋转方向，齿轮上每一个用于啮合的凸起部分称为轮齿，由两个啮合的齿轮组成的基本机构称齿轮副，如图 8-18 所示。常用的齿轮副按两轴的相对位置不同分为以下三种：

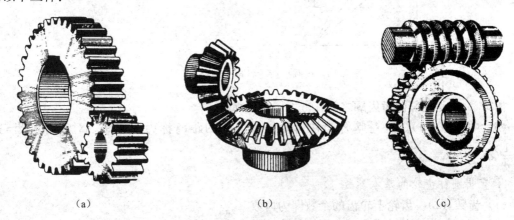

(a)   (b)   (c)

图 8-18 齿轮传动

(a) 圆柱齿轮啮合；(b) 圆锥齿轮啮合；(c) 蜗轮与蜗杆啮合

(1) 平行轴齿轮副（圆柱齿轮）用于两平行轴间的传动，如图8-18（a）所示。
(2) 相交轴齿轮副（圆锥齿轮）用于两相交轴间的传动，如图8-18（b）所示。
(3) 交错轴齿轮副（蜗轮与蜗杆）用于两交错轴间的传动，如图8-18（c）所示。

8.3.2 绘制圆柱齿轮

圆柱齿轮的轮齿有直齿、斜齿、人字齿等，其中最常用的是直齿圆柱齿轮。本节主要介绍直齿圆柱齿轮的基本参数及画法。

1. 直齿圆柱齿轮各部分名称及尺寸关系

直齿圆柱齿轮各部分名称及代号如图8-19所示。

(1) 齿顶圆直径（d_a）。通过轮齿顶部的圆周直径称为齿顶圆直径。
(2) 齿根圆直径（d_f）。通过轮齿根部的圆周直径称为齿根圆直径。
(3) 分度圆直径（d）。分度圆是用来均分轮齿的圆，它是设计、制造齿轮时计算各部分尺寸的基准圆。对于标准齿轮，齿厚和齿槽宽度相等处的圆周直径为分度圆直径。
(4) 齿高（h）。齿顶圆与齿根圆之间的径向距离称为齿高，即 $h=h_a+h_f$。

齿顶高（h_a）是齿顶圆与分度圆之间的径向距离。

齿根高（h_f）是齿根圆与分度圆之间的径向距离。

(5) 齿距（p）。在分度圆上，相邻两齿对应齿廓之间的弧长称为齿距，即 $p=s+e$。

齿厚（s）是一个轮齿的两侧齿廓之间在分度圆上的弧长。

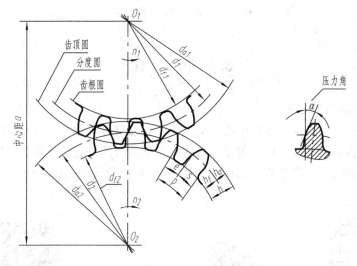

图 8-19 齿圆柱齿轮各部分名称及代号

槽宽（e）是相邻两齿齿廓之间在分度圆上的弧长。

(6) 中心距（a）。一对啮合圆柱齿轮轴线之间的距离称为中心距，对于标准齿轮，$a=\frac{1}{2}(d_1+d_2)$。

2. 直齿圆柱齿轮的基本参数

(1) 齿数（z）。齿轮上轮齿的个数即为齿数。
(2) 模数（m）。设齿轮的齿数为 z，由于分度圆的周长 $=\pi d=zp$，所以 $d=zp/\pi$。令比值 $p/\pi=m$，则 $d=mz$，m 称为齿轮的模数。因为一对啮合齿轮的齿距 p 必须相等，所以它们模数也必须相等。

模数 m 是设计、制造齿轮的重要参数。模数大，齿距 p 也增大，齿厚 s 也随之增大，因而齿轮的承载能力也增大。不同模数的齿轮，要用不同模数的刀具来加工制造。为了设计和制造方便，减少齿轮成型刀具的规格，模数已经标准化，我国规定的标准模数见表 8-4。

表 8-4　　　　　　　　圆柱齿轮模数系列（GB/T 1357—2008）

第Ⅰ系列	1 1.25 1.5 2 2.5 3 4 5 6 8 10 12 16 20 25 32 40 50
第Ⅱ系列	1.125 1.375 1.75 2.25 2.75 3.5 4.5 5.5 (6.5) 7 9 11 14 18 22 28 35 45

注　优先采用第Ⅰ系列法向模数，应避免采用第Ⅱ系列的法向模数 6.5。

（3）压力角。接触点 C 处的公法线与两节圆的公切线所夹的锐角称为压力角，用 α 表示。我国采用标准齿轮的压力角 $\alpha=20°$。

一对相互啮合的圆柱齿轮的模数和压力角必须相同。

3. 模数与轮齿各部分的尺寸关系

标准直齿圆柱齿轮的轮齿各部分尺寸都根据模数来确定，其计算公式见表 8-5。

表 8-5　　　　　　　　标准直齿圆柱齿轮轮齿的各部分尺寸关系

名称及代号	计算公式	名称及代号	计算公式
模数 m	$m=d/\pi$ 并按表 8-4 取标准值	分度圆直径 d	$d=mz$
齿顶高 h_a	$h_a=m$	齿顶圆直径 d_a	$d_2=d+2h_a=m(z+2)$
齿根高 h_f	$h_f=1.25m$	齿根圆直径 d_f	$d_f=d-2h_f=m(z-2.5)$
齿高 h	$h=h_a+h_f=2.25m$	中心距 a	$a=(d_1+d_2)/2=m(z_1+z_2)/2$

4. 单个齿轮的规定画法

（1）齿顶圆和齿顶线用粗实线绘制，分度圆和分度线用细点画线绘制，齿根圆和齿根线用细实线绘制（也可省略不画），如图 8-20（a）所示。

（2）在剖视图中，当剖切平面通过齿轮的轴线时，轮齿一律按不剖处理，齿根线画成粗实线，如图 8-20（b）所示。

（3）需要表示斜齿和人字齿的齿线形状时，可用三条与齿线方向一致的细实线表示，如图 8-20（c）、(d) 所示。

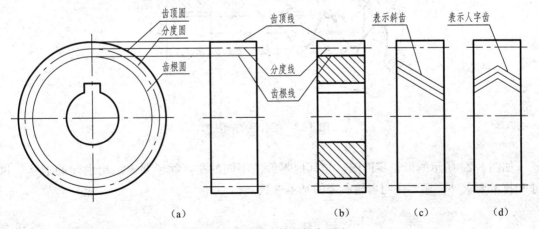

图 8-20　单个齿轮的规定画法

5. 啮合的圆柱齿

(1) 在垂直于圆柱齿轮轴线投影的视图中，两节圆应相切，啮合区的齿顶圆均用粗实线绘制，也可省略，如图 8-21 (a)、(b) 所示。

(2) 在剖视图中，当剖切平面通过两啮合齿轮的轴线时，在啮合区内，将一个齿轮的轮齿用粗实线绘制，另一个齿轮的轮齿被遮挡的部分用虚线绘制，如图 8-21 (a) 所示，也可省略不画。

(3) 在平行于圆柱齿轮轴线的投影面的外形视图中，啮合区内的齿顶线不需要画出，节线用粗实线绘制，其他处的节线用点画线绘制，如图 8-21 (c) 所示。

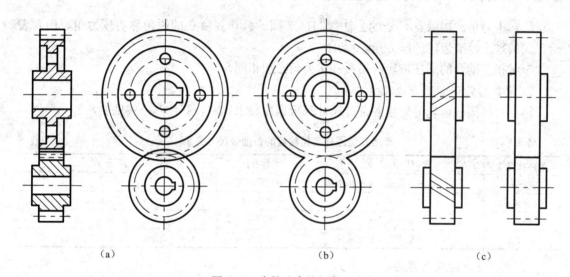

图 8-21　齿轮啮合的规定画法

(4) 齿顶与齿根之间有 $0.25m$ 的间隙，在剖视图中，应按如图 8-22 所示的形式画出。

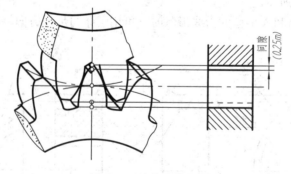

图 8-22　啮合区的画法

如图 8-23 所示的齿轮零件图，与其他零件图不同的是，除了要表示出齿轮的形状、尺寸和技术要求外，还要注明齿轮所需的基本参数。

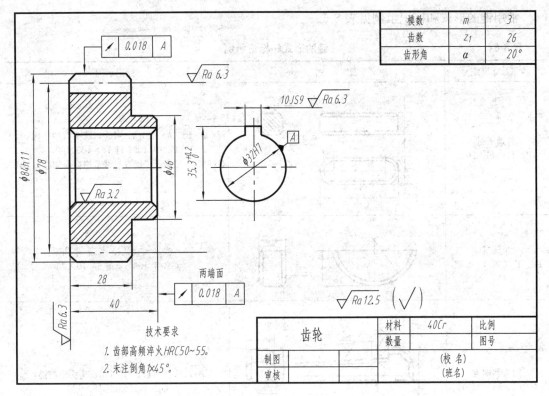

图 8-23 齿轮零件图

8.4 键连接和销连接

8.4.1 键连接

键通常用来连接轴和装在轴上的转动零件（齿轮、带轮），起到传递扭矩的作用。普通平键连接需在轴和轮毂上分别加工出键槽，装配时，先将键装入轴的键槽内，然后将轴上的键对准轮毂的键槽，将轮子装在轴上，这种键连接结构如图 8-24 所示。

1. 常用键的种类和标记

键连接有多种形式，平键连接应用最广，按轴槽结构可分圆头普通平键（A 型）、平头普通平键（B 型）、单圆头普通平键（C 型），其形状如图 8-25 所示。

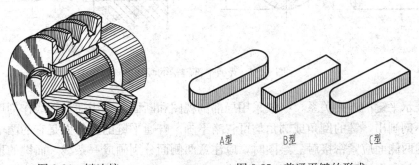

图 8-24 键连接　　　　　图 8-25 普通平键的形式

常用键的形式和标记示例见表 8-6。

表 8-6　键的形式和标记示例

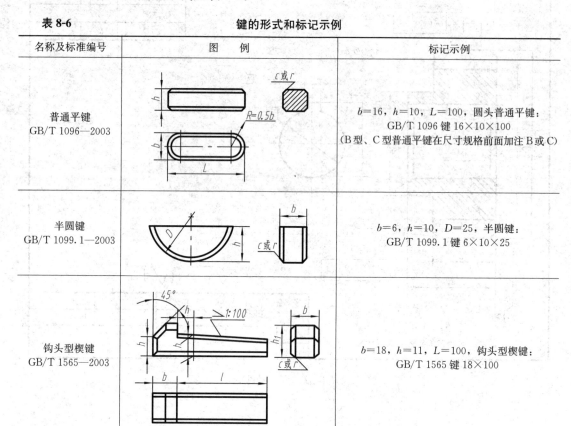

名称及标准编号	图例	标记示例
普通平键 GB/T 1096—2003		$b=16$，$h=10$，$L=100$，圆头普通平键： GB/T 1096 键 $16\times10\times100$ （B 型、C 型普通平键在尺寸规格前面加注 B 或 C）
半圆键 GB/T 1099.1—2003		$b=6$，$h=10$，$D=25$，半圆键： GB/T 1099.1 键 $6\times10\times25$
钩头型楔键 GB/T 1565—2003		$b=18$，$h=11$，$L=100$，钩头型楔键： GB/T 1565 键 18×100

2. 绘制普通平键

相配合的键槽尺寸可从国家标准中查出，其画法及尺寸标注如图 8-26 所示。

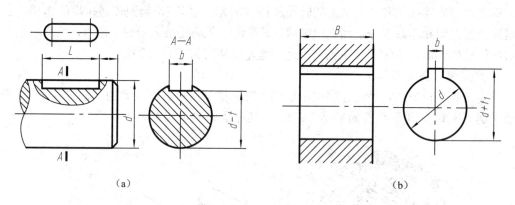

图 8-26　普通平键键槽的画法

为了表示平键的连接关系，一般采用局部剖视图和断面图。当通过轴线作剖切时，被剖切的键按不剖画出，键的倒角或圆角均可省略不画。普通平键的工作面是它的两个侧面，故键和键槽的两侧面应紧密接触。绘图时，应注意两侧面分别画成一条线，而键的顶面与轮毂键槽顶面之间留有间隙，应注意画成两条线，如图 8-27 所示。

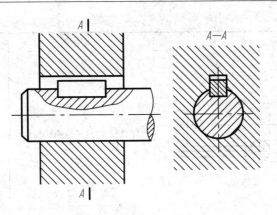

图 8-27　普通平键连接画法

8.4.2　销连接

销也是常用的标准件。通常用于零件间的连接或定位。常用的销有圆柱销、圆锥销和开口销,如图 8-28 所示。

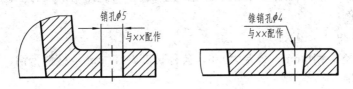

图 8-28　销孔的尺寸标注

开口销常与槽形螺母和带孔螺栓配合,将其穿过螺母上的槽和螺栓中的孔,并将销的尾部叉开,防止螺母松脱。

销是标准件,销的结构形式和尺寸国家标准都有相应的规定,可以查阅标准。在销连接的装配画法中,当剖切平面通过销的轴线时,销按不剖处理。

常用销的形式、标记示例和连接画法见表 8-7。

表 8-7　销的形式、标记示例和连接画法

名称及标准编号	图例	标记示例	连接画法
圆柱销 GB/T 119.1—2000		公称直径 $d=8$、长度 $l=40$、公差为 m6 的圆柱销: 销　GB/T 119.1　8 m6×40	
圆锥销 GB/T 117—2000		公称直径 $d=12$、长度 $l=70$ 的 A 型圆柱销: 销　GB/T 117　12×70	

名称及标准编号	图 例	标记示例	连接画法
开口销 GB/T 91—2000	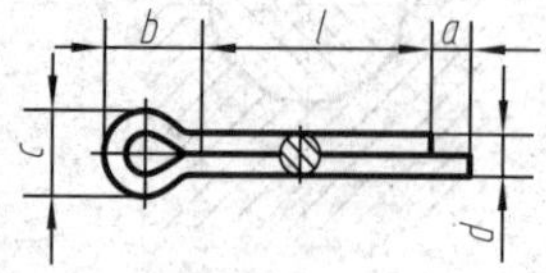	公称直径 $d=4$（指销孔直径）、长度 $l=40$ 的开口销： 销 GB/T 91 4×40	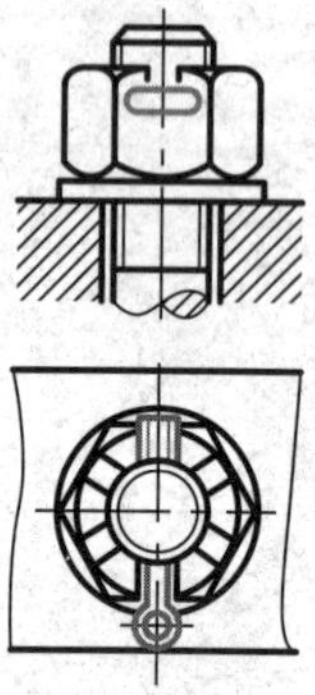

圆柱销或圆锥销的装配要求较高，销孔一般要在被连接零件装配时同时加工，这一要求需要在相应的零件图上注明，如图 8-28 所示。锥销孔的公称直径指圆锥销的小端直径，标注时应采用旁注法。锥销孔加工时按公称直径先钻孔，再选用定值铰刀扩铰成锥孔。

销的标记示例：

销 GB/T 129.1 10×90

表示公称直径 $d=10$mm，公差为 m6，公称长度 $l=90$mm，材料为钢，不经淬火，不经表面处理的圆柱销。

8.5 滚 动 轴 承

滚动轴承是用来支承旋转轴的一种组件。它的优点是摩擦力小、机械效率高、结构紧凑，因而得到广泛应用。滚动轴承是标准部件，其结构形式及尺寸均已标准化，可以在相应的国家标准中查到。

8.5.1 滚动轴承的类型和结构

滚动轴承的类型按承受载荷的方向可分为以下三类：

(1) 向心轴承，主要承受径向载荷，如深沟球轴承，如图 8-29（a）所示。

(2) 推力轴承，只承受轴向载荷，如推力球轴承，如图 8-29（b）所示。

(3) 向心推力轴承，同时承受径向和轴向载荷，如圆锥滚子轴承，如图 8-29（c）所示。

滚动轴承的种类虽多，但结构大体相同，一般由外圈、内圈、滚动体和保持架组成。其外圈装在机座的孔内，内圈与轴紧密装配在一起，一般情况下是外圈固定不动，内圈随轴转动。

8.5.2 滚动轴承的基本代号

滚动轴承基本代号表示轴承的基本类型、结构和尺寸是滚动轴承代号的基础。它是由滚动轴承的类型代号、尺寸系列代号和内径代号组成。

1. 类型代号

类型代号用阿拉伯数字或大写拉丁字母表示，见表 8-8。类型代号有的可以省略，如双列角接触球轴承的代号"0"均不写，调心球轴承的代号"1"有时也可省略。区分类型的另一个重要标志是标准号，每一类轴承都有一个标准编号。例如，双列角接触球轴承标准编号为 GB/T 296—2015，调心球轴承标准编号为 GB/T 281—2013。

8 标准件和常用件

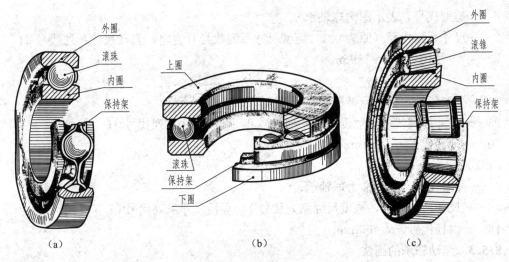

图 8-29 三类滚动轴承
(a) 向心轴承；(b) 推力轴承；(c) 向心推力轴承

表 8-8   滚动轴承的类型代号

代 号	轴承类型	代 号	轴承类型
0	双列角接触球轴承	6	深沟球轴承
1	调心球轴承	7	角接触球轴承
2	调心滚子轴承和推力调心滚子轴承	8	推力圆柱滚子轴承
3	圆锥滚子轴承	N	圆柱滚子轴承，双列或多列用字母 NN 表示
4	双列深沟球轴承	U	外球面球轴承
5	推力球轴承	QJ	四点接触球轴承

2. 尺寸系列代号

尺寸系列代号是由轴承的宽（高）度系列代号和直径系列代号组合而成的，用两位阿拉伯数字来表示。它反映了同种轴承在内圈孔径相同时，内、外圈的宽度、厚度和滚动体大小不同的轴承。尺寸系列代号不同的轴承其外廓尺寸不同，承载能力也不同。

尺寸系列代号有时可以省略。除圆锥滚子轴承外，其余各类轴承宽度系列代号"0"均省略。深沟球轴承和角接触球轴承的 10 尺寸系列代号中的"1"可以省略；双列深沟球轴承的宽度系列代号"2"可以省略。

3. 内径代号

内径代号是表示轴承的公称内径，一般用两位阿拉伯数字表示。

(1) 代号数字为 00、01、02、03 时，分别表示轴承内径 $d=10$、12、15、17mm。

(2) 代号数字为 04～96 时，代号数字乘 5，即为轴承内径。

(3) 轴承公称内径大于或等于 500，以及 22、28、32 时，用公称内径毫米数值直接表示，但应与尺寸系列代号之间用"/"隔开。

滚动轴承的基本代号举例：

6——类型代号，表示深沟球轴承；

2——尺寸系列代号（原为02），宽度尺寸系列代号0省略，直径尺寸系列代号2；

22——内径代号，$d=22$mm。

30310

3——类型代号，表示圆锥滚子轴承；

03——尺寸系列代号，宽度尺寸系列代号0，直径尺寸系列代号3；

10——内径代号，$d=50$mm。

51312

5——类型代号，表示推力球轴承；

13——尺寸系列代号，宽度尺寸系列代号1，直径尺寸系列代号3；

12——内径代号，$d=60$mm。

8.5.3 滚动轴承的画法

滚动轴承为标准件，不需要画零件图，按国家标准规定，只是在装配图中采用规定画法或特征画法。

在装配图中需要较详细地表示滚动轴承的主要结构时，可采用规定画法；在装配图中需要简单地表示滚动轴承的主要结构时，可采用特征画法。

画滚动轴承时，先根据轴承代号由国家标准手册查出滚动轴承外径 D、内径 d、宽度 B 等尺寸，然后按表8-9中的图形、比例关系画出。

表8-9　　　　　　　　　　滚动轴承的规定画法和特征画法

轴承名称和代号	立体图	主要数据	规定画法	特征画法
深沟球轴承 GB/T 276—2013 0000 型	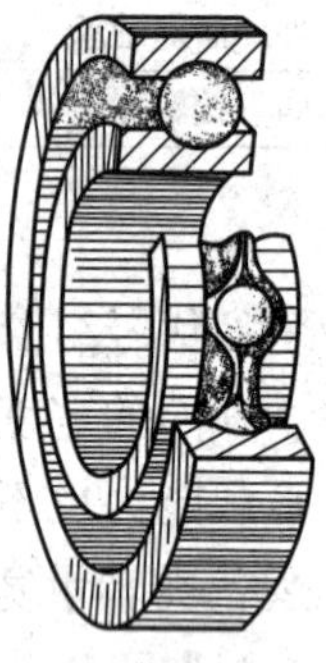	D d B	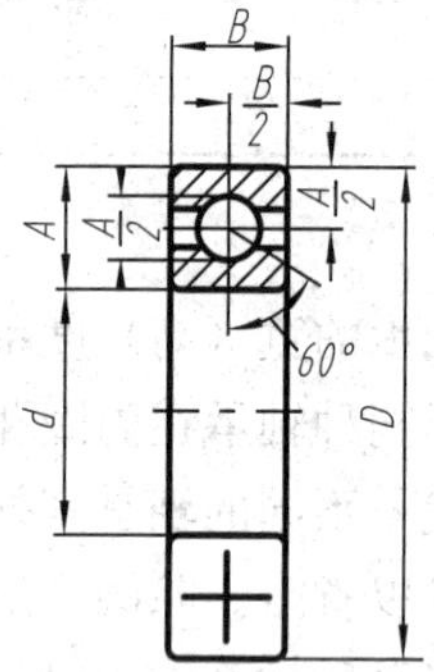	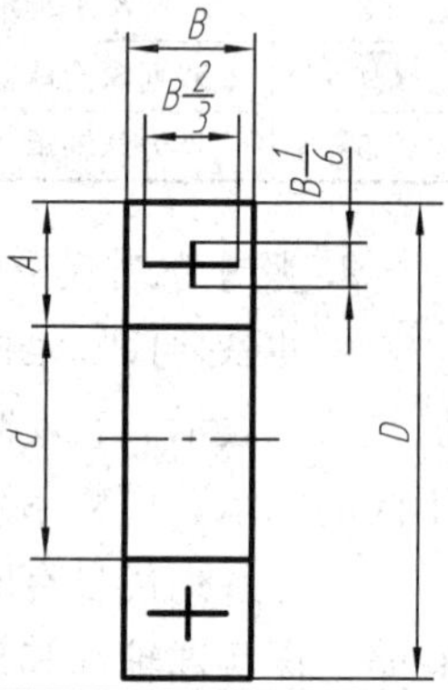
向心短圆柱滚子轴承 GB/T 283—2007 2000 型	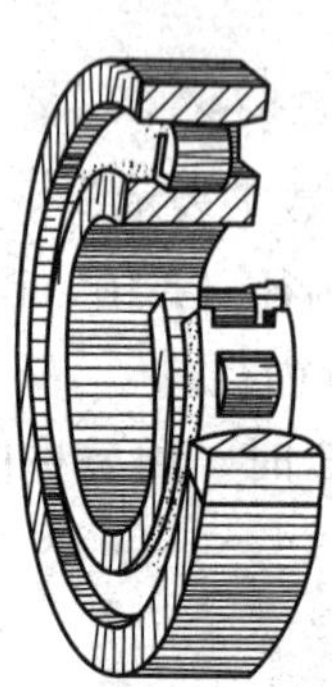	D d B	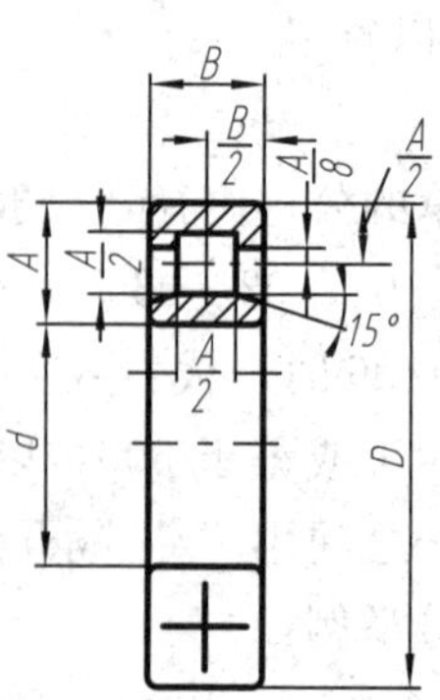	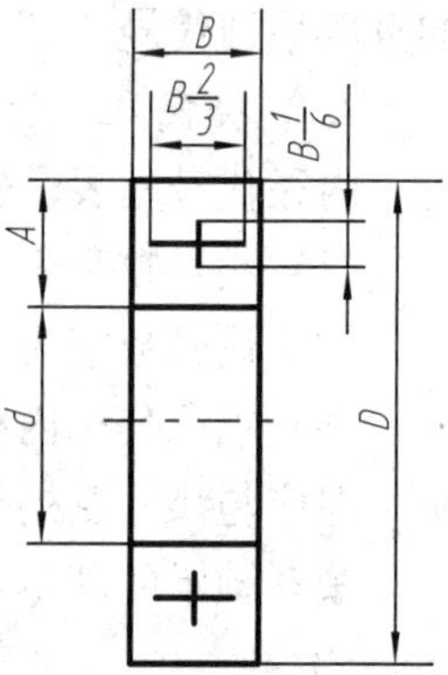

续表

轴承名称和代号	立体图	主要数据	规定画法	特征画法
圆锥滚子轴承 GB/T 273.1—2011 7000 型		D d B T c		
平底推力球轴承 GB/T 301—2015 8000 型		D d H		

8.6 弹　　簧

弹簧的用途很广，可以用来储藏能量、减振、测力等。在电器中，弹簧常用来保证导电零件的良好接触或脱离接触。

弹簧的种类很多，有螺旋弹簧、涡卷弹簧、板弹簧、片弹簧等，如图 8-30 所示。在各种弹簧中，以普通圆柱螺旋弹簧最为常见，GB/T 1239—2009 对其形式、端部结构和技术要求等都做了规定，在 GB/T 1358—2009 对其尺寸系列也做了规定。

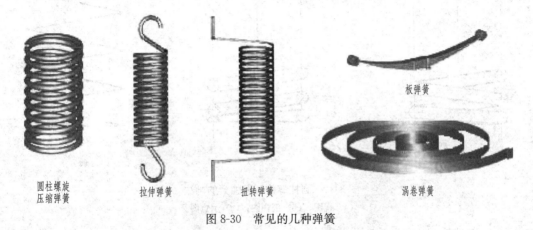

图 8-30　常见的几种弹簧

下面主要介绍圆柱螺旋压缩弹簧的规定画法和标记。

1. 圆柱螺旋压缩弹簧各部分名称及其相互关系

圆柱螺旋压缩弹簧各部分名称和基本参数见表 8-10。

表 8-10　　　　　　　　圆柱螺旋压缩弹簧各部分名称和基本参数

名　称	符　号	说　明	图　例
型材直径	d	制造弹簧用的材料直径	
弹簧的外径	D	弹簧的最大直径	
弹簧的内径	D_1	弹簧的最小直径	
弹簧的中径	D_2	$D_2 = D - d = D_1 + d$	
有效圈数	n	为了工作平稳，n 一般不小于 3 圈	
支承圈数	N_0	弹簧两端并紧和磨平（或锻平），仅起支承或固定作用的圈（一般取 1.5、2 或 2.5 圈）	
总圈数	n_1	$n_1 = n + n_0$	
节距	t	相邻两有效圈上对应点的轴向距离	
自由高度	H_0	未受负荷时的弹簧高度 $H_0 = nt + (n_0 - 0.5)d$	
展开长度	L	制造弹簧所需钢丝的长度 $L \approx \pi D n_1$	

在 GB/T 2089—2009 中对圆柱螺旋压缩弹簧的 d、D、t、H_0、n、L 等尺寸都已做了规定，使用时可查阅该标准。

2. 圆柱螺旋压缩弹簧的规定画法

圆柱螺旋压缩弹簧可画成视图、剖视图或示意图，如图 8-31 所示。

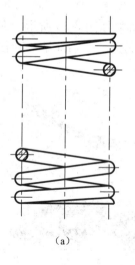
(a)

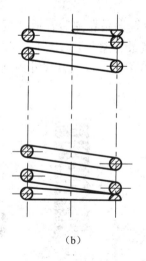
(b)

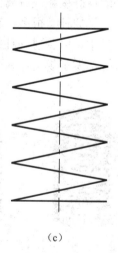
(c)

图 8-31　圆柱螺旋压缩弹簧的画法
(a) 视图；(b) 剖视图；(c) 示意图

根据 GB/T 4459.4—2003，螺旋弹簧的规定画法如下：

（1）在平行于轴线的投影面上的视图中，其各圈的轮廓应画成直线。

（2）有效圈数在四圈以上的螺旋弹簧，允许每端只画两圈（不包括支承圈），中间各圈可省略不画，只画通过簧丝剖面中心的两条点画线。当中间部分省略后，也可适当地缩短图形的长度。

（3）在装配图中，弹簧中间各圈采用省略画法后，弹簧后面被挡住的零件轮廓不必画出，如图 8-32（a）所示。

（4）当簧丝直径在图上小于或等于 2mm，允许用示意图，如图 8-32（b）所示。如果是断面，可以涂黑表示，如图 8-32（c）所示。

（5）弹簧有左旋和右旋，画图时均可画成右旋，但左旋必加注"LH"。

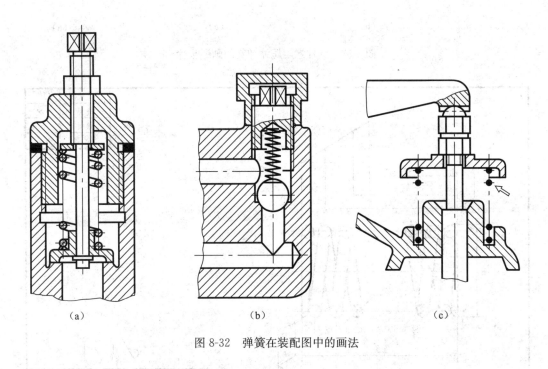

图 8-32　弹簧在装配图中的画法

3. 圆柱螺旋压缩弹簧的画图示例

当已知弹簧的型材直径 d、中径 D_2、自由高度 H_0（画装配图时，采用初压后的高度）、有效圈数 n、总圈数 n_1，和旋向后，即可计算出节距 t，其作图步骤如图 8-33 所示。

（1）根据弹簧中径 D_2 和自由高度 H_0 作矩形 $ABCD$。

（2）画出支承圈部分弹簧钢丝的断面。

（3）画出有效圈部分弹簧钢丝的断面。先在 CD 线上根据节距 t 画出圆2、圆3，然后从1、2 和 3、4 的中心作垂线与 AB 线相交，画圆 5 和圆 6。

（4）按右旋方向作相应圆的公切线及画剖面线，校核，加深，即完成作图。

图 8-34 所示为弹簧的零件图。图形上方的图解图形，是表达弹簧负荷与长度之间的变化关系。例如，当负荷 $P_2=752.64N$ 时，弹簧的长度缩短至 55.6mm。

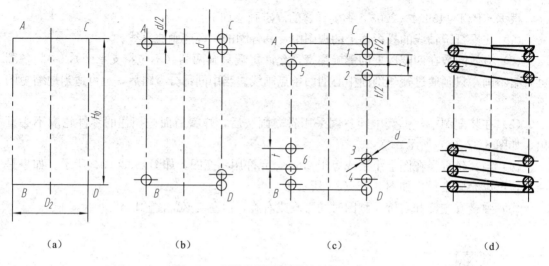

图 8-33　圆柱螺旋压缩弹簧的画图步骤

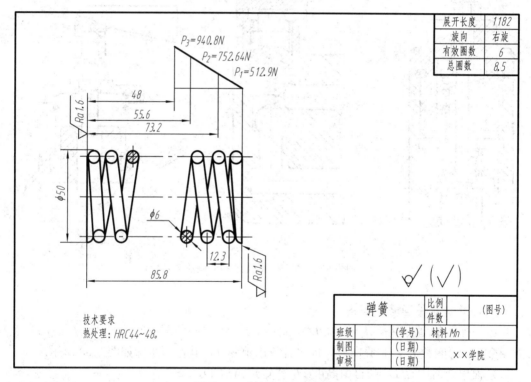

图 8-34　弹簧的零件图示例

9 零件图

9.1 零件图的作用和内容

9.1.1 零件图的作用

零件是组成机器或部件的基本单元。表示零件结构、大小及技术要求的图样称为零件工作图，简称零件图。零件结构是指零件的各组成部分及其相互关系，而技术要求是指为保证零件功能在制造过程中应达到的质量要求。

零件图是表达设计信息的主要媒体，培养绘制和识读零件图的基本能力是本课程的主要任务之一。

9.1.2 零件图的内容

零件图是制造和检验零件的依据，它反映了设计者的意图，因此必须详尽地反映零件的结构形状、尺寸、技术要求等，以保证设计要求，制造出合格的零件。如图 9-1 所示，零件图应具有下列几方面的内容：

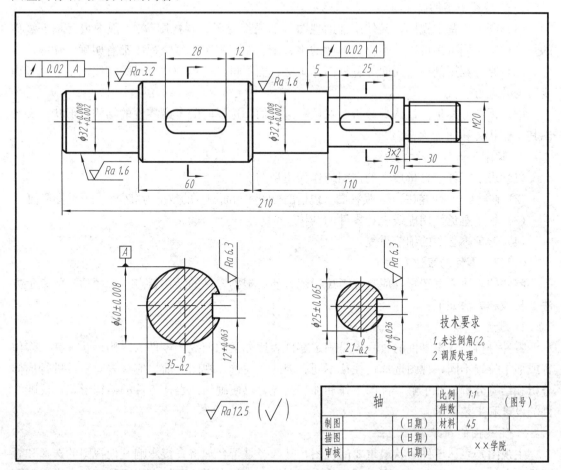

图 9-1 轴零件图

(1) 一组视图。正确、完整、清晰地表达零件内、外结构形状的图形，包括机件的各种表达方法如视图、剖视图、断面图、局部放大图和简化画法。

(2) 完整的尺寸。零件图应正确、完整、清晰、合理地标注制造零件所需的全部尺寸。

(3) 技术要求。零件图中必须用规定的代号、数字、字母和文字注解说明制造和检验零件时在技术指标上应达到的要求，如表面粗糙度、尺寸公差、几何公差、材料和热处理、检验方法、其他特殊要求等。技术要求的文字一般注写在标题栏上方图纸空白处。

(4) 标题栏。填写的内容主要有零件的名称、材料、数量、比例、图样代号，以及设计、审核、批准者的姓名、日期等。标题栏应配置在图框的右下角。

9.2　零件图的视图选择和表达方案

选择一组图形将零件的内、外形状和结构表达完整、清楚，称为视图选择。

视图选择的关键是合理地选择零件的表达方案，为此应在深入细致地分析零件形状和结构特点的基础上，认真选好主视图和其他必需的视图，并对各视图的表达方式案进行优化，尽量减少视图的数量。

9.2.1　零件图视图的特点和要求

1. 零件图视图的特点

(1) 既使用基本视图，又使用辅助视图（如局部视图、斜视图等）。视图数目根据零件的复杂程度不同可多可少，不再是单调的主、俯、左三视图，每个视图都有明确的功能。

(2) 充分利用剖视、断面等各种图样画法，而不再是简单的"可见画实线，不可见画虚线"的处理方法。

(3) 视图方案是经过认真分析、对比和选择的，选择时既考虑零件的结构、形状，又考虑其工作状态和加工状态。

2. 零件图视图选择的要求

(1) 表示零件信息量最多的视图应作为主视图。

(2) 在满足要求的前提下，使视图（包括剖视图和断面图）的数量为最少，力求绘图简便。

(3) 尽量避免使用虚线表达零件的结构。

(4) 避免不必要的细节重复。

9.2.2　零件的表达方案

零件的表达方案选择，应首先考虑看图方便。根据零件的结构特点，选用适当的表示方法。步骤和方法如下：

1. 零件分析

零件分析是认识零件的过程，是确定零件表达方案的前提。零件的结构形状及其工作位置或加工位置不同，视图选择也往往不同。因此，在选择视图之前，应首先对零件进行形体分析和结构分析，并了解零件的工作和加工情况，以便确切地表达零件的结构形状，反映零件的设计和工艺要求。

2. 主视图的选择

主视图是表达零件形状最重要的视图，其选择是否合理将直接影响其他视图的选择和看图是否方便，甚至影响到画图时图幅的合理利用。一般来说，零件主视图的选择应满足以下基本原则：

(1) 形状特征原则。形状特征原则是将最能反映零件形状特征的方向作为主视图的投影方向，即主视图要较多地反映零件各部分的形状及它们之间的相对位置，以满足表达零件清晰的要求。图 9-2 (a) 所示支座有 A 和 B 两种投影方向，其中 A 向比 B 向更能反映零件的主要结构形状和相对位置。

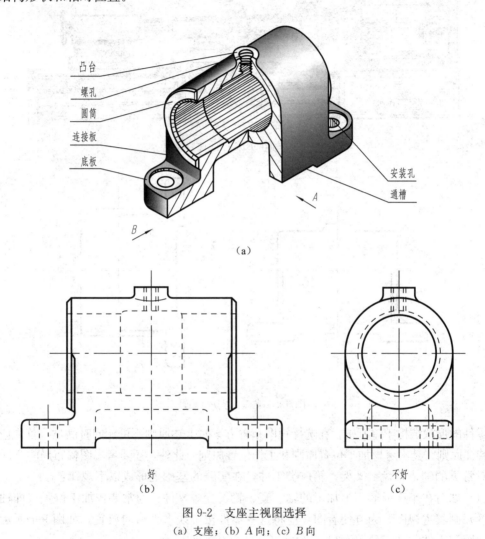

图 9-2　支座主视图选择
(a) 支座；(b) A 向；(c) B 向

(2) 加工位置原则。加工位置是零件在加工时在机床上的装夹位置。主视图应尽量反映零件在机床上加工时所处的位置，这样工人加工该零件时可以直接将图和实物对照，既便于看图和测量尺寸，又可减少差错。如图 9-1 所示的轴的加工位置见图 9-3，主视图按零件的加工位置画出。

(3) 工作位置原则。将主视图按照零件在机器（或部件）中的工作位置放置，以便对照装配图看图和画图，有利于想象零件的工作状态及作用。如图 9-2 (a) 所示的支座在确定了 A 向作为投影方向后，还得选取放置位置。如图 9-4 所示，有两种方案，其中图 (a) 是支座的工作位置，故选其为主视图。

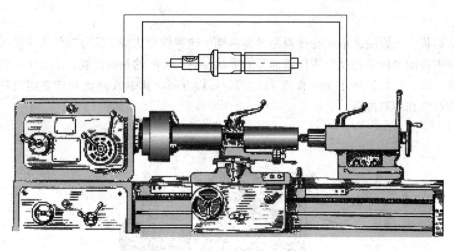

图 9-3 轴在车床上的加工位置

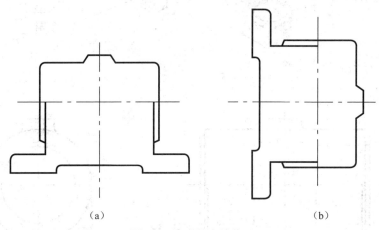

图 9-4 支座的安放位置

零件的形状结构千差万别，在选择视图布置方案时上述原则不可能同时满足，首先应考虑形状特征原则，其次考虑加工位置原则和工作位置原则。此外，还要考虑图幅布局的合理性。

对常见的轴、轮盘、叉架、箱体类零件，在实践的基础上形成以下规律：

(1) 如对在车床或磨床上加工的轴、套、轮、盘等零件，通常要按加工位置（即轴线水平放置）画其主视图，为方便看图，应将这些零件按轴线水平横向放置。如图 9-1 所示，轴的主视图按零件的加工位置画出。

(2) 箱体类、叉架类零件一般按照工作位置选择注视图。此类零件加工复杂，有较多部位要求较高，切削加工时状态也多变；有时有明确主要加工方法和位置，有时没有。

如图 9-3 所示的车床左端主轴箱的箱体和右端尾架的尾架体为典型的箱壳类零件。如图 9-5 所示，选择的主视图都反映了零件的工作状态，同时满足表示零件结构形状信息量最多的要求，稳定、平衡也好。

在选择此类零件的主视图时，往往要注意"综合分析，择优选取"。如图 9-6 (a)、(b) 所示，两个图都反映了尾架体的工作状态，只是投射方向不同（相当于其工作时人从不同方向观察，形态不同）。图 9-6 (a) 在明显、充分地反映结构形状特征方面更好（符合形状特

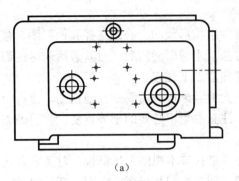
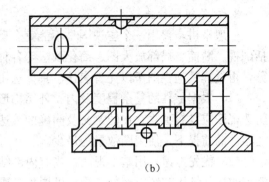

图 9-5　主视图反映工作位置
(a) 主轴箱；(b) 尾架体

征原则），而且也同时反映了最主要加工工序（加工主孔腔）的加工状态，所以，主视图应当选图（a）而不选图（b）。

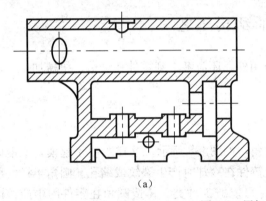
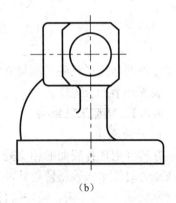

图 9-6　尾架体的主视图
(a) 好；(b) 不好

（3）当箱壳、叉架类零件以倾斜状态工作时，若简单地按工作状态选主视图，则会对画图、读图不利，也不够稳定平衡。此时可按其重要的轴线、平面等几何要素水平或垂直安放主视图，如图 9-7 所示的挂轮架主视图。

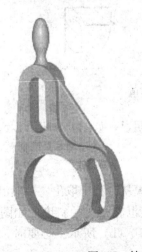
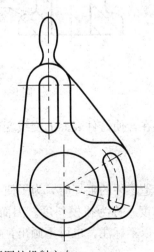

图 9-7　挂轮架主视图的投射方向

3. 其他视图的选择

一般来讲，仅用一个主视图是不能完全反映零件的结构形状的，必须选择其他视图，包括剖视、断面、局部放大图、简化画法等各种表达方法。主视图确定后，对其表达未尽的部分，再选择其他视图予以完善表达。具体选用时，应注意以下几点：

（1）根据零件的复杂程度及内、外结构形状，全面地考虑还应需要的其他视图，使每个所选视图应具有独立存在的意义及明确的表达重点，注意避免不必要的细节重复，在明确表达零件的前提下，使视图数量为最少。

（2）优先考虑采用基本视图，当有内部结构时应尽量在基本视图上作剖视；对尚未表达清楚的局部结构和倾斜部分结构，可增加必要的局部（剖）视图和局部放大图；有关的视图应尽量保持直接投影关系，配置在相关视图附近。

（3）按照视图表达零件形状要正确、完整、清晰、简便的要求，进一步综合、比较、调整、完善，选出最佳的表达方案。

9.3 零件的结构工艺

零件的结构形状除了满足它在机器中的作用外，还应考虑到零件在铸造、机械加工、测量、装配环节的合理性。

9.3.1 铸造工艺结构

1. 铸造圆角

在铸件毛坯各表面的相交处，都有铸造圆角，如图 9-8 所示。这样既便于起模，又能防止在浇铸时铁水将砂型转角处冲坏，还可避免铸件在冷却时产生裂纹或缩孔。圆角半径一般取壁厚的 0.2~0.4 倍，同一铸件上圆角半径尽可能减少种类。铸造圆角在零件图中应该画出，其半径尺寸常集中注写在技术要求中。

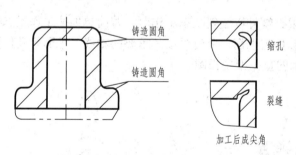

图 9-8　铸造圆角

由于圆角的存在，使铸件表面的交线变得不很明显，如图 9-9 所示，这种不明显的交线称为过渡线。

2. 拔模斜度

用铸造方法制造零件的毛坯时，为了便于将木模从砂型中取出，一般沿木模拔模的方向作成约 1∶20 的斜度，称为拔模斜度。因而铸件上也有相应的斜度，如图 9-10（a）所示。这种斜度在图上可以不标注，也可不画出，如图 9-10（b）所示。必要时，可在技术要求中注明。

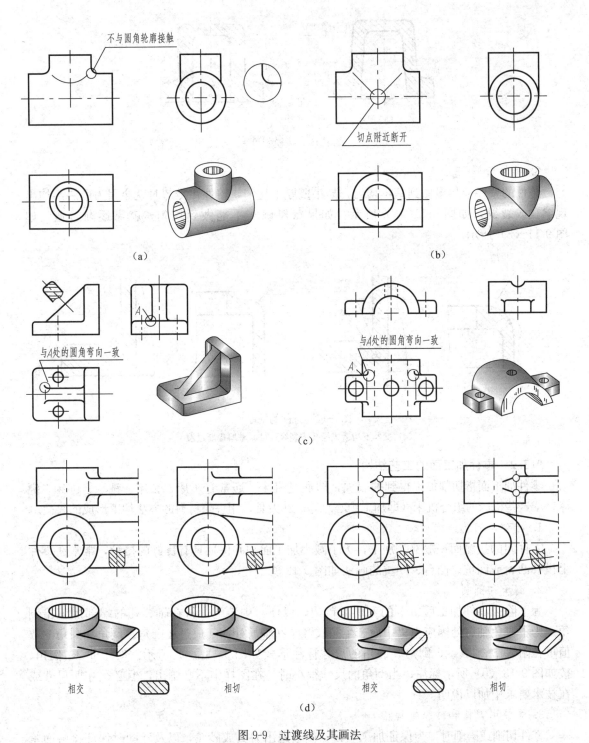

图 9-9 过渡线及其画法
(a) 两曲面相交时的过渡线画法；(b) 两曲面相切时的过渡线画法；
(c) 平面与平面或曲面相交时过渡线的画法；(d) 肋板与圆柱组合时的过渡线画法

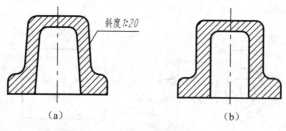

图 9-10 拔模斜度

3. 铸件壁厚

铸件的壁厚应尽量做到基本均匀，如果壁厚不均匀，铸件在冷却时就会因为散热不均出现缩孔或裂缝，如图 9-11（a）所示；如果壁厚确实不能做到均匀，就需逐渐过渡，如图 9-11（b）所示。

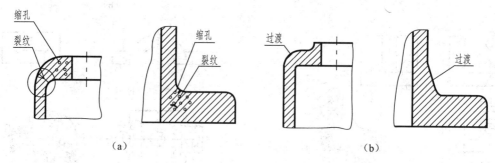

图 9-11 铸件的壁厚
(a) 壁厚不均造成缩孔或裂纹；(b) 壁厚逐渐过渡

9.3.2 零件加工面的工艺结构

零件加工面指切削加工得到的表面，即通过机床［通常有车床、钻床、铣床、刨床、镗床，或这些机床的组合机床（即加工中心）等］和刀具，用去除材料的方法加工形成的表面。

1. 凸台与凹坑结构

零件间的接触面一般都需加工，为了减小加工面积并保证具有良好的接触，常常在零件上设计凸台或凹坑。凸台、凹坑的画法如图 9-12 所示。

2. 倒角和倒圆

为了除去零件加工后留下的毛刺和锐边，以便对中装配，常在轴、孔的端部加工出倒角。为了避免轴肩处因应力集中而产生裂纹，常在轴肩处加工成过渡圆角。倒角和圆角的数值可在附表中查得。45°倒角和圆角的尺寸标注形式如图 9-13（a）所示。对于非 45°倒角，按如图 9-13（b）所示标注；当倒角的尺寸很小时，在图样中不必画出，但必须注明尺寸或在技术要求中加以说明。

3. 螺纹退刀槽和砂轮越程槽

零件切削或磨削时，为保证加工质量，便于退出刀具或砂轮，以及装配时保证接触面紧贴，常在轴肩处和孔的台肩处预先车削出退刀槽或砂轮越程槽，如图 9-14 所示，它们的结构形式和尺寸可从 GB/T 3—1997《普通螺纹收尾、肩距、退刀槽和倒角》和 GB/T 6403.5—2008《砂轮越程槽》查得。其尺寸注法可按如图 9-14 所示的"槽深×直径"或"槽宽×槽深"的形式标注，也可分别注出槽宽和直径。当槽的结构比较复杂时，可画出局部放大图并标注尺寸。

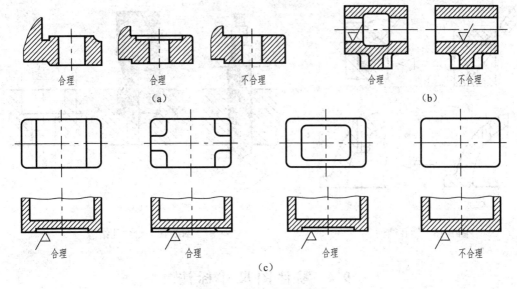

图 9-12 凸台和凹坑画法

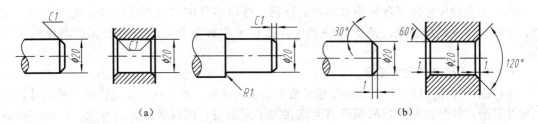

图 9-13 倒角和圆角的尺寸注法

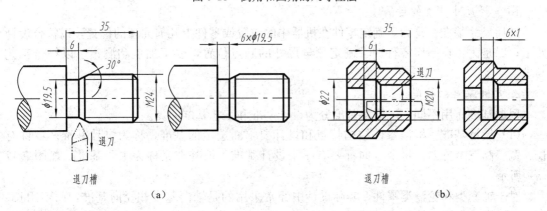

图 9-14 螺纹退刀槽及砂轮越程槽

4. 钻孔结构

用钻头钻孔时，应力求使钻头垂直于被钻孔端面以保证孔定位正确，因此，在与孔轴线倾斜的零件表面处，常做出平台或凹坑等结构，如图 9-15 所示。

用钻头钻出的盲孔或阶梯孔，在底部有一个 120°的锥角，结构如图 9-16（a）所示，钻孔的深度为圆柱部分的深度，不包括锥坑部分。在阶梯形的钻孔的阶梯处，也有一个 120°的锥台，这也是钻头结构形成的，如图 9-16（b）所示。锥台的尺寸标注如图 9-16（c）所示。

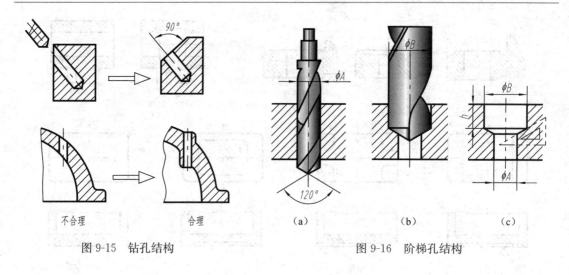

| 不合理 | 合理 | (a) | (b) | (c) |

图 9-15　钻孔结构　　　　　图 9-16　阶梯孔结构

9.4　零件图尺寸标注

零件图上的尺寸是制造和检验零件的依据。所以零件图中的标注尺寸，要求正确、完整、清晰，还要做到合理，使所标注的尺寸既保证设计要求，又符合加工、测量的工艺要求。

9.4.1　正确选择尺寸基准

零件图尺寸标注既要保证设计要求又要满足工艺要求，首先应当正确选择尺寸基准。所谓尺寸基准，就是指零件装配到机器上或在加工测量时，用以确定其位置的一些面、线或点。它可以是零件上对称平面、安装底平面、端面、零件的结合面、主要孔和轴的轴线等。

1. 选择尺寸基准的目的

选择尺寸基准一是为了确定零件在机器中的位置或零件上几何元素的位置，以符合设计要求；二是为了在制作零件时，确定测量尺寸的起点位置，便于加工和测量，以符合工艺要求。

2. 尺寸基准的分类

根据基准作用不同，一般将基准分为设计基准和工艺基准两类。

（1）设计基准。根据零件结构特点和设计要求而选定的基准，称为设计基准。零件有长、宽、高三个方向，每个方向都要有一个设计基准，该基准又称为主要基准，如图 9-17（a）所示。

对于轴套类和轮盘类零件，实际设计中经常采用的是轴向基准和径向基准，而不用长、宽、高基准，如图 9-17（b）所示。

（2）工艺基准。在加工时，确定零件装夹位置和刀具位置的一些基准，以及检测时所使用的基准，称为工艺基准。工艺基准有时可能与设计基准重合，该基准不与设计基准重合时又称为辅助基准。零件同一方向有多个尺寸基准时，主要基准只有一个，其余均为辅助基准，辅助基准必有一个尺寸与主要基准相联系，该尺寸称为联系尺寸。如图 9-17（a）所示的 40、11、30，图 9-17（b）所示的 30、90。

3. 选择基准的原则

尽可能使设计基准与工艺基准一致，以减小两个基准不重合而引起的尺寸误差。当设计

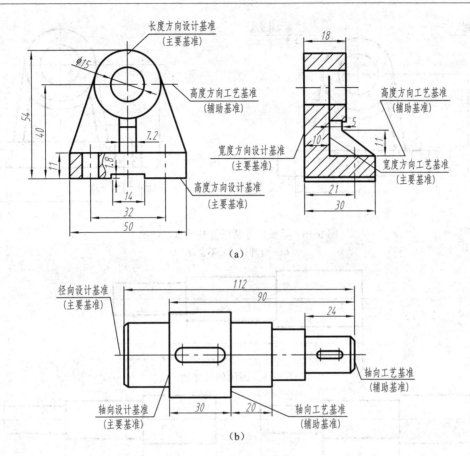

图 9-17 零件的尺寸基准
(a) 叉架类零件；(b) 轴类零件

基准与工艺基准不一致时，应以保证设计要求为主，将重要尺寸从设计基准注出，次要基准从工艺基准注出，以便加工和测量。

9.4.2 合理选择标注尺寸应注意的问题

1. 结构上的重要尺寸必须直接注出

重要尺寸是指零件上对机器的使用性能和装配质量有关的尺寸，这类尺寸应从设计基准直接注出。如图 9-18 所示，高度尺寸 32 ± 0.08 为重要尺寸，应直接从高度方向主要基准直接注出，以保证精度要求。

2. 避免出现封闭的尺寸链

封闭的尺寸链是指一个零件同一方向上的尺寸像车链一样，一环扣一环，首尾相连，成为封闭形状的情况。如图 9-19 所示，各分段尺寸与总体尺寸间形成封闭的尺寸链，在机器生产中这是不允许的，因为各段尺寸加工不可能绝对准确，总有一定的尺寸误差，而各段尺寸误差的和不可能正好等于总体尺寸的误差。为此，在标注尺寸时，应将次要的轴段尺寸空出不注（称为开口环），如图 9-20（a）所示。这样，其他各段加工的误差都积累至这个不要求检验的尺寸上，而全长及主要轴段的尺寸则因此得到保证。如需标注开口环的尺寸时，可将其注成参考尺寸，如图 9-20（b）所示。

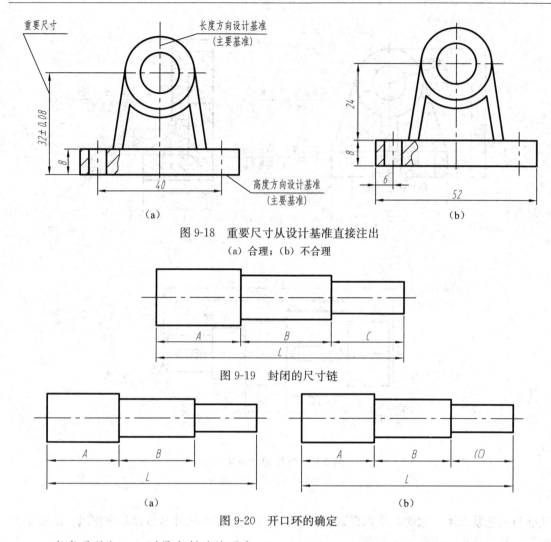

图 9-18　重要尺寸从设计基准直接注出
（a）合理；（b）不合理

图 9-19　封闭的尺寸链

图 9-20　开口环的确定

3. 考虑零件加工、测量和制造的要求

（1）考虑加工看图方便。不同加工方法所用尺寸分开标注，便于看图加工，如图 9-21 所示，是把车削与铣削所需要的尺寸分开标注。

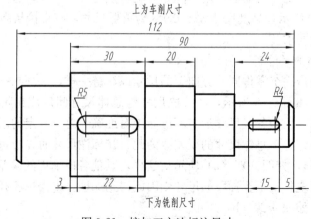

图 9-21　按加工方法标注尺寸

（2）考虑测量方便。尺寸标注有多种方案，但要注意所注尺寸是否便于测量。如图 9-22 所示，两种不同标注方案中，不便于测量的标注方案是不合理的。

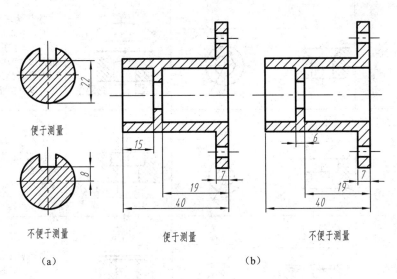

图 9-22 考虑尺寸测量方便

9.4.3 零件上常用典型结构的尺寸标注

光孔、锪孔、沉孔和螺孔是零件上常见的结构，它们的尺寸标注分为普通注法、旁注法及简化注法，见表 9-1。

表 9-1　　　　　　　　　　　　　常见孔的尺寸标注

类　型		旁注法及简化注法	普通注法	说　明
光孔	一般孔	4×φ4▽10　　4×φ4▽10	4×φ4	"▽" 为孔深符号 4×φ4 表示直径为 4mm 均匀分布的 4 个圆孔，孔深 10mm 孔深可与孔径连注，也可以分开注出
	精加工孔	4×φ4H7▽10　　4×φ4▽10 孔▽12　　　　　孔▽12	4×φ4H7	光孔深为 12mm；钻孔后需精加工至 $\phi4_0^{+0.012}$mm，深度为 10，光孔深 12mm
光孔	锥销孔	锥销孔φ4　锥销孔φ4 装配时配作　装配时配作	无普通注法	φ4mm 为与锥销孔相配合的圆锥销公称直径。锥销孔通常是相邻两零件装在一起配作（同钻铰）

续表

类　型		旁注法及简化注法		普通注法	说　明
沉孔	锥形沉孔	6×φ6.6 ∨φ12.8×90°	6×φ6.6 ∨φ12.8×90°	90° φ12.8 6×φ6.6	"∨"为埋头孔符号 6×φ6.6 表示直径为 6.6mm 均匀分布的六个孔，沉孔尺寸为锥形部分尺寸 锥形部分尺寸可以旁注，也可以直接注出
	柱形沉孔	4×φ6.6 ⊔φ11▽4.7	4×φ6.6 ⊔φ11▽4.7	φ11 4.7 4×φ6.6	"⊔"为锪平，沉孔符号 柱形沉孔的小直径为 φ6.6mm，大直径为 φ11mm 深度为 4.7mm，均需标注
	平锪沉孔	4×φ6.6 ⊔φ13	4×φ6.6 ∨⊔φ13	φ13⊔ 4×φ6.6	锪平 φ13mm 的深度不需标注，一般锪平到不出现毛面为止
螺孔	通孔	3×M6	3×M6	3×M6—6H	3×M6 表示公称直径为 6mm 均匀分布的三个螺孔（中径、顶径公称代号 6H 省略不注） 普通旁注法，也可以直接注出 6H
螺孔	不通孔	3×M6▽10	3×M6▽10	3×M6—6H 10	螺孔深度可与螺孔直径连注，也可分开注出
		3×M6▽10 孔▽12	3×M6▽10 孔▽12	3×M6—6H 10 12	需要注出孔深时，应明确标注孔深尺寸

9.5　零件图技术要求

　　技术要求用来说明零件制造完工后应达到的有关的技术质量指标。技术要求主要是指零件几何精度方向的要求，如尺寸公差、几何公差、表面结构等。从广义上还应包括理化性能方面的要求，如材料、热处理、表面处理等。技术要求通常用符号、代号或标记，标注在图形上，或者用简明文字注写在标题栏附近。

9.5.1 极限与配合

1. 互换性的概念

现代化大规模生产要求零件具有互换性,即一批相同规格的零件,未经挑选或修配,就能装到机器或部件上并达到功能要求,零件间的这种装配性质称为互换性。它为提高生产效率,实施大批量专业化生产创造条件。

2. 极限和公差

要使零件具有互换性,要求零件间相配合的尺寸具有一定精确度。但零件加工时,不可能把零件的尺寸加工到绝对准确值,而是允许零件的实际尺寸在一个合理范围内变动,即为尺寸公差。以满足不同使用要求,形成极限与配合制度。

下面用如图 9-23 所示来说明公差的有关术语。

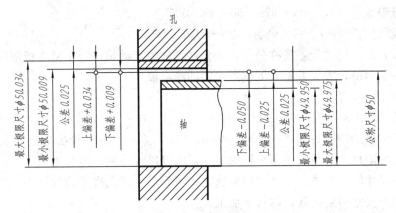

图 9-23 极限配合术语图解

(1) 公称尺寸。根据零件强度、结构和工艺性要求,设计确定的尺寸称为公称尺寸。如图 9-23 所示,孔和轴的公称尺寸为 $\phi50$。

(2) 实际尺寸。零件完工后,通过测量所得到的尺寸称为实际尺寸。

(3) 极限尺寸。尺寸要素允许变化的两个界限值为极限尺寸,它以公称尺寸为基数来确定。两值中,大者为最大极限尺寸,小者为极限尺寸。如图 9-23 所示,孔的最大极限尺寸为 $\phi50.034$,轴的上极限尺寸为 $\phi49.975$;孔的最小极限尺寸为 $\phi50.009$,轴的下极限尺寸为 $\phi49.950$。

零件完工后实测的尺寸在两个极限尺寸之间为合格尺寸:孔为 $\phi50.009 \sim \phi50.034$;轴为 $\phi49.950 \sim \phi49.975$。

(4) 尺寸偏差。某一尺寸减其公称尺寸所得的代数差为偏差,偏差可以是正值、负值,也可以为零。极限尺寸减其公称尺寸所得的代数差为极限偏差,极限偏差包含上偏差和下偏差。最大极限尺寸减其公称尺寸所得的代数差为上偏差,最小极限尺寸减其公称尺寸所得的代数差为下偏差。

国家标准规定:孔的上偏差代号为 ES,孔的下偏差代号为 EI;轴的上偏差代号为 es,轴的下偏差代号为 ei,如图 9-24 所示。

如图 9-23 所示,有

孔的上极限偏差 $(ES) = 50.034 - 50 = +0.034$

孔的下极限偏差 $(EI) = 50.009 - 50 = +0.009$

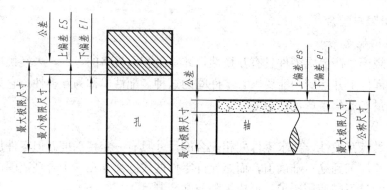

图 9-24 公差与配合示意

轴的上极限偏差（es）=49.975－50=－0.025

轴的下极限偏差（ei）=49.950－50=－0.050

（5）尺寸公差。尺寸公差简称公差，是允许尺寸的变动量，等于最大极限尺寸减最小极限尺寸之差的绝对值，或上偏差减下偏差之差的绝对值。

如图 9-23 所示，有

孔的公差　50.034－50.009=0.025 或 0.034－0.009=0.025

轴的公差　49.975－49.950=0.025 或－0.025－（－0.050）=0.025

因为最大极限尺寸总是大于最小极限尺寸，所以尺寸公差一定为正值。

同一规格尺寸的公差越小，尺寸精度越高，实际尺寸的允许变动量越小，越难加工；反之，公差越大，尺寸精度越低，越易于加工。

（6）公差带和公差带图。在公差带图解中，由代表上偏差和下偏差或最大极限尺寸和最小极限尺对的两条直线所限定的一个区域称为公差带，如图 9-25 所示。公差大小由标准公差确定，其相对零线的位置由基本偏差来确定。

为了便于分析，一般将尺寸公差与公称尺寸的关系，按放大比例画成简图，称为公差带图。在公差带图中，上、下偏差的距离应成比例，公差带方框的左右长度根据需要任意确定如图 9-25 所示。

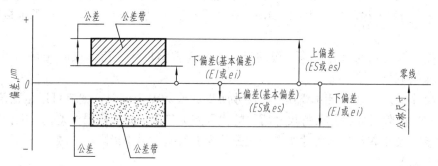

图 9-25 公差带图

（7）零线。公差带图中零线是确定正、负偏差的基准线，正偏差位于零线上方，负偏差位于零线下方。公差带图表示公差大小和公差相对于零线的位置。

（8）基本偏差。基本公差是用以确定公差带相对零线位置的上偏差或下偏差，一般是指靠近零线的那个偏差，位于零线以上的公差带，下偏差为基本偏差；位于零线以下的公差带，上偏差为基本偏差，如图 9-25 所示。

根据实际需要，国家标准分别对孔和轴各规定了 28 个不同的基本偏差，如图 9-26 所示。具体的基本偏差数值可以查阅 GB/T 1800.1—2009。

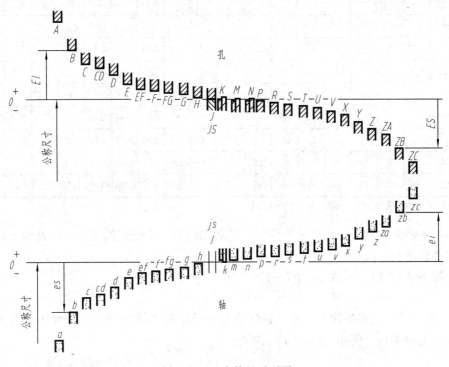

图 9-26 基本偏差系列图

（9）标准公差。在国家标准极限与配合制中，所规定的任一公差。标准公差分为 20 等级，其标准公差等级代号由符号 IT 和数字组成，即 IT01、IT0、IT1～IT18。精确程度从 IT01 到 IT18 依次降低。标准公差数值由公称尺寸和标准公差等级确定，见表 9-2。同一公差等级的一组公差，随着公称尺寸的由小到大而增大，这是因为零件的公称尺寸越大，加工误差也会随之增加，因此它们被认为具有同等精确程度。

表 9-2 　　　　公称尺寸至 500mm 的标准公差数值（GB/T 1800.1—2009）

公称尺寸 (mm)		等级																	
		IT1	IT2	IT3	IT4	IT5	IT6	IT7	IT8	IT9	IT10	IT11	IT12	IT13	IT14	IT15	IT16	IT17	IT18
大于	至	μm									mm								
—	3	0.8	1.2	2	3	4	6	10	14	25	40	60	0.1	0.14	0.25	0.4	0.6	1	1.4
3	6	1	1.5	2.5	4	5	8	12	18	30	48	75	0.12	0.18	0.3	0.48	0.75	1.2	1.8
6	10	1	1.5	2.5	4	6	9	15	22	36	58	90	0.15	0.22	0.36	0.58	0.9	1.5	2.2
10	18	1.2	2	3	5	8	11	18	27	43	70	110	0.18	0.27	0.43	0.7	1.1	1.8	2.7
18	30	1.5	2.5	4	6	9	13	21	33	52	84	130	0.21	0.33	0.52	0.84	1.3	2.1	3.3
30	50	1.5	2.5	4	7	11	16	25	39	62	100	160	0.25	0.39	0.62	1	1.6	2.5	3.9

续表

公称尺寸(mm)		等级																	
		IT1	IT2	IT3	IT4	IT5	IT6	IT7	IT8	IT9	IT10	IT11	IT12	IT13	IT14	IT15	IT16	IT17	IT18
大于	至	μm											mm						
50	80	2	3	5	8	13	19	30	46	74	120	190	0.3	0.46	0.74	1.2	1.9	3	4.6
80	120	2.5	4	6	10	15	22	35	54	87	140	220	0.35	0.54	0.87	1.4	2.2	3.5	5.4
120	180	3.5	5	8	12	18	25	40	63	100	160	250	0.4	0.63	1	1.6	2.5	4	6.3
180	250	4.5	7	10	14	20	29	46	72	115	185	290	0.46	0.72	1.15	1.85	2.9	4.6	7.2
250	315	6	8	12	16	23	32	52	81	130	210	320	0.52	0.81	1.3	2.1	3.2	5.2	8.1
315	400	7	9	13	18	25	36	57	89	140	230	360	0.57	0.89	1.4	2.3	3.6	5.7	8.9
400	500	8	10	15	20	27	40	63	97	155	250	400	0.63	0.97	1.55	2.5	4	6.3	9.7

注 公称尺寸小于或等于1mm时,无IT14～IT18。

查得基本偏差数值和标准公差数值后,孔和轴的另一个极限偏差,上偏差或下偏差可由基本偏差和标准公差求得

孔　　$ES=EI+IT$　　或　　$EI=ES-IT$

轴　　$es=ei+IT$　　或　　$ei=es-IT$

(10) 孔、轴的公差带代号。孔、轴的公差代号由基本偏差与公差等级代号组成,并且要用同一号字母书写。例如,φ50H8 的含义是

此公差带的全称是：公称尺寸为 φ50,公差等级为 8 级,基本偏差为 H 的孔的公差带。具体上、下偏差数值可查附表 8,得 $\phi 50^{+0.039}_{0}$。

又如,φ50f8 的含义是

此公差带的全称是：公称尺寸为 φ50,公差等级为 8 级,基本偏差为 f 的轴的公差带。具体上、下偏差数值可查附表 7,得 $\phi 50^{-0.025}_{-0.064}$。

3. 配合和基准制

在机器装配中,将基本尺寸相同的、相互结合的孔和轴公差带之间的关系,称为配合。

(1) 配合种类。根据机器的设计要求和生产实际的需要,国家标准将配合分为以下三类：

1) 间隙配合。孔的公差带完全在轴的公差带之上,任取其中一对轴和孔相配都成为具

有间隙的配合（包括最小间隙为零），如图 9-27（a）所示，俗称"孔大轴小"。

2）过盈配合。孔的公差带完全在轴的公差带之下，任取其中一对轴和孔相配都成为具有过盈的配合（包括最小过盈为零），如图 9-27（b）所示，俗称"轴大孔小"。

3）过渡配合。孔和轴的公差带相互交叠，任取其中一对孔和轴相配合，可能具有间隙，也可能具有过盈的配合，如图 9-27（c）所示。

例如，ϕ50H7/f6 为间隙配合；ϕ50H7/k6、ϕ50H7/n6 为过渡配合；ϕ50H7/s6 为过盈配合。

（2）配合的基准制。国家标准规定了两种基准制：基孔制和基轴制。

1）基孔制。基本偏差为一定的孔的公差带，与不同基本偏差的轴的公差带构成各种配合的一种制度称为基孔制。这种制度在同一基本尺寸的配合中，是将孔的公差带位置固定，通过变动轴的公差带位置，得到各种不同的配合。

基孔制的孔称为基准孔。国家标准规定基准孔的下偏差为零，H 为基准孔的基本偏差。

2）基轴制。基本偏差为一定的轴的公差带与不同基本偏差的孔的公差带构成各种配合的一种制度称为基轴制。这种制度在同一基本尺寸的配合中，是将轴的公差带位置固定，通过变动孔的公差带位置，得到各种不同的配合。

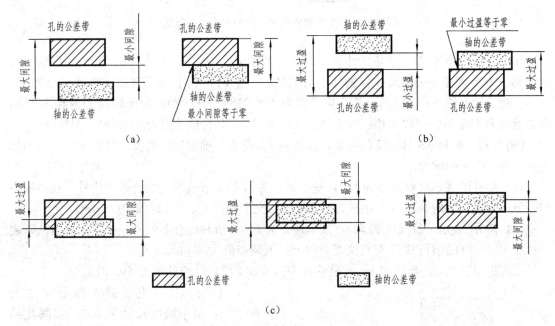

图 9-27 配合的种类
(a) 间隙配合；(b) 过盈配合；(c) 过渡配合

基轴制的轴称为基准轴。国家标准规定基准轴的上偏差为零，h 为基轴制的基本偏差。如果孔轴的配合基本偏差代号为 H 和 h 配合，一般认为是基孔制配合。

（3）配合类型的选择。基准制的选择要从经济角度出发：

1）一般情况下，优先选用基孔制配合。采用基孔制可以减少定值刀具、量具的品种和数量，降低生产成本。

2) 与标准件或外购件配合时,基准制的选择依标准件或外购件而定。

3) 如轴的外圆不需要加工或同一基本尺寸的轴的各个部分需要安装不同配合的零件,可采用基轴制。基轴制仅用于经济效益明显的场合。

国家标准根据机械工业产品生产和使用的需要,考虑到各类产品的不同先和常用配合。在设计零件时,应尽量选用优先和常用配合。基孔制、基轴制优先和常用配合见附表9、附表10。

4. 公差与配合的标注

如图 9-28 所示,在零件图和装配图中,常见所标注尺寸后面有字母和数字,例如 ϕ18H7、ϕ78p6、ϕ12h7、ϕ12F8 和 ϕ18H7/p6。

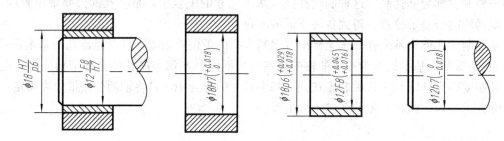

图 9-28 零件图和装配图中的公差代号和数值

在图 9-28 的标注中有公称尺寸 ϕ18、ϕ12,基本偏差的代号 H、p、F、h 和公差等级 7、6、8 等。在零件图中公称尺寸分别加上后面的上、下两行数字表示合格零件的尺寸范围。例如,对于轴套的外径 ϕ18p6,其合格范围为 ϕ18.018~ϕ18.029;对于轴套的内孔 ϕ12F8,合格范围为 ϕ12.016~ϕ12.045;对于轴的外径 ϕ12h7,其合格范围为 ϕ11.982~ϕ12.000。

【例 9-1】 解释 ϕ30H8/f7 的含义,查附表7、附表8确定轴、孔偏差值并注写,指出轴与孔是什么性质的配合。

(1) ϕ30H8 表示公称尺寸为 ϕ30,基本偏差为 H 的 8 级基准孔的公差带代号。孔的极限偏差值从附表 8 中的>24~30 的横行和 H8 竖行交汇查得上、下偏差值为 $^{+33}_{0}\mu m$。

(2) ϕ30f7 表示公称尺寸为 ϕ30,基本偏差为 f 的 7 级轴的公差代号。极限偏差值从附表 7 中的>20~30 的横行和 f7 竖行交汇查得上、下偏差值为 $^{-20}_{-41}\mu m$。

(3) 把单位从 μm 换算成 mm,孔应注写为 $\phi30^{+0.033}_{0}$,轴应注写为 $\phi30^{-0.020}_{-0.041}$。

(4) $\phi30^{+0.033}_{0}$ 表示最大极限尺寸为 ϕ0.033,最小极限尺寸为 ϕ30,实测孔的尺寸在 ϕ30~ϕ30.033 范围内为合格孔;$\phi30^{-0.020}_{-0.041}$ 表示最大极限尺寸为 ϕ-29.98,最小极限尺寸为 ϕ29.959,实测轴的尺寸在 ϕ-29.98~ϕ29.959 范围内都是合格的。

(5) 画出尺寸公差带图,如图 9-29 所示,孔公差带在轴公差带上方,所以是基孔制的间隙配合。

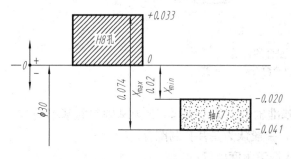

图 9-29 ϕH8/f7 的公差带图

最大间隙为 $+0.033-(-0.041)=0.074$,最小间隙为 $0-(-0.02)=0.02$。

9.5.2 表面粗糙度

1. 表面粗糙度的概念

零件在加工过程中，受刀具的形状和刀具与工件之间的摩擦、机床的振动及零件金属表面的塑性变形等因素影响，表面不可能绝对光滑，如图 9-30 所示。零件表面上这种具有较小间距的峰谷所组成的微观几何形状特征称为表面粗糙度。

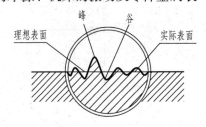

图 9-30 表面粗糙度示意

一般来说，不同的表面粗糙度是由不同的加工方法形成的。表面粗糙度是评定零件表面质量的一项重要的指标，降低零件表面粗糙度可以提高其表面耐腐蚀、耐磨损、抗疲劳等能力，但其加工成本也相应提高。因此，零件表面粗糙度的选择原则是：在满足零件表面功能的前提下，表面粗糙度允许值尽可能大一些。

(1) 轮廓算术平均偏差 Ra。表面粗糙度是以参数值的大小来评定的，目前在生产中评定零件表面质量的主要参数是轮廓算术平均偏差。它是在取样长度 l 内，轮廓偏距 z 绝对值的算术平均值，用 Ra 表示，如图 9-31 所示，通常用这个参数来评定粗糙度。

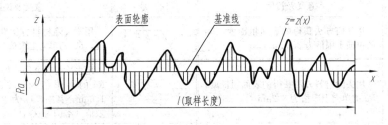

图 9-31 表面粗糙轮廓算术平均偏差

(2) 轮廓最大高度 Rz。在取样长度内，轮廓峰顶线和轮廓谷底线之间的距离，称轮廓最大高度，用代号 Rz 表示。Ra 常用的参数范围值为 $0.025\sim6.3\mu m$，Rz 常用的参数范围值为 $0.1\sim25\mu m$，推荐有限选用 Ra。

2. 表面粗糙度的标注方法

(1) 表面粗糙度符号（见表 9-3）。

表 9-3　　　　　　　　　　　　表面粗糙度符号

符号名称	符号	说明
基本图形符号	√	基本图形符号，未指定表面加工方法的表面，当通过一个注释解释时可单独使用
扩展图形符号	∇	扩展图形符号，用去除材料，例如车、铣、钻、磨、剪切、抛光、腐蚀、电火花加工、气割等
	∨	扩展图形符号，表示不去除材料的表面，例如铸、锻、冲压变形、热轧、冷轧、粉末冶金等

续表

符号名称	符号	说明
完整图形符号	 ∨ ∨ ∨	在上述三个符号上均可加一横线，用于注写对表面结构的各种要求
	 ∨ ∨ ∨（加小圈）	在上述三个符号上均可加一小圈，表示投影图中封闭的轮廓所表示的所有表面具有相同的表面结构要求 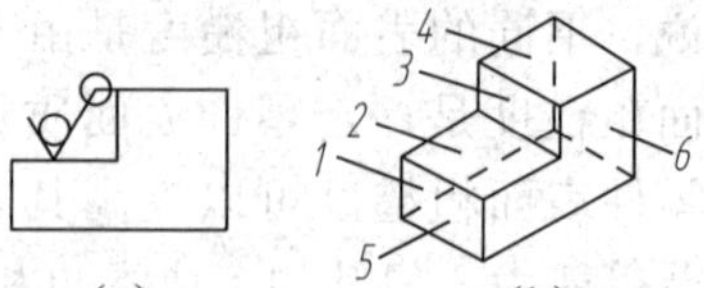 (a) (b) 注：图(a)中的表面结构符号是指对图(b)中封闭轮廓的6个面的共同要求（不包括前、后表面）

(2) 表面粗糙度符号的符号、代号及其含义（见表9-4）。

表9-4　　　　　　　表面粗糙度符号的符号、代号及其含义

代号	意义及说明	代号	意义及说明
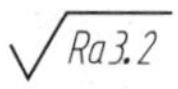 $\sqrt{Ra\,3.2}$	用任何方法获得的表面粗糙度，Ra 的单向上限值为 $3.2\mu m$	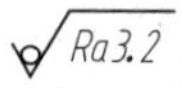 $\sqrt{Ra\,3.2}$（不去除材料）	用不去除材料方法获得的表面粗糙度，Ra 的单向上限值为 $3.2\mu m$
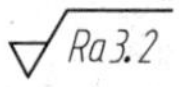 $\sqrt{Ra\,3.2}$（去除材料）	用去除材料方法获得的表面粗糙度，Ra 的单向上限值为 $3.2\mu m$	 $\sqrt{\begin{array}{l}U\,Ra\,3.2\\L\,Ra\,1.6\end{array}}$	用去除材料方法获得的表面粗糙度，Ra 的上限值为 $3.2\mu m$，下限值为 $1.6\mu m$，其中，U 为上限值；L 为下限值（本例为双向极限要求）
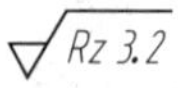 $\sqrt{Rz\,3.2}$	用去除材料方法获得的表面粗糙度，Rz 的单向上限值为 $3.2\mu m$	 $\sqrt{Ra\,max\,3.2}$	用不去除材料方法获得的表面粗糙度，Ra 的最大值为 $3.2\mu m$
 $\sqrt{Ra\,max\,3.2}$	用任何方法获得的表面粗糙度，Ra 的最大值为 $3.2\mu m$	 $\sqrt{\begin{array}{l}U\,Ra\,max\,3.2\\L\,Ra\,max\,1.6\end{array}}$	用去除材料方法获得的表面粗糙度，Ra 的最大值为 $3.2\mu m$、最小值为 $1.6\mu m$（双向极限要求）
 $\sqrt{Ra\,max\,3.2}$	用去除材料方法获得的表面粗糙度，Ra 的最大值为 $3.2\mu m$	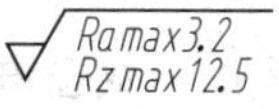 $\sqrt{\begin{array}{l}Ra\,max\,3.2\\Rz\,max\,12.5\end{array}}$	用去除材料方法获得的表面粗糙度，Ra 的最大值为 $3.2\mu m$，Rz 的最大值为 $12.5\mu m$

注　单向极限要求均指单向上限值，可免注"U"；若为单向下限值，则应加上"L"。

(3) 表面粗糙度的画法及标注示例（见表9-5）。

表9-5　　　　　　　表面粗糙度的符号、代号的画法及其在图样的标注示例

符号代号规定画法	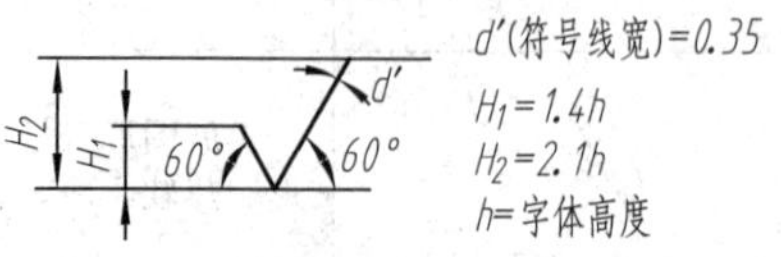 d'(符号线宽)$=0.35$ $H_1=1.4h$ $H_2=2.1h$ $h=$字体高度

标注示例	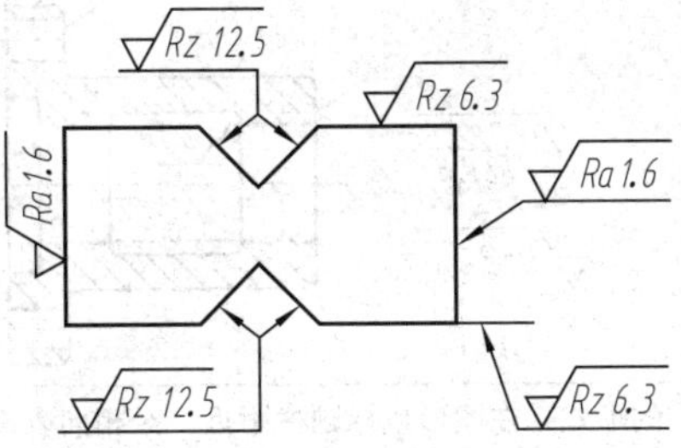 (a) 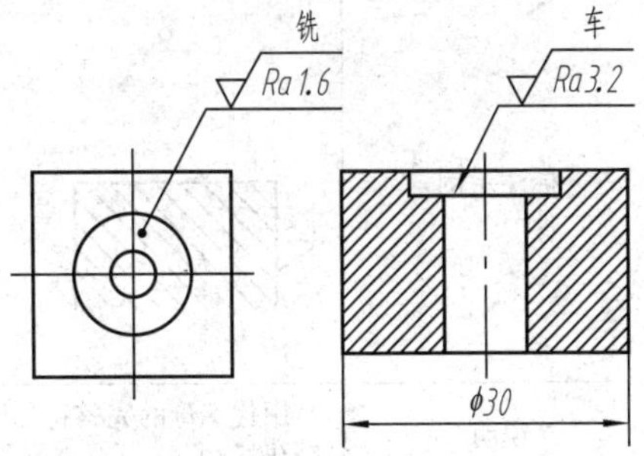 (b)
说明	表面粗糙度的注写和读取方向与尺寸的注写和读取方向一致。表面粗糙度要求可标注在轮廓线上,其符号应从材料外指向并接触表面[见图(a)]必要时,表面粗糙度也可用带箭头或黑点的指引线引出标注[见图(b)]
标注示例	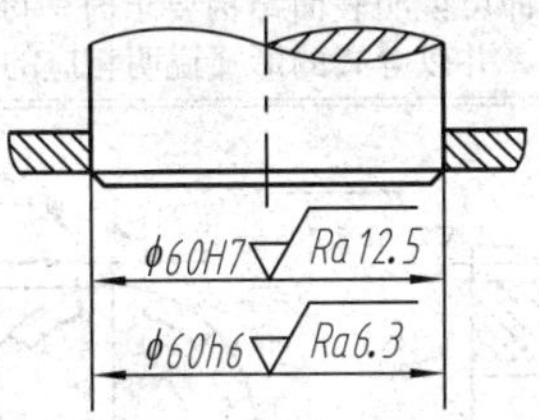 (a) 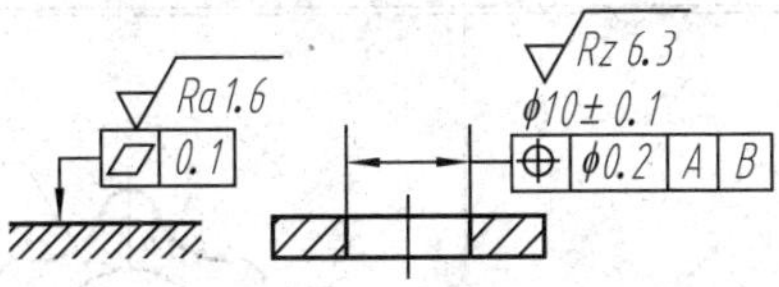 (b)
说明	在不致引起误解时,表面粗糙度要求可以标注在给定的尺寸线上[见图(a)]表面粗糙度要求也可标注在几何公差框格的上方[见图(b)]
标注示例	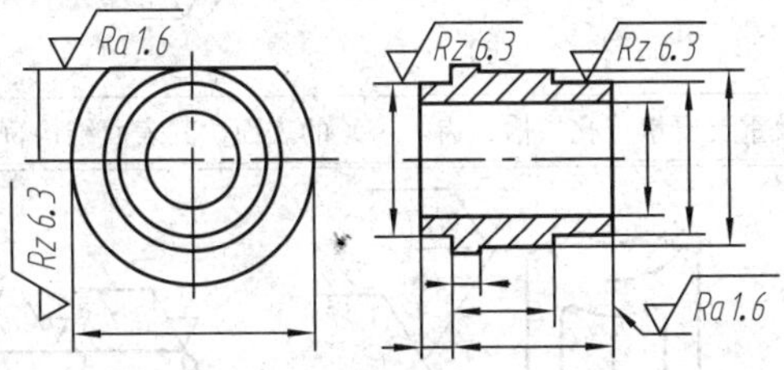 (a) 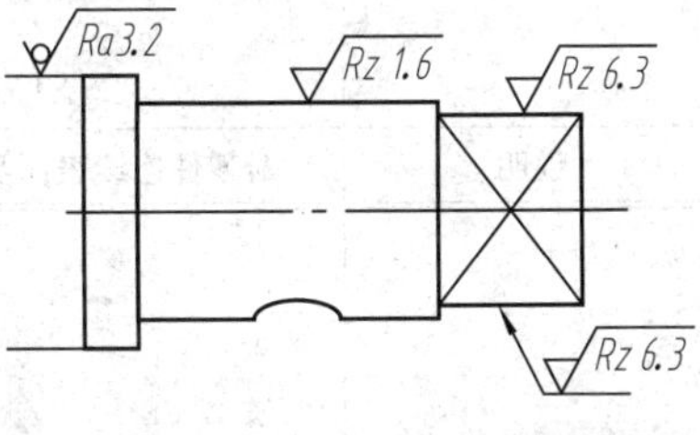 (b)
说明	圆柱和棱柱的表面粗糙度要求只标注一次[见图(a)]。如果每个棱柱表面有不同的表面粗糙度要求,应分别单独标注
标注示例	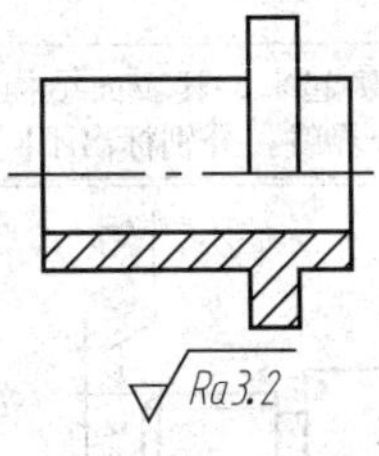 (a) 集中标注(一) 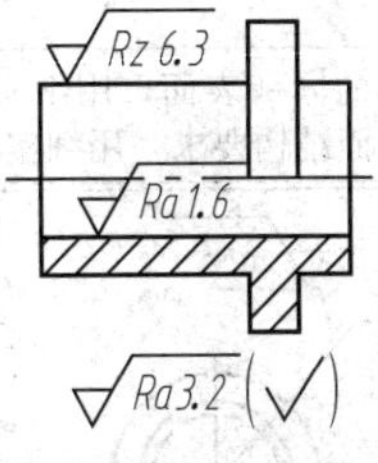　(b) 集中标注(二) 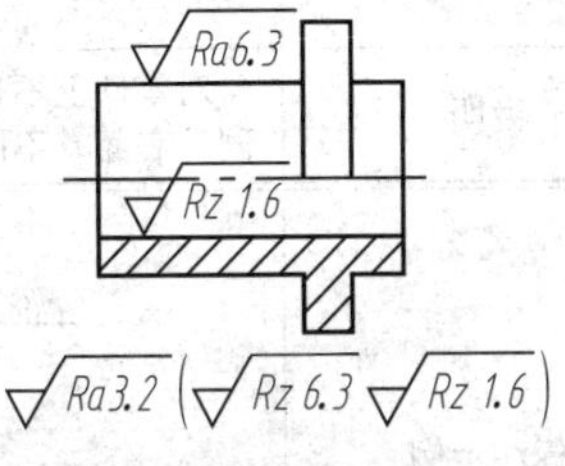　(c) 集中标注(三)
说明	具有共同表面结构要求的简化标注:零件表面多数或全部具有相同表面结构要求时,可统一标注在标题栏附近。图(a)零件全部表面;图(b)、(c)零件多数表面;在圆括号内给出无任何其他标注的基本符号[见图(b)];在圆括号内给出不同的表面结构要求[见图(c)]

续表

标注示例	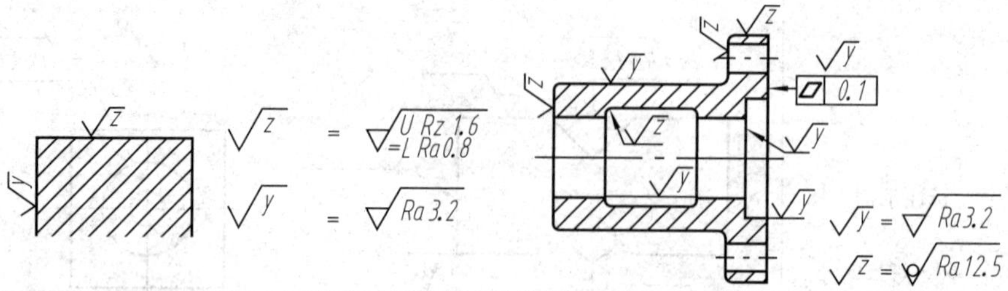 (图示)
说明	用代字母的完整符号以等式的形式，在图形或标题栏附近，对相同表面结构要求的表面进行简化标注
标注示例	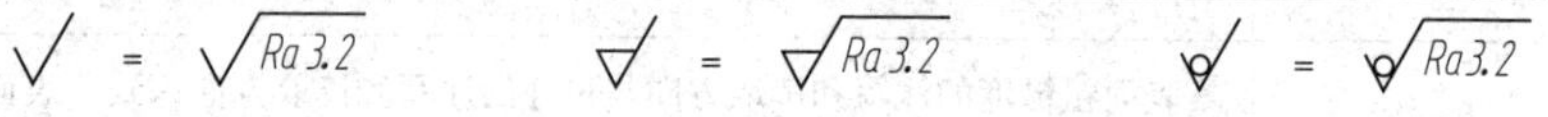 (a) 未指定工艺的方法　　(b) 要求去除材料的方法　　(c) 不去除材料的方法
说明	当采用基本图形符号、扩展图形符号即可说明表面结构要求时，可直接用标注表面结构的基本图形符号和扩展图形符号的简化方式，并以等式的形式说明相应的表面结构要求
标注示例	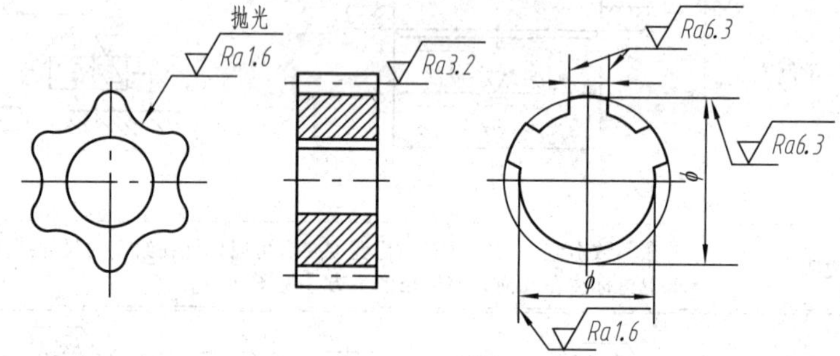 (a)　　(b)　　(c)
说明	对零件连续表面及重要要素（孔、槽、齿……）的表面，其表面结构符号只标注一次
标注示例	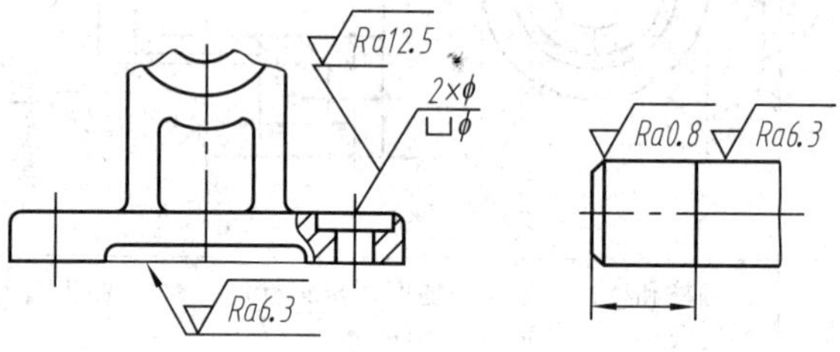 (a)　　(b)
说明	对零件上不连续的同一表面，用细实线连接起来，其表面结构符号只注一次［见图（a）］。同一表面有不同表面结构要求，用细实线作分界线，分别标出不同结构表面符号
标注示例	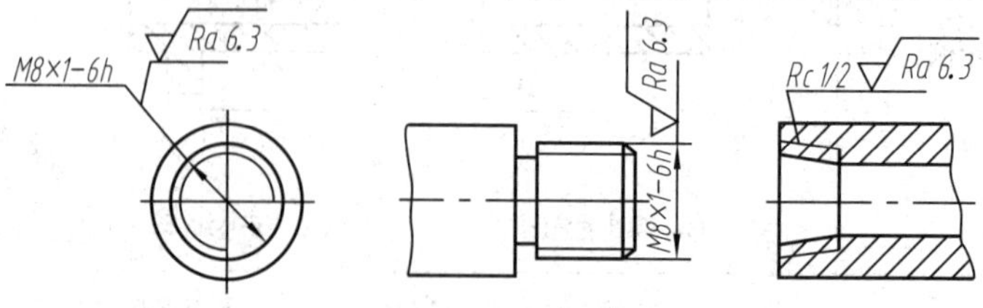 (a)　　(b)　　(c)
说明	螺纹的工作表面没有画出牙型，表面结构符号只标注一次

标注示例	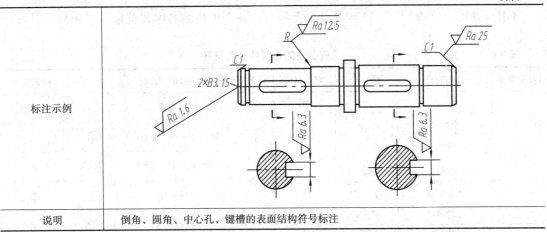
说明	倒角、圆角、中心孔、键槽的表面结构符号标注

9.5.3 几何公差

在实际生产中，对精度较高的零件，不仅表面粗糙度、尺寸公差需要得到保证，而且还要保证其形状和位置的准确性，这样才能保证零件的使用和装配要求，所以形状和位置公差与表面粗糙度、尺寸公差一样，也是评价产品质量的一项重要技术指标。

1. 基本概念

零件在加工过程中，不仅会产生尺寸误差，还会产生形状误差和相对位置误差。图 9-32 (a) 所示为一理想的轴，但在实际加工过程中，有可能出现轴线弯曲的情况，如图 9-32 (b) 所示；或者中间粗、两端细，如图 9-32 (c) 所示；或者一端粗、一端细，如图 9-32 (d) 所示，这些现象都属于形状误差。

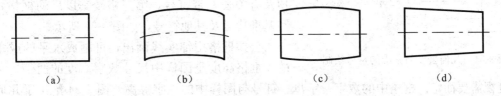

图 9-32 形状误差

图 9-33 (a) 所示为一理想的阶梯轴，实际加工后，有可能出现两轴段轴线不重合的情况，如图 9-33 (b) 所示，这种现象属于位置误差。

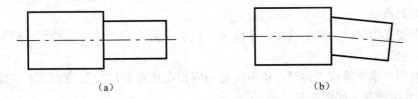

图 9-33 位置误差

以上这些误差就是几何误差。几何误差的存在，影响零件的装配及使用性能，因此，对于精度要求较高的零件，除需给出尺寸公差外，还应根据设计要求，将几何误差合理地限定在允许变动量内，即为几何公差。

2. 几何公差的项目及符号

GB/T 1182—2008 规定14项几何公差项目，各个项目的名称和符号见表9-6。

表9-6　　　　　几何公差的几何特征和符号

公差类型	几何特征	符号	有无基准	公差类型	几何特征	符号	有无基准
形状公差	直线度	—	无	位置公差	位置度	⊕	有或无
	平面度	▱	无		同心度（用于中心点）	◎	有
	圆度	○	无		同轴度（用于轴线）	◎	有
	圆柱度	⌀	无		对称度	=	有
	线轮廓度	⌒	无		线轮廓度	⌒	有
	面轮廓度	⌒	无		面轮廓度	⌒	有
方向公差	平行度	∥	有	跳动公差	圆跳动	↗	有
	垂直度	⊥	有		全跳动	⌮	有
	倾斜度	∠	有				
	线轮廓度	⌒	有				
	面轮廓度	⌒	有				

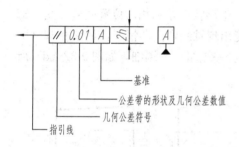

图9-34　几何公差与基准的符号绘制

3. 几何公差的标注

（1）几何公差符号。几何公差是在一个长方形框格内填写，可分两格或多格，一般水平或垂直放置，第一格填写几何公差符号，第二格填写公差数值及有关公差带符号，第三格及其以后的框格，填写基准代号及其他符号，如图9-34所示。

公差框格用细实线画出，可画成水平的或垂直的，框格高度是图样中尺寸数字高度的两倍，它的长度视需要而定。框格中的数字、字母、符号与图样中的数字等高。图9-34给出了几何公差的框格形式。用带箭头的指引线将被测要素与公差框格一端相连。

（2）被测要素。用带箭头的指引线将被测要素与公差框格一端相连，指引线箭头指向公差带的宽度方向或直径方面。指引线箭头所指部位可包括以下几处：

1）被测要素为整体轴线或公共中心平面时，指引线箭头可直接指在轴线或中心线上，如图9-35（a）所示。

2）被测要素为轴线、球心或中心平面时，指引线箭头应与该要素的尺寸线对齐，如图9-35（b）所示。

3）当被测要素为线或表面时，指引线箭头应指在该要素的轮廓线或其引出线上，并应明显地与尺寸线错开，如图9-35（c）所示。

（3）基准要素。用带基准符号的指引线将基准要素与公差框格的另一端相连，如图9-36所示。

1）基准要素为素线或表面时，基准符号应靠近该要素的轮廓线或引出线标注，并应明显地与尺寸线箭头错开，如图9-36（a）所示。

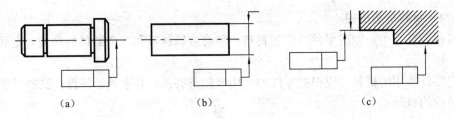

图 9-35 被测要素标注示例

2) 基准要素为轴线、球心或中心平面时，基准符号应与该要素的尺寸线箭头对齐，如图 9-36（b）所示。

3) 当基准要素为整体轴线或公共中心面时，基准符号可直接靠近公共轴线（或公共中心线）标注，如图 9-36（c）所示。

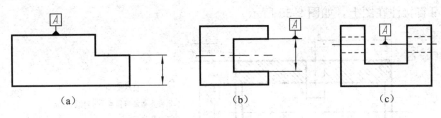

图 9-36 基准要素标注示例

（4）几何公差标注实例。零件图上几何公差的标注实例如图 9-37 所示。

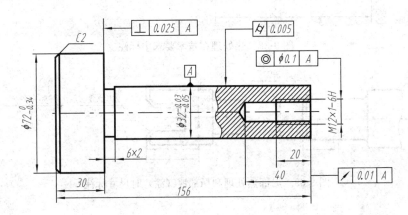

图 9-37 几何公差的标注示例

1) ⌭ 0.005 表示 ϕ32 圆柱面的圆柱度公差为 0.005mm。即该被测圆柱面必须位于半径差为公差值 0.005mm 的两同轴圆柱面之间。

2) ◎ ϕ0.1 A 表示 M12×1 的轴线对基准 A（ϕ24 圆柱面的轴线）的同轴度公差为 0.1mm。即被测圆柱面的轴线必须位于直径为公差值 ϕ0.1mm，且与基准轴线 A 同轴的圆柱面内。

3) ∕ 0.01 A 表示 ϕ32 圆柱的右端面对基准 A 的端面圆跳动公差为 0.01mm。即被测面围绕基准 A 旋转一周时，任一测量直径处的轴向圆跳动量不得大于公差值 0.01mm。

4) ⊥ 0.025 A 表示 ϕ72 的右端面对基准 A 的垂直度公差为 0.025mm。即该被测面必须位于距离为公差值 0.025mm，且垂直于基准 A 的两平行平面之间。

9.5.4 材料与热处理

在机械制造业中,制造零件所用的材料一般有金属材料和非金属材料两类,金属材料用得最多。

制造零件所用的材料,应根据零件的使用性能及要求,并兼顾经济性,选择性能与零件要求相适应的材料。

零件图中应将所选用的零件材料的名称或代(牌)号填写在标题栏内。

表面处理是为改善零件表面性能的各种处理方式,如渗碳淬火、表面镀(涂)等。通过表面处理,以提高零件表面的硬度、耐磨性、抗蚀性、美观性等。热处理是改变整个零件材料的金相组织,以提高或改善材料机械性能的处理方法,如淬火、退火、回火、正火、调质等。

零件需要进行热处理时,应在技术要求中说明,如图 9-38 所示。局部表面处理及热处理的要求可直接注在图上,如图 9-39 所示。

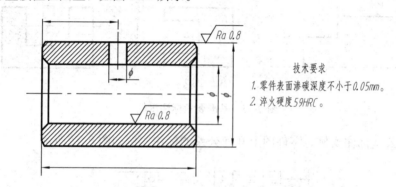

图 9-38　热处理在技术要求中标注

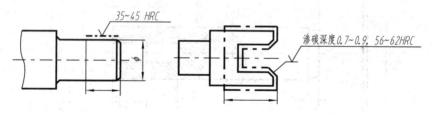

图 9-39　局部热处理和局部镀(涂)时尺寸标注

9.6　典型零件图

虽然零件的种类很多,但根据其在机器中所起的作用及结构特点、视图表达、尺寸标注等,大致可将它们分为轴套、轮盘、叉架和箱体四种类型。

9.6.1　轴套类零件

轴套类零件在机器中主要用来支承传动零件和传递扭矩,包括各种轴、套筒等。

1. 结构特点

轴套类零件的主体结构大多是由共轴的回转体组成,一般为圆柱体或圆锥体。根据设计、安装和加工的要求,轴上通常有键槽、轴肩、倒角、圆角、螺纹、销孔、退刀槽、砂轮越程槽及中心孔等结构,其结构和尺寸大部分已标准化。

2. 表达方案

轴套类零件主要在车床或磨床上加工,为便于工人在加工中对照图样,通常选择加工位置(轴线水平放置)作为画主视图的方向。采用一个基本视图——主视图,将轴上各段回转体的相对位置关系和大小表达清楚,对孔及键槽等结构可采用局部剖视图、断面图表示,对细小的结构如退刀槽、圆角等可用局部放大图来表示。如图9-40所示的轴,轴线水平放置,同时将反映键槽特征的一面朝前,作为主视图的投射方向,再通过两个移出断面图表达键槽深度。

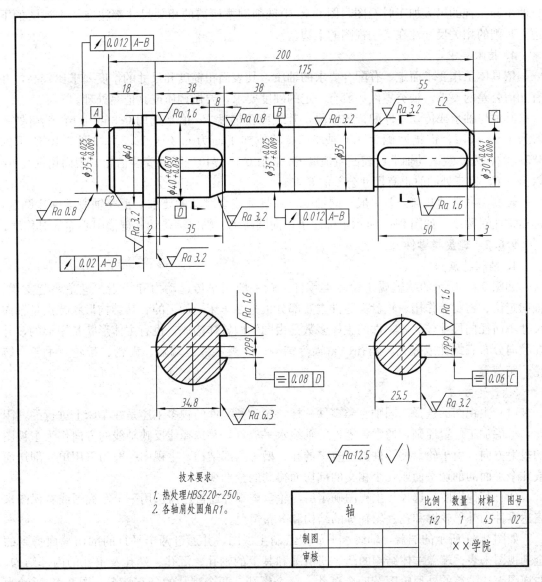

图9-40 主轴零件图

3. 尺寸标注

重要端面、接触面(如轴肩等)或重要加工面作为长度方向的尺寸基准。

轴套类零件需要标注径向尺寸和轴向尺寸。一般选择各段回转体共同的轴线作为径向尺寸基准，既符合设计要求，又满足工艺要求，由此注出如图 9-40 所示的 $\phi 35^{+0.025}_{+0.009}$、$\phi 48$、$\phi 40^{+0.050}_{+0.034}$、$\phi 30^{+0.041}_{+0.008}$ 等径向尺寸。而轴向尺寸基准通常选择轴端或轴肩，如图 9-40 所示以 $\phi 40^{+0.050}_{+0.034}$ 左端的轴肩为轴向主要基准，注出尺寸 2、38、175，以右端面为轴向辅助基准，由此注出 55、200 和 3，以左端面为轴向辅助基准，注出尺寸 18。

轴套类零件上常见的结构，如倒角、圆角、退刀槽、砂轮越程槽等尺寸注法形式，见前面章节介绍。键槽需要标注总长尺寸和定位尺寸，如图 9-40 所示的 35 和 50 为总长尺寸，2 和 3 为定位尺寸，槽深不必直接注出，而是通过图中 34.8、25.5 来表达，以便测量。为了方便不同工种的工人加工时看图，图 9-40 中铣削键槽所需的相关尺寸都注在了主视图的下边，车削的相关尺寸注在了主视图的上边。

4. 技术要求

依具体工作要求而定。有配合要求的轴段，其表面粗糙度和尺寸的精度要求比较高，并有几何公差的要求。轴类零件一般有一定的硬度要求，要做调质或其他热处理。

其中与轴承或传动零件配合的轴段，其表面粗糙度 Ra 值常选用 0.8 或 1.6，轴肩处一般为 1.6 或 3.2，键槽两侧为 1.6 或 3.2，其他加工面为 6.3 或 12.5。如图 9-40 所示的 $\phi 35^{+0.025}_{+0.009}$ 两处安装滚动轴承，表面粗糙度 Ra 取值 0.8，$\phi 40^{+0.050}_{+0.034}$ 处安装齿轮，表面粗糙度 Ra 取值 1.6，这三处同时也有尺寸公差的要求。

轴套类零件的几何公差一般有同轴度、圆跳动或全跳动的要求，重要轴段常标注圆度，键槽常注对称度。如图 9-40 所示中标注了径向圆跳动、轴向圆跳动和键槽中心面的对称度。

9.6.2 轮盘类零件

1. 结构特点

如图 9-41 所示的端盖属于轮盘类零件。轮一般用来传递动力和扭矩，盘主要起支承、轴向定位、密封等作用。轮盘类零件主要部分也是在车床上加工的。其结构形状特点是轴向尺寸小而径向尺寸较大，零件的主体多数是由同轴回转体构成，也有主体形状是矩形的，并在径向分布有螺孔或光孔、销孔、轮辐等结构。这类零件有端盖、齿轮、带轮、手轮、链轮、箱盖等。

2. 表达方法

（1）主视图的选择。同轴套类零件一样，轮盘类零件的较多工序是在车床上进行的，因此，考虑加工位置原则，通常将零件的轴线水平放置，并选择能反映轴线的方向作为主视图的投射方向。由于轮盘类零件具有较多的孔、槽等内部结构，主视图一般为采用单一剖切面或几个平面的剖切平面或几个相交的剖切面得到的全剖视图。

（2）其他视图的选择。主视图确定后，轮盘类零件通常还需选用一个左视图或右视图来表达零件的外形轮廓和孔、轮辐等的结构和分布情况。

如图 9-41 所示的端盖，轴线水平放置绘制主视图，并通过两个平行的剖切平面得到的全剖视图来表达端盖主体结构的凸、凹情况和其上的轴孔、沉孔、螺孔及销孔的内部结构。左视图表达端盖的外形轮廓及四个沉孔、三个螺孔、两个销孔的分布情况。图 9-42 所示为端盖轴测图。

3. 尺寸标注

盘盖类零件的径向（宽度和高度方向）的尺寸基准常选择回转体的轴线或零件的对称平

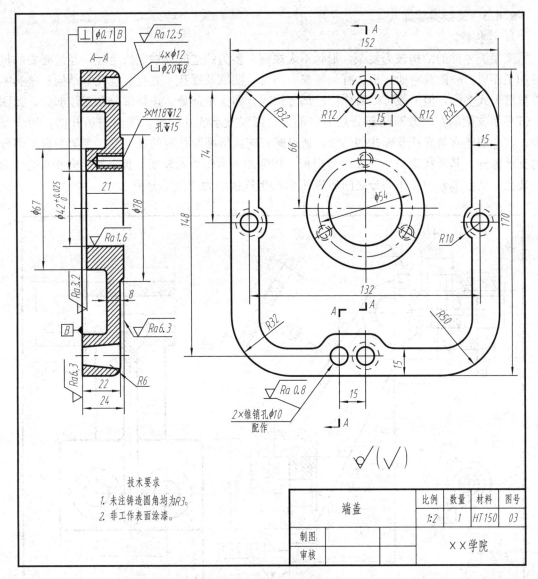

图 9-41 端盖零件图

面,轴向(长度方向)的尺寸基准常选择两零件的结合面或重要端面等。如图 9-41 中轴孔 $\phi 42^{+0.025}_{\ 0}$ 的轴线作为宽度和高度方向的尺寸基准,由此标注 $\phi 67$、$\phi 78$、$\phi 42^{+0.025}_{\ 0}$、132、152、66 等;端盖的左面为长度方向的主要基准,注出 22 和 24,右端面为辅助基准,注出轴孔深 21、螺孔深 15。除此之外,该零件上四个沉孔、三个螺孔及两个销孔,均应分别注出其定形尺寸和定位尺寸。

4. 技术要求

有配合要求的表面、轴向定位的端面,其表面粗糙度和尺寸的精度要求比较高,如图 9-41 所示 $\phi 42^{+0.025}_{\ 0}$ 的孔,同时,轴向定位的端面与轴线之间常有垂直度或轴向圆跳动等几何公差要求。

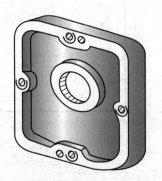

图 9-42 端盖轴测图

9.6.3 叉架类零件

1. 结构特点

叉架类零件的结构较为复杂，形状不太规则，多为铸造或模锻制成毛坯，经过必要的机械加工而成。一般具有肋、板、杆、圆筒、凸台、凹坑及螺孔、光孔、沉孔等结构。这类零件虽然形式多样，但一般可以看作由三部分构成，即支承部分、连接部分和工作部分。如图9-43所示支架的左上方圆筒部分是工作部分，用以支承 $\phi20$ 的轴，圆筒左边开槽，便于安装，其左部还有带光孔及螺孔的凸缘，通过螺钉连接将圆筒孔内的轴夹紧。支架的右下部分为支承部分，其形状为相互垂直的L形板，切削加工后作为安装面，板上的两个 $\phi15$ 的孔为安装孔。支承部分和工作部分之间通过T形肋板连接，为连接部分。

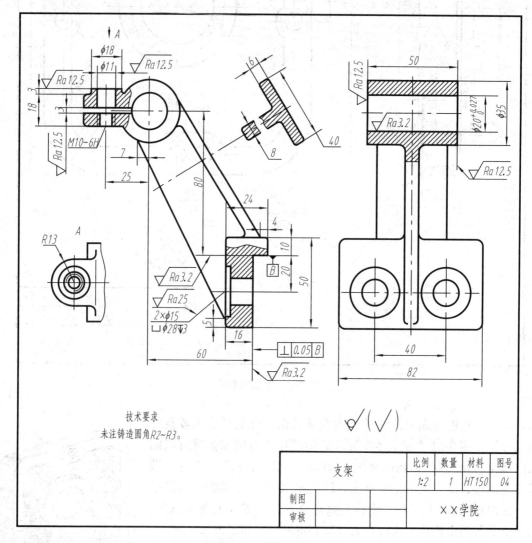

图 9-43 支架零件图

2. 表达方法

（1）主视图的选择。叉架类零件的结构比较复杂，加工方法和位置多变，主视图的选择一般考虑工作位置。由于绘制装配图时通常也是按照工作位置放置的，这样便于看图者将零件图、装配图进行对照，更好地了解零件在机器或部件中的位置、作用。有些叉架类零件在机器中的工作位置不固定，甚至处于倾斜状态，为了便于绘图，也可将零件放正，按照自然位置放置。零件位置确定后，选择能较多地反映零件各组成部分的结构形状和相对位置特征最为明显的方向作为主视图的投射方向。如图9-43所示支架是按工作位置放置的，主视图较明显地反映了工作部分、支承部分和连接部分的形状特征和三部分之间的相对位置。

(2) 其他视图的选择。叉架类零件一般需要两个或两个以上的基本视图，由于其形状不太规则，在表达内部的孔结构时，一般采用局部剖。该类零件常具有倾斜结构，因此通常采用斜视图或用不平行于任何基本投影面的平面剖切所得的剖视图表达局部结构。此外还常采用断面图表达肋板的断面形状。如图9-43所示支架的主、左视图均采用了局部剖，夹紧部分的凸缘形状采用A向局部视图表达，T形肋板的断面形状采用移出断面图表达。

3. 尺寸标注

叉架类零件常以对称平面、安装面、较大加工面、结合面或主要孔的轴线作为长、宽、高三个方向的尺寸基准。如图9-43所示的支架，选择相互垂直的两个安装面分别作为长度和高度方向的主要基准，由此注出重要尺寸60和80，用来确定$\phi 20$孔轴线到安装面的距离。考虑到加工测量方便，选择$\phi 20$孔的轴线作为长度方向辅助基准标注定位尺寸25，用来确定夹紧螺孔M10的位置。由于支架的前半部与后半部对称，因此以前、后对称平面作为宽度方向的尺寸基准，由此注出尺寸50、40和82。

4. 技术要求

叉架类零件在表面粗糙度、尺寸公差、几何公差方面都没有特殊要求，应根据具体情况而定。如图9-43所示支架左上方圆筒部分是工作部分，其$\phi 20^{+0.027}_{\ 0}$孔的表面粗糙度和尺寸公差都有较高的要求；而下部分是支承部分，起安装和定位作用，因而相互垂直的两个安装面的表面粗糙度要求较高，它们之间还有垂直度的要求。

9.6.4 箱体类零件

1. 结构特点

箱体类零件一般是机器或部件的主体部分，结构较为复杂，毛坯多为铸件，经过必要的机械加工而成。起着支承、包容其他零件的作用，因此多为中空的壳体，其周围一般分布有连接螺孔等，结构形状复杂。此外还常具有轴承孔及起加强作用的肋板。

2. 表达方法

箱体类零件的加工工序较多，装夹位置又不固定，因此一般均按工作位置和形状特征原则选择主视图，其他视图至少两个。如果外部结构形状简单，内部形状复杂，且具有对称平面，可采用半剖；如果外部形状复杂，内部形状简单，可采用局部剖视或用虚线表示；如果内、外部结构形状都较复杂，投影不重叠时可采用局部剖视图，重叠时内、外部结构形状应分别表达。对局部内、外结构形状，可采用局部视图、局部剖视和剖面来表达。箱体零件上常常会出现一些截交线和相贯线，由于该类零件多为铸件，存在圆角，因而将其画成过渡线。

如图9-44所示的泵体，泵体后部长140、高94的长方板为安装板，其上的四个$\phi 9$的孔为安装孔；两个$\phi 6$锥销孔主要作用为安装定位。泵体右端的内腔用来安装轴、凸轮、轴承等，前部还有一个圆形凸台及四个紧固轴承盖用的螺孔。左端横向通孔用来安装柱塞及泵

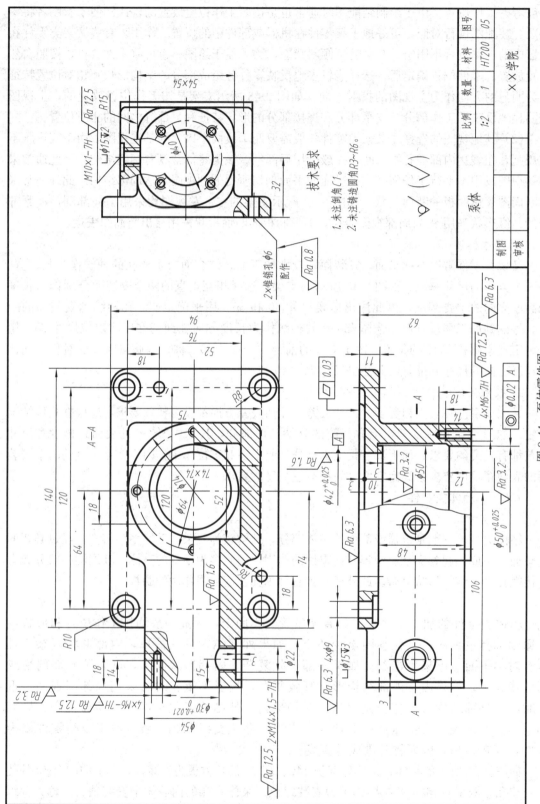

图 9-44 泵体零件图

套，其上、下两个 M14 的螺孔是用来安装两个单向阀体的，最左端也有一个圆形凸台及四个紧固泵套用的螺孔。图 9-45 所示为泵体的轴测图。

图 9-45　泵体轴测图

3. 尺寸标注

由于箱体类零件结构复杂，尺寸较多，必须采用形体分析法标注尺寸，并在图中合理布置各尺寸。一般选择主要孔的轴线、零件的对称面、重要的安装面、较大的加工面或结合面等作为长、宽、高向尺寸的尺寸基准。对于箱体上需要切削加工的部分，标注尺寸要考虑零件在加工过程中测量方便。

如图 9-44 所示的泵体，以右端 $\phi 42^{+0.025}_{0}$ 及 $\phi 50^{+0.025}_{0}$ 孔的轴线作为长度方向的尺寸基准，在主、俯视图中分别注出尺寸 64、18、74、106 等。由于安装板的后端面为安装基面，而且泵体在进行机械加工时，也是先加工该端面，然后再以此面为基准确定孔的位置和其他平面，所以后端面既是宽度方向的设计基准，又是工艺基准，宽度方向主要尺寸 32、11、62 就是以此为基准进行标注的。由于泵体的上半部和下半部对称，因此，以上、下对称平面作为高度方向的基准，在主、左视图上分别注出尺寸 52、76、94、74、54 等。

4. 技术要求

箱体类零件同叉架类零件一样，也应根据具体使用要求确定表面粗糙度、尺寸公差和几何公差。如图 9-44 中安装轴承盖的孔 $\phi 50^{+0.025}_{0}$、安装轴承套的孔 $\phi 42^{+0.025}_{0}$ 和安装泵套的孔 $\phi 30^{+0.021}_{0}$ 的尺寸公差和表面粗糙度要求都比较高。重要的轴线、安装面、结合面或加工端面应有几何公差的要求，如图中 $\phi 50^{+0.025}_{0}$ 和 $\phi 42^{+0.025}_{0}$ 两孔的轴线之间有同轴度的要求，安装板的后端面有平面度的要求。另外，在图的右下方还有用文字注明的倒角和铸造圆角的尺寸要求。

9.6.5　其他零件

如图 9-46 所示的电动机支架是薄板冲压件。此类零件的结构和视图表达的特点如下：

(1) 毛坯由板材开料，经冲压等加工而成。

(2) 除画零件的视图外，一般需画展开图以便开料（简单零件不画展开图）。

除了上述类型零件外，还有一些不能包括在其内的零件，如注塑件、镶嵌件，它们有类似的表达方法，详情应参阅机械设计手册。

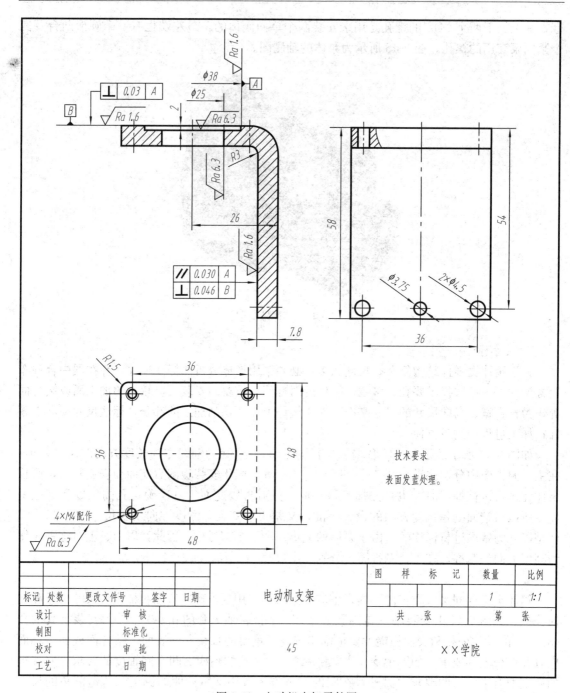

图 9-46 电动机支架零件图

9.7 零件图的绘制与识读

9.7.1 零件图的绘制

1. 绘图前的准备

（1）了解零件的用途、结构特点、材料及相应的加工方法。

(2) 分析零件的结构形状，确定零件的视图表达方案。

2. 画图方法和步骤

下面以端盖零件图的绘制为例加以说明（见图 9-47）。

(1) 定图幅。根据视图数量和大小，选择适当的绘图比例，确定图幅大小，如图 9-48 所示。

(2) 画出图框和标题栏。如图 9-48 所示作图框和标题栏。

(3) 布置视图。根据各视图的轮廓尺寸，画出确定各视图位置的基线。画图基线包括对称线、轴线、某一基面的投影线，如图 9-48 所示。

注意：各视图之间要留出标注尺寸的位置。

图 9-47 端盖的实体轴测图

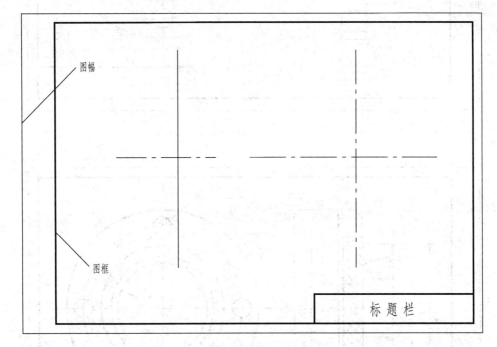

图 9-48 图纸的布置

(4) 画底稿。按投影关系，逐个画出各个形体。具体步骤是：先画主要形体，后画次要形体；先定位置，后定形状；先画主要轮廓，后画细节，如图 9-49 所示。

(5) 加深。检查无误后，加深并画剖面线。

(6) 完成零件图。标注尺寸、表面粗糙度、尺寸公差等，填写技术要求和标题栏，如图 9-50 所示。

9.7.2 零件图的阅读

1. 读零件图的步骤

(1) 概括了解。从标题栏内了解零件的名称、材料、比例等，并浏览视图，初步得出零件的用途和形体概貌。

(2) 详细分析。

1) 分析表达方案。分析视图布局，找出主视图、其他基本视图和辅助视图。根据剖视、断面的剖切方法、位置，分析剖视、断面的表达目的和作用。

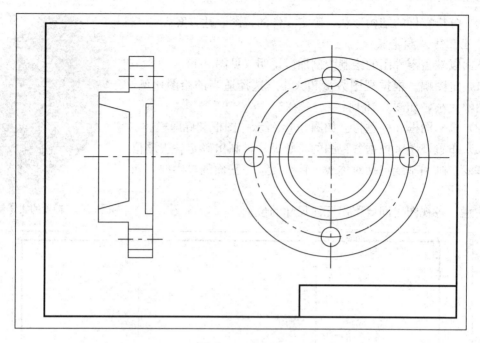

图 9-49 画底稿

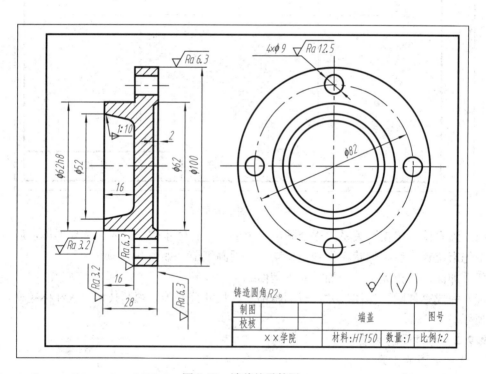

图 9-50 端盖的零件图

2）分析形体、想出零件的结构形状。先从主视图出发，联系其他视图进行分析。用形体分析法分析零件各部分的结构形状，对于难以看懂的结构，运用线面分析法分析，最后想出整个零件的结构形状。分析时若能结合零件结构功能来进行，会使分析更加容易。

3) 分析尺寸。先找出零件长、宽、高三个方向的尺寸基准，然后从基准出发，找出主要尺寸。再用形体分析法找出各部分的定形尺寸和定位尺寸。在分析中要注意检查是否有多余和遗漏的尺寸、尺寸是否符合设计和工艺要求。

4) 分析技术要求。分析零件的尺寸公差、几何公差、表面粗糙度和其他技术要求，弄清哪些尺寸要求高，哪些尺寸要求低，哪些表面要求高，哪些表面要求低，哪些表面不加工，以便进一步考虑相应的加工方法。

(3) 归纳总结。综合前面的分析，把图形、尺寸、技术要求等全面系统地联系起来思考，并参阅相关资料，得出零件的整体结构、尺寸大小、技术要求及零件的作用等完整的概念。

必须指出，在看零件图的过程中，上述步骤不能把它们机械地分开，往往是交叉进行的。另外，对于较复杂的零件图，往往要参考有关技术资料，如装配图、相关零件的零件图、说明书等，才能完全看懂。对于有些表达不够理想的零件图，需要反复仔细地分析，才能看懂。

2. 读零件图举例

识读如图 9-51 所示的蜗杆蜗轮减速器箱体零件图。

(1) 看标题栏。从标题栏可知，该零件名是蜗杆蜗轮减速器箱体，属于箱体类零件，用 HT150 灰铸铁制成，在装配体中只有 1 件该零件，绘图比例 1：1。箱体的作用是安装一对啮合的蜗杆蜗轮，运动由蜗杆传入，经啮合后传给蜗轮，得到较大的降速后，再由输出轴输出。

(2) 分析表达方案。

1) 该箱体零件图采用了四个基本视图和两个局部视图。

2) 据该箱体视图的配置关系可知，$A—A$ 全剖视图为主视图，表达了箱体沿水平轴线（蜗杆轴线）剖切后的内部结构，在俯视图上可找到剖切平面 $A—A$ 的剖切位置。$B—B$ 全剖视图为左视图，表达了箱体沿铅垂轴线（蜗轮轴线）剖切后的内部结构，在主视图上可找到剖切平面 $B—B$ 的剖切位置。俯视图为表达外形的视图。上述三个视图按基本视图投影关系配置。$C—C$ 剖视图在主视图上可找到剖切平面 $C—C$ 的剖切位置，它用来表达底板和肋板的结构形状。

D 向、E 向局部视图表达箱体两侧凸缘、凸台的形状。

(3) 分析视图。把如图 9-51 所示箱体零件图的左视图 $B—B$ 剖视图分解为四个主要部分，按投影关系找出其他视图上各个部分的相应投影，如图 9-52 所示，可以看出以下 4 个组成部分：①是箱体上部的长方腔体，用来容纳啮合的蜗杆蜗轮；②是铅垂方向带阶梯孔的空心圆柱，是箱体的蜗轮轴的轴孔；③是长方形底板，用来安装箱体；④T 形肋板，用来加强上述三部分的相互连接。

箱体两侧凸缘、凸台的形状反映在 D、E 局部视图上，联系主视图，可看清箱体的蜗杆轴孔。各部分还有螺孔、通孔等结构，保证箱体与其他零件的连接。

最后，按各个部分的相对位置可知，该箱体的结构比较复杂，基础形体由底板、箱壳、T 形肋板、互相垂直的蜗杆轴孔（水平）和蜗轮轴孔（垂直）组成，蜗轮轴孔在底板和箱壳之间，其轴线与蜗杆轴孔的轴线垂直交错，T 形肋板将底板、箱壳和蜗轮轴孔连接成一个整体，如图 9-53 和图 9-54 所示。

(4) 分析尺寸。

1) 箱体蜗杆轴的水平轴线和底面是高度方向的尺寸基准，其中底面是主要基准；过箱体蜗轮轴铅垂轴线的长方形腔体的对称平面、凸缘和凸台端面是长度方向的尺寸基准，其中过铅垂轴线的长方形腔体的对称平面是主要基准；宽度方向的主要基准是蜗轮轴的铅垂轴线。

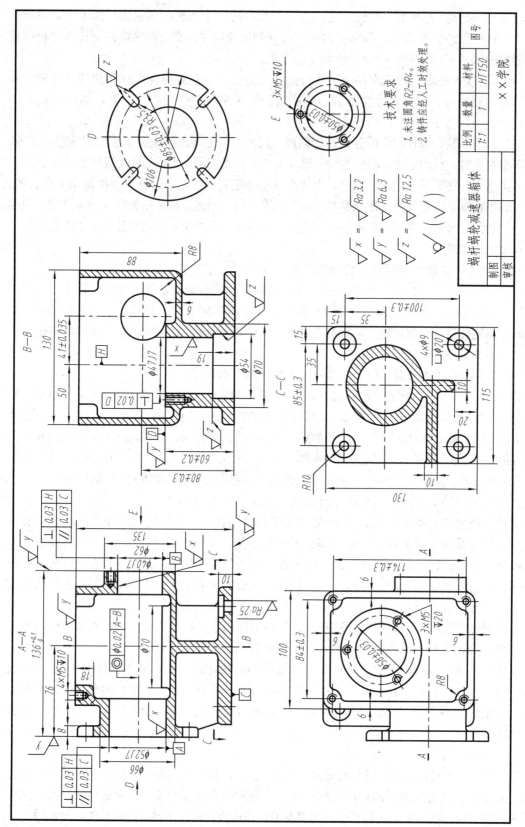

图 9-51 蜗杆蜗轮减速器箱体零件图

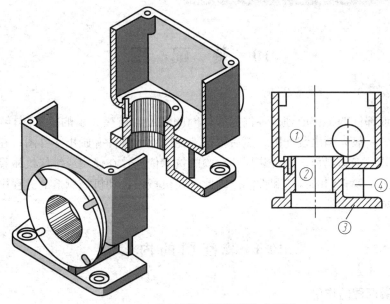

图 9-52 蜗杆蜗轮减速器箱体左视图

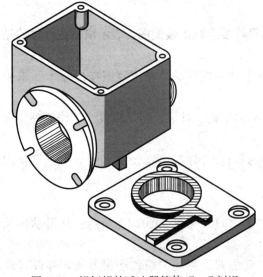

图 9-53 蜗杆蜗轮减速器箱体 C—C 剖视

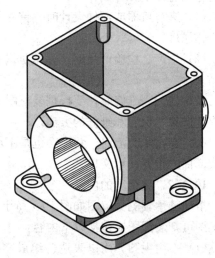

图 9-54 蜗杆蜗轮减速器箱体

2）如图 9-51 所示箱体轴承孔直径及有关轴向尺寸（如尺寸 ϕ7J7 和尺寸 60±0.2 等，轴承孔中心距 41±0.035）和轴线与安装面的距离即中心高（如尺寸 80±0.3）均属箱体的主要尺寸。

3）箱体的各部分尺寸，尽可能配置在反映该部分形状特征的视图上，如同一轴线上的一系列直径尺寸（尺寸 ϕ66、ϕ52J7、ϕ40J7、ϕ62）配置在主视图上。箱壁厚度 6 注在俯视图上，肋板厚度 10 注在 C—C 剖视图上等。尺寸这样配置，有助于分析箱体的结构形状。

(5) 分析技术要求。有公差要求的配合尺寸有轴承孔直径 ϕ47J7、ϕ52J7、ϕ40J7，轴向尺寸 60±0.2、80±0.3 等。有形状、位置公差要求的尺寸有轴承孔 ϕ52J7、ϕ40J7 轴线与基准平面 H、C 的垂直度、平行度公差均为 0.03 等。

轴承孔内表面加工后光滑程度要求较高，表面粗糙度 Ra 值取 3.2μm；孔端面的表面粗糙度 Ra 值取 6.3μm。箱体的大多数表面为非加工面，箱体需经人工时效处理。

10 装 配 图

表达机器或部件的工作原理及零件、部件间的装配、连接关系的技术图样称为装配图。在产品设计中，一般先画出装配图，然后根据装配图设计零件并画出零件图；在产品制造中装配图是制订装配工艺规程，进行装配和检验的技术依据；在使用或维修机械设备时，也需要通过装配图来了解它们的构造和性能。因此，在机械设计和机械制造的过程中，装配图是不可缺少的重要技术文件。

10.1 装配图的内容

10.1.1 装配图的作用

装配图是机器设计中设计意图的反映，是机器设计、制造过程中的重要技术依据。装配图的作用有以下几方面：

（1）进行机器或部件设计时，首先要根据设计要求画出装配图，表示机器或部件的结构和工作原理。

（2）生产、检验产品时，是依据装配图将零件装成产品，并按照图样的技术要求检验产品。

（3）使用、维修时，要根据装配图了解产品的结构、性能、传动路线、工作原理等，从而决定操作、保养和维修的方法。

（4）在技术交流时，装配图也是不可缺少的资料。因此，装配图是设计、制造和使用机器或部件的重要技术文件。

10.1.2 装配图的内容

滑动轴承轴测分解图如图 10-1 所示，滑动轴承的装配图如图 10-2 所示。从滑动轴承的装配图可知装配图应包括以下内容：

（1）一组视图。用以表达各组成零件的相互位置、装配关系和连接方式，部件（或机器）的工作原理和结构特点等。

（2）必要的尺寸。主要包括部件或机器的规格（性能）尺寸、零件之间的配合尺寸、外形尺寸、部件或机器的安装尺寸和其他重要尺寸等。

（3）技术要求。用以说明部件或机器的性能、装配、安装、检验、调整或运转的技术要求，一般用文字写出。

（4）标题栏、零部件序号和明细栏。在装配图中对零件进行编号，并在标题栏上方按编号顺序绘制成零件明细栏。

应当指出，由于装配图的复杂程度和使用要求不同，以上各项内容并不是在所有的装配图中都要无遗地表现出来，而是要根据实际情况来决定。

10 装配图

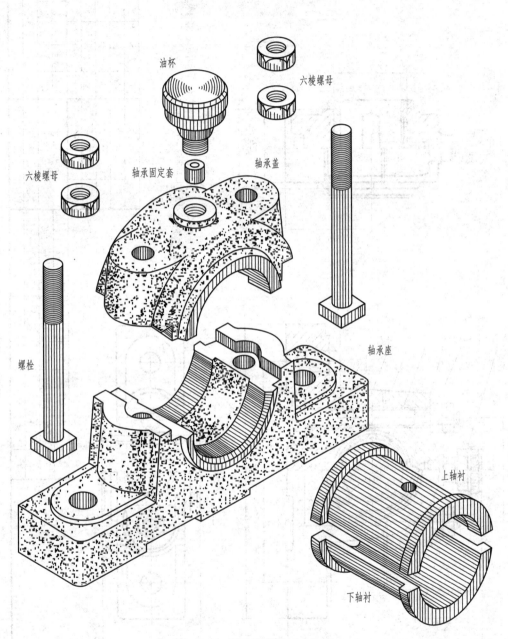

图 10-1 滑动轴承轴测分解图

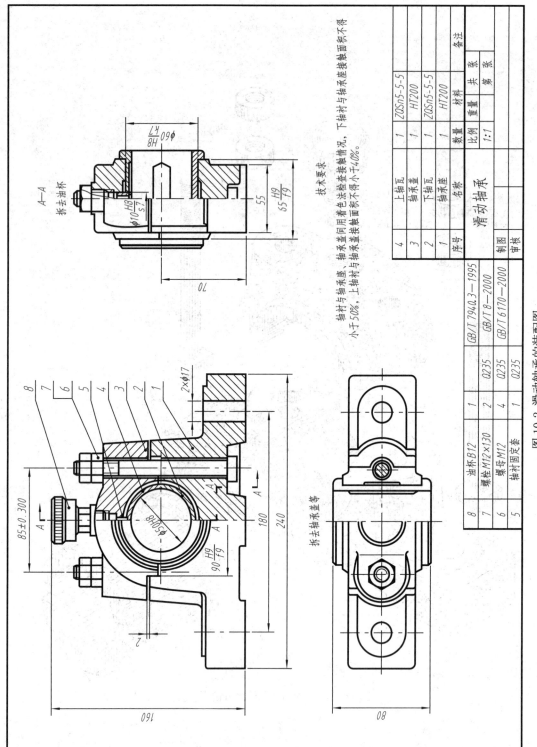

图 10-2 滑动轴承的装配图

10.2 装配图的表达方案

装配图的侧重点是将装配体的结构、工作原理和零件间的装配关系正确、清晰地表示清楚。前面所介绍的零件表示法中的视图、剖视图、断面图及其他表达方法对装配图同样适用。但由于表达的侧重点不同，国家标准对装配图的画法还有一些规定。

10.2.1 规定画法

1. 零件间接触面、配合面的画法

相邻两个零件的接触面和基本尺寸相同的配合面，只画一条轮廓线。但若相邻两个零件的基本尺寸不相同，则无论间隙大小，均要画成两条轮廓线，如图 10-3 所示。

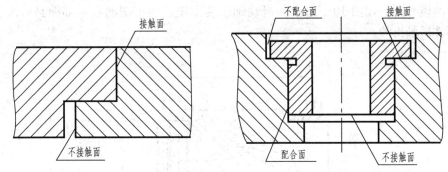

图 10-3 零件间接触、配合面的画法

2. 装配图中剖面符号的画法

装配图中相邻两个金属零件的剖面线，必须以不同方向或不同的间隔画出，如图 10-4 所示。要特别注意的是，在装配图中，所有剖视、剖面图中同一零件的剖面线方向、间隔须完全一致。另外，在装配图中，宽度小于或等于 2mm 的窄剖面区域可全部涂黑表示，如图 10-4 所示的垫片。

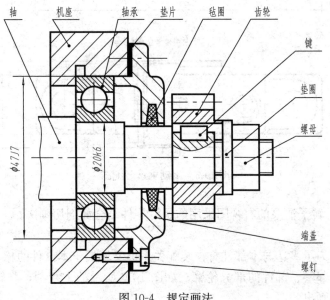

图 10-4 规定画法

3. 装配图中实心零件的画法

在装配图中，对于紧固件及轴、球、手柄、键、连杆等实心零件，若沿纵向剖切且剖切平面通过其对称平面或轴线时，这些零件均按不剖绘制。如需表明零件的凹槽、键槽、销孔等结构，可用局部剖视表示。如图 10-4 所示的轴、螺钉和键均按不剖绘制。为表示轴和齿轮间的键连接关系，采用局部剖视。

10.2.2 特殊画法和简化画法

为使装配图能简便、清晰地表达出部件中某些组成部分的形状特征，国家标准还规定了以下特殊画法和简化画法。

1. 拆卸画法（或沿零件结合面的剖切画法）

在装配图的某一视图中，为表达一些重要零件的内、外部形状，可假想拆去一个或几个零件后绘制该视图。如图 10-5 所示的滑动轴承装配图，俯视图的右半部即是拆去轴承盖、螺栓等零件后画出的。

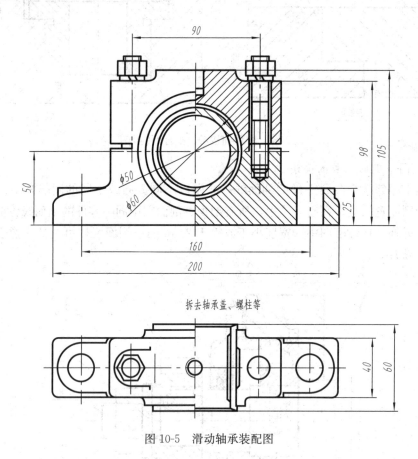

图 10-5 滑动轴承装配图

如图 10-6 所示转子油泵的右视图采用的是沿零件结合面剖切画法。

2. 假想画法

在装配图中，为了表达与本部件有在装配关系但又不属于本部件的相邻零、部件时，可用双点画线画出相邻零、部件的部分轮廓。如图 10-6 所示的主视图，与转子油泵相邻的零件即是用双点画线画出的。

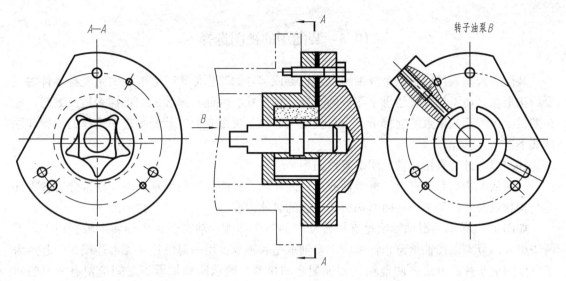

图 10-6 转子油泵特殊画法

在装配图中,当需要表达运动零件的运动范围或极限位置时,也可用双点画线画出该零件在极限位置处的轮廓,如图 10-7 所示。

3. 单独表达某个零件的画法

在装配图中,当某个零件的主要结构在其他视图中未能表示清楚,而该零件的形状对部件的工作原理和装配关系的理解起着十分重要的作用时,可单独画出该零件的某一视图。如图 10-6 所示转子油泵的 B 向视图。注意,这种表达方法要在所画视图上方注出该零件及其视图的名称。

4. 夸大画法

对于直径或厚度小于 2mm 的较小零件

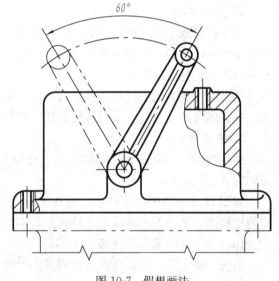

图 10-7 假想画法

或较小间隙,如薄片零件、细丝弹簧等,若按它们的实际尺寸在装配图中很难画出或难以明显表示时,可不按比例而采用夸大画法。

5. 简化画法

(1) 装配图上若干个相同的零件组,如螺栓、螺钉的连接等,允许详细地画出一组,其余只画出中心线位置,如图 10-4 所示的螺钉连接。

(2) 装配图上的零件工艺结构,如退刀槽、倒角、倒圆、拔模斜度、滚花等,允许省略不画,如图 10-4 所示的轴。

(3) 在装配图中滚动轴承可用简化画法或示意画法表示。

(4) 在装配图中,当剖切平面通过的部件为标准件或该部件已有其他图形表示清楚时,可按不剖绘制,如图 10-2 所示主视图上的油杯 8。

10.3　装配图的视图选择

装配图视图表达的重点是清晰地反映机器或部件的工作原理、装配线关系及各零件的主要结构形状，而不侧重表达每个零件的全部结构形状。因此，画装配图选择表达方案时，应在满足上述表达式重点的前提下，力求使绘图简便，看图方便。装配图视图选择的步骤和原则如下：

10.3.1　分析表达对象，明确表达内容

一般从实物和有关资料了解机器或部件的功用、性能和工作原理入手，仔细分析各零件的结构特点及装配关系，从而明确所要表达的具体内容。

如图10-2所示的滑动轴承是支撑传动轴的一个部件，轴在轴瓦内旋转。轴瓦由上、下两块组成，分别嵌在轴承盖和轴承座上，轴承座和轴承盖用一对螺栓和螺母连接在一起。为了可以用加垫片的方法来调整轴瓦和轴配合的松紧，轴承座和轴承盖之间应留有一定的间隙。如图10-1所示的滑动轴承的分解轴测图。

10.3.2　主视图的选择

1. 投射方向

通常选择最能反映机器或部件的工作原理、传动系统、零件间主要的装配关系和主要结构特征的方向作为主视图的投射方向。但由于机器或部件的种类、结构特点不同，并不是都用主视图来表达上述要求。

通常沿主要装配干线或主要传动路线的轴线剖切，以剖视图来反映工作原理和装配线关系，并兼顾考虑是否适宜采用特殊画法或简化画法。

2. 安放位置

画主视图，应将机器或部件按其工作位置（或安装位置）放置，即应符合"工作位置原则"。

如图10-2所示的滑动轴承，因其正面能反映其主要结构特征和装配关系，故选择正面作为主视图，又由于该轴承内外结构形状都对称，故画成半剖视图。

10.3.3　其他视图的选择

主视图确定后，还要选择适当的其他视图来补充表达机器或部件的工作原理、装配关系和零件的主要结构形状。为此，应考虑以下要求：

（1）视图数量要依机器或部件的复杂程度而定，在满足表达重点的前提下，力求视图数量少些，以使表达简练。还要适当考虑有利于合理布置图形和充分利用幅面。

（2）应优先选用基本视图，并取适当剖视补充表达有关内容。

（3）要充分利用机器或部件的各种表达方法每个视图都要有明确目的和表达重点，避免对同一内容的重复表达。

如图10-2所示的滑动轴承，其俯视图表示了轴承顶面的结构形状，以及前后左右都是这一特征。为了更清楚地表示下轴瓦和轴承座之间的接触情况，以及下轴瓦的油槽形状，在俯视图右边采用了拆卸剖视。在左视图中，由于该图形也是对称的，故取$A—A$半剖视。这样既完善了对上轴瓦和轴承盖及下轴瓦和轴承座之间装配关系的表达，也兼顾了轴承侧向外形的表达。又由于件9油杯是属于标准件，在主视图中已有表示，故在左视图中拆掉不画。

10.4 装配图的尺寸标注、零件序号和明细表

10.4.1 尺寸标注

装配图不是制造零件的直接依据。因此，装配图中不需注出零件的全部尺寸，而只需标注出一些必要的尺寸，这些尺寸可分为以下几类：

1. 性能（规格）尺寸

性能（规格）尺寸表示机器或部件性能（规格）的尺寸，这些尺寸在设计时已经确定，也是设计、了解和选用该机器或部件的依据，如图 10-2 所示滑动轴承的轴孔直径 $\phi 50H8$。

2. 装配尺寸

装配尺寸是用以保证机器（或部件）装配性能的尺寸。装配尺寸有配合尺寸和相对位置尺寸两种。

（1）配合尺寸：主要包括保证有关零件间配合性质的尺寸。如图 10-2 所示滑动轴承盖和轴承座的配合尺寸 $90H9/f9$，轴承盖、轴承座与轴瓦的配合尺寸 $\phi 60H8/k7$、$65H9/f9$。

（2）相对位置尺寸：是表示装配体在装配时需要保证的零件间较重要的距离尺寸和间隙尺寸。如图 10-2 所示轴承盖与轴承座之间的非接触面间距尺寸 2。

3. 安装尺寸

安装尺寸是表示零、部件安装在机器上或机器安装在固定基础上所需要的对外安装时连接用的尺寸，如图 10-2 所示的孔 $2\times\phi 17$ 和孔中心距 180。

4. 外形尺寸

外形尺寸是表示机器或部件外形轮廓大小的尺寸，即总长、总宽和总高。它是机器或部件在包装运输、安装和厂房设计等不可缺少的数据，如图 10-2 所示的外形尺寸 240、80、160。

5. 其他重要尺寸

其他重要尺寸是在设计中经过计算而确定的尺寸，如运动零件的极限位置尺寸、主要零件的重要尺寸等。如图 10-2 所示轴承的中心高 70 属于其他重要尺寸。

上述五种尺寸在一张装配图上不一定同时都有，有的一个尺寸也可能包含几种含义。应根据机器或部件的具体情况和装配图的作用具体分析，从而合理地标注出装配图的尺寸。

10.4.2 技术要求

装配图上的技术要求主要包括以下内容：

（1）器部件的性能要求。例如，油泵额定压力为 1.4MPa；当转速为 950r/min 时，油泵的最大输油量为 15L/min。

（2）器部件的装配要求。例如，油泵装配好后，用手转动主动轴，不得有卡阻现象；装配时应以标准柱面确定零件 5 的位置，然后再拧紧螺钉 21。

（3）器部件的检验要求。例如，不应有渗漏现象；齿轮泵用 1.76MP 的柴油进行压力实验，不得有渗漏。

（4）装配后的使用要求。例如，泵工作时，两阀要一吸一排，如不符要求，可调弹簧 3；减速器运行应平稳，响声应均匀。

10.4.3 零件序号

装配图的图形一般较复杂,包含的零件种类和数目也较多,为了便于在设计和生产过程中查阅有关零件,在装配图中必须对每个零件进行编号。

1. 序号的一般规定

(1) 装配图中每种零、部件都必须编写序号。同一装配图中相同的零、部件只编写一个序号,且一般只注一次。

(2) 零、部件的序号应与明细栏中的序号一致。

(3) 同一装配图中编写序号的形式应一致。

2. 编号方法

序号由点、指引线、横线(或圆圈)和序号数字组成。指引线、横线用细实线画出,如图10-8 所示。指引线相互不交错,当指引线通过剖面线区域时应与剖面线斜交,避免与剖面线平行。序号数字比装配图的尺寸数字大一号或大两号;在指引线附近注写序号,序号的字高比该装配图中所注尺寸数字高度大两号。应注意的是,同一装配图中编写序号的形式应一致。

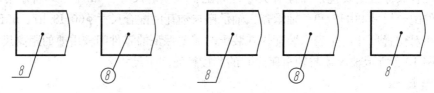

图 10-8 编注序号的方法

3. 序号编写的顺序

零、部件序号应沿水平或垂直方向按顺时针(或逆时针)方向顺次排列整齐,并尽可能均匀分布,如图 10-9 所示。

4. 标准件、紧固件的编写

同一组紧固件可采用公共指引线;标准部件(如油杯、滚动轴承等)在图中被当成一个部件,只编写一个序号,如图 10-9 所示。

5. 很薄的零件或涂黑断面的标注

由于薄零件或涂黑的断面内不便画圆点,可在指引线的末端画出箭头,并指向该部分的轮廓,如图 10-10 所示。

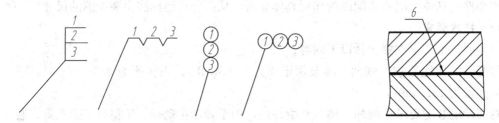

图 10-9 公共指引线的编注形式　　图 10-10 指引线末端采用箭头的应用场合

10.4.4 明细栏

明细栏是机器或部件中全部零、部件的详细目录,它画在标题栏的上方,当标题栏上方位置不够时,也可续写在标题栏的左方,明细栏的边框竖线为粗实线,其余均为细实线,如图 10-11 所示。

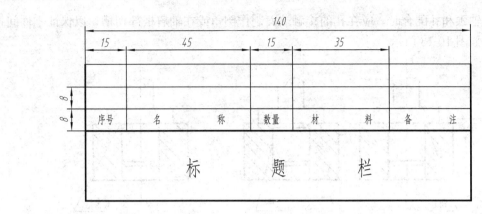

图 10-11　标题栏与明细表

GB/T 10609.1—2008 和 GB/T 10609.2—2009 分别规定了标题栏和明细栏的统一格式。零件的序号自下而上填写，以便在增加零件时可继续向上画格。如果位置不够，可将明细栏分段画在标题栏的左方。明细栏中"名称"一栏除了填写零、部件名称外，对于标准件还要填写其规格；标准件的国家标准编号应填写在"备注"一栏中。

10.5　装配结构的合理性

在设计和绘制装配图时，应考虑装配结构的合理性，以保证机器或部件的使用及零件的加工、装拆方便。

10.5.1　接触面与配合面的结构

（1）两个零件接触时，在同一方向只能有一对接触面，这种设计既可满足装配要求，同时制造也很方便，如图 10-12 所示。

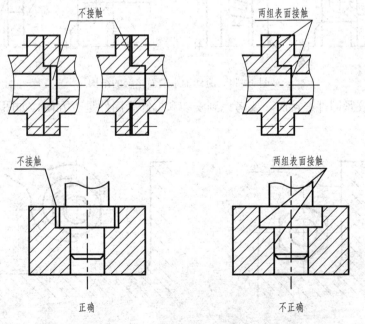

图 10-12　两零件间的接触面

（2）轴颈和孔配合时，应在孔的接触端面制作倒角或在轴肩根部切槽，以保证零件间接触良好，如图 10-13 所示。

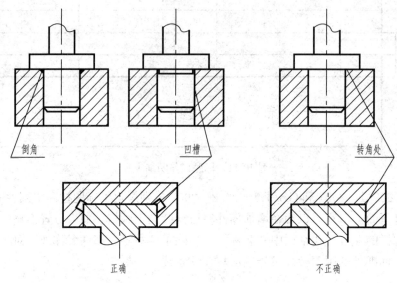

图 10-13　接触面转角处的结构

10.5.2　便于装拆的合理结构

（1）滚动轴承的内、外圈在进行轴向定位设计时，必须要考虑到拆卸的方便，如图 10-14 所示。

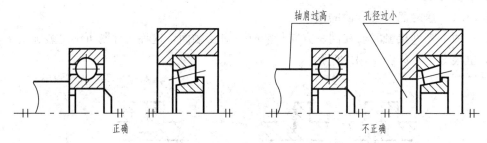

图 10-14　滚动轴承端面接触的结构

（2）用螺纹紧固件连接时，要考虑到安装和拆卸紧固件是否方便，如图 10-15 所示。

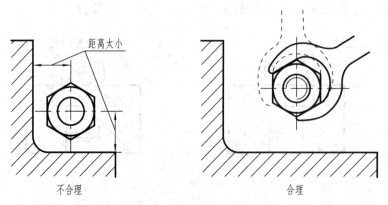

图 10-15　留出扳手活动空间

10.5.3 密封装置和防松装置

密封装置是为了防止机器中油的外溢或阀门、管路中气体、液体的泄漏，通常采用的密封装置如图 10-16 所示。

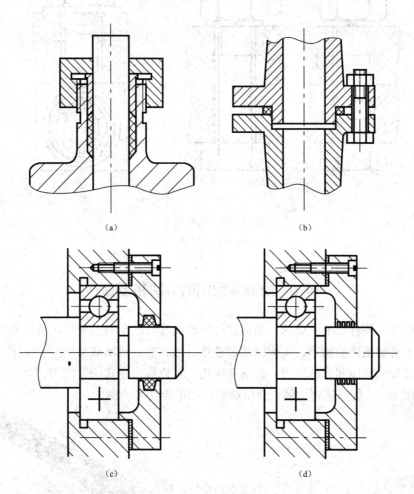

图 10-16 密封装置
(a) 填料函密封；(b) 垫片密封；(c) 毡圈式密封；(d) 油沟式密封

其中，在油泵、阀门等部件中常采用填料函密封装置。图 10-16 (a) 所示为常见的一种用填料函密封的装置，图 10-16 (b) 所示为管道中的管子接口处用垫片密封的密封装置，图 10-16 (c) 和 (d) 所示为滚动轴承的常用密封装置。

为防止机器因工作振动而致使螺纹紧固件松开，常采用双螺母、弹簧垫圈、止动垫圈、开口销等防松装置，如图 10-17 所示。

螺纹连接的防松按防松的原理不同，可分为摩擦防松与机械防松。例如，采用双螺母、弹簧垫圈的防松装置属于摩擦防松装置；采用开口销、止动垫圈的防松装置属于机械防松装置。

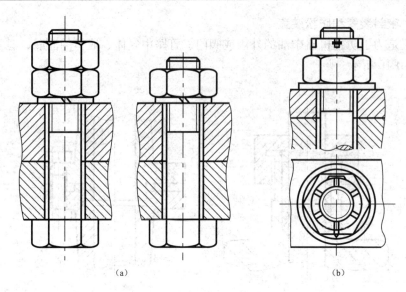

图 10-17 防松装置
(a) 摩擦防松；(b) 机械防松

10.6 绘制装配图的方法和步骤

部件是由若干零件装配而成的，根据这些零件的零件图及有关资料，可以弄清各零件的结构形状，了解装配体的用途、工作原理及连接关系，然后拼画成部件的装配图。还可以根据测绘出的装配示意图和零件草图，并参考实物，可以画出正式的装配图。

现以如图 10-18 所示球阀为例，介绍画装配图的方法和步骤。

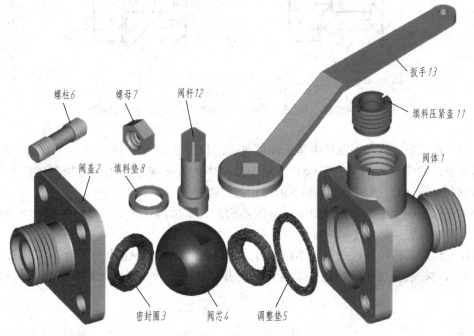

图 10-18 球阀分解轴测图

10.6.1 分析所要表达的部件

要正确地表达一个装配体，必须首先了解和分析它的用途、工作原理、结构特点、装拆顺序等情况。对于这些情况的了解，除了观察实物、阅读有关技术资料和类似产品图样外，还可以向有关人员学习和了解。

例如，球阀的工作原理如下：扳手在主视图中的位置时，阀门为全部开启，管路中流体的流通量最大。当扳手顺时针旋转到俯视图中双点画线所示的位置时，阀门为全部关闭，管路中流体的流通量为零。当扳手处在这两个极限位置之间时，管路中流体的流通量随扳手的位置而改变。

其装配关系是：阀盖和阀体用四个双头螺柱和螺母连接，并用合适的调整垫调节阀芯与密封圈之间的松紧程度。阀体垂直方向上装配有阀杆，阀杆下部的凸块嵌入到阀芯上的凹槽内。为防止流体泄漏，在此处装有填料垫、填料、并旋入填料压紧套将填料压紧。

10.6.2 确定视图表达方案

对所画部件了解清楚后，根据视图选择原则，确定表达方案。球阀采用了全剖视的主视图、半剖视的左视图和 $B—B$ 剖面的局部剖视。全剖视的主视图主要反映该阀的组成、结构和工作原理；左视图采用半剖视图，主要反映阀盖、阀体等零件的形状及阀盖和阀体间连接孔的位置和尺寸等；俯视图采用局部剖视图，主要反映阀盖和阀体以及扳手和阀杆的连接关系。

10.6.3 作图步骤

根据部件的大小、视图的数量，确定图样的比例，并考虑标注尺寸、编写序号、明细表、标题栏等所占空间的位置，选定图幅，然后按下述步骤画图：

(1) 画图框、标题栏和明细表的外框。

(2) 布置视图。按估计的各视图的大小，画出各视图的主要中心线、轴线、对称线、基准线等，例如，主要的中心线、对称线或主要端面的轮廓线，如图10-19（a）所示。布置视图时，要注意在视图之间为标注尺寸和编写序号留有足够的位置，并力求图面布置匀称。

(3) 画底稿。通常可以先从主视图开始，几个基本视图配合进行。根据各视图所表达的主要内容不同，可采取不同的方法着手。如果是画剖视图，则应从内向外画。这样被遮住的零件轮廓线就可以不画。如果画的是外形视图，一般则是先画大的或主要的零件，而后画次要零件、小零件及各部分的细节，如图10-19（b）～（d）所示。

(4) 完成全图。底稿经检查无误后，加深图线，并画剖面线。在画剖面线时，主要的剖视图可以先画。最好画完一个零件所有的剖面线，然后再开始画另外一个，以免剖面线方向的错误。注出必要的尺寸；编注零件序号，并填写明细栏和标题栏；填写技术要求等。完成全图，如图10-20所示。

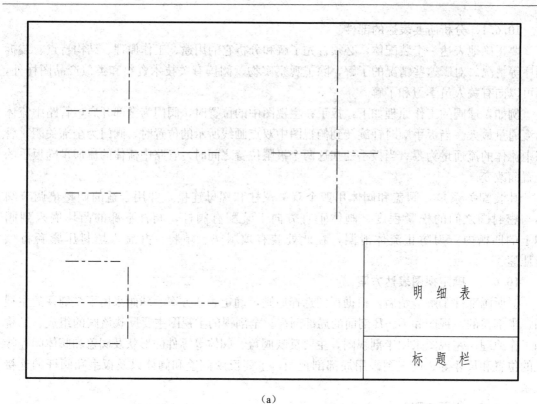

图 10-19 画球阀装配图底稿的步骤(一)

10 装配图

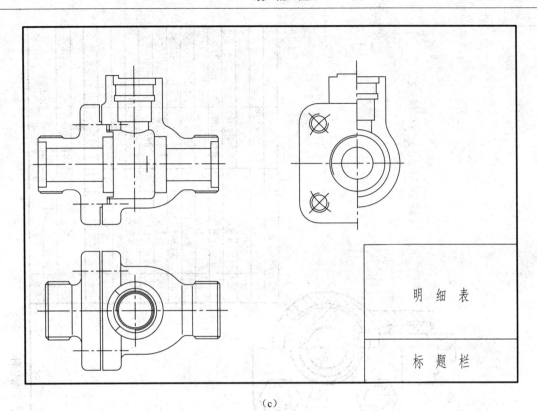

图 10-19 画球阀装配图底稿的步骤（二）

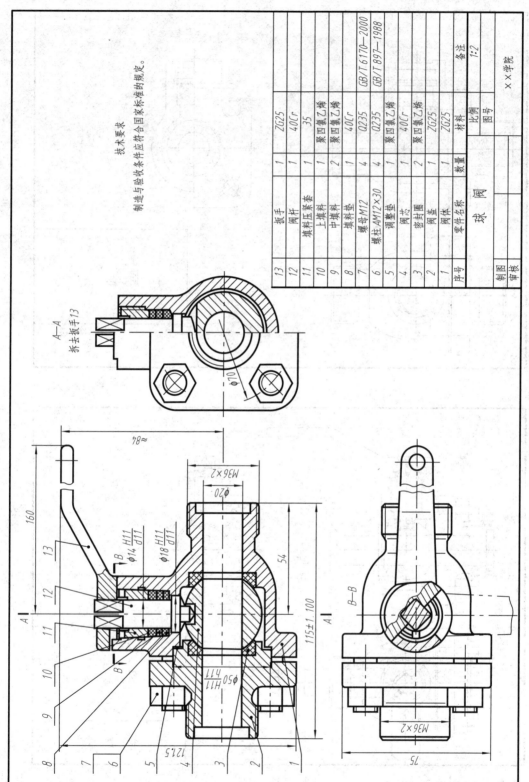

图 10-20 球阀装配图

10.7 识读装配图和由装配图拆画零件图

10.7.1 识读装配图的方法和步骤

在生产设计过程中，经常要读装配图。例如在设计中，需要依据装配图来设计零件并画出零件图；在装配机器时，要根据装配图来组装部件或机器；在设备维修时，需参照装配图进行拆卸和重装；在技术交流时，需参阅装配图来了解装配体的具体情况等。因此，工程技术人员必须具备读装配图的能力。

1. 识读装配图的要求

识读装配图的目的是搞清装配体的性能、工作原理、装配关系和各零件的主要结构、作用、拆装顺序等。

2. 识读装配图的一般方法与步骤

下面以如图 10-21 所示机用虎钳装配图为例，说明看装配图的一般方法与步骤。

（1）了解装配体概况。根据标题栏了解装配体的名称、大致用途；由明细栏了解组成该装配体的零件名称、数量、标准件的规格等，并大致了解装配体的复杂程度；由总体尺寸了解装配体的大小和所占空间。

如图 10-21 所示的机用虎钳是机床上一种通用夹紧装置，该虎钳由 11 种零件组成，属于简单装配体。

（2）分析视图。了解各视图、剖视图和断面图的数量，各自的表示意图和它们之间的相互关系，找出视图名称、剖切位置、投影方向，为下一步深入读图做准备。

该虎钳装配图共有 5 个图形，先从主视图入手，弄清它们之间的投影关系和每个图形所表达的内容。

主视图为符合其工作位置，通过虎钳前后对称面剖切画出的全剖视图，表达了螺杆 6 装配干线上各零件的装配关系、连接方式和传动关系。同时表达了螺钉 4、螺母 5 和活动钳身 3 的结构及虎钳的工作原理。

俯视图主要反映机用虎钳的外形，并用局部剖视图表达了护口板 2 和固定钳身 1 的连接方式。

左视图采用半剖视图，剖切平面通过两个安装孔，除了表达固定钳身 1 的外形外，主要补充表达了螺母 5 与活动钳身 3 的连接关系。

局部放大图反映了螺杆 6 的牙型。

移出断面图表达了螺杆头部与扳手（未画出）相接的形状。

（3）分析传动路线及工作原理。一般情况下，直接从图样上分析装配体的传动路线及工作原理。当部件比较复杂时，需参考产品说明书和有关资料。

如图 10-21 所示，旋动螺杆 6、螺母 5 沿螺杆轴线做直线运动，螺母 5 带动活动钳身 3、左护口板 2 移动，实现夹紧或放松工件。

（4）分析装配关系。分析清楚零件之间的配合关系、连接方式和接触情况，能够进一步地了解部件整体结构。从图 10-21 可以看出，螺杆 6 装在固定钳身 1 的孔中，通过垫圈 11、圆环 8 和销 7 使螺杆 6 只能旋转但不能沿轴向运动。螺母 5 装在活动钳身 3 的孔中并通过螺钉 4 轻压在固定钳身 1 的下部槽上。活动钳身 3 上的宽 80 的通槽与固定钳身 1 上部两侧面

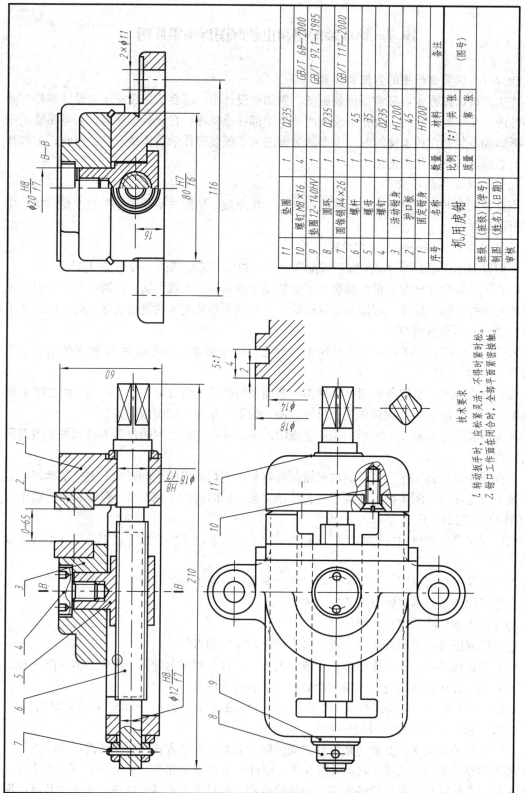

图 10-21 机用虎钳装配图

配合，以保证活动钳身移动的准确性。活动钳身和固定钳身在钳口部位均用两个螺钉10连接护口板，护口板上制有牙纹槽，用以防止夹持工件时打滑。至此，虎钳的工作原理和各零件间的装配关系更加清楚。

（5）分析零件结构形状。应先在各视图中分离出该零件的范围和对应关系，利用剖面线的倾斜方向和间距、零件的编号、装配图的规定画法和特殊表达方法（如实心轴不剖的规定等），以及借助三角板、分规等查找其投影关系。以主视图为中心，按照先易后难，先看懂连接件、通用件，再读一般零件。如先读懂螺杆及其两端相关的各零件，再读螺母、螺钉，最后读懂活动钳身及固定钳身。

（6）分析尺寸。分析装配图每一个尺寸的作用（即五类尺寸），搞清部件的尺寸规格、零件间的配合性质和外形大小等。如图10-21所示，0～65为性能尺寸，表示钳口的张开度；80H7/f6是活动钳身3与固定钳身1的配合尺寸；116为安装尺寸；210、60为总体尺寸。

（7）综合归纳。在上述分析的基础上，进一步分析装配体的工作原理、装配关系、零件结构形状和作用，以及装拆顺序、安装方法。

图10-22所示为机用虎钳轴测图。

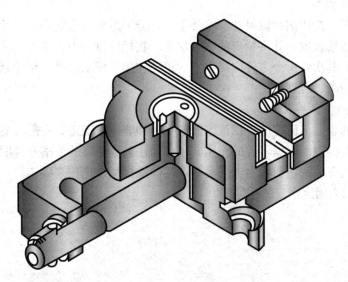

图10-22　机用虎钳轴测图

10.7.2　由装配图拆画零件图

在设计过程中，根据装配体的使用要求、工作性能先画出装配图，再根据装配图设计零件。由装配图拆画出零件图，简称拆图。拆图的过程，也是继续设计零件的过程。拆图时，通常先画主要零件，然后根据装配关系逐一拆画有关零件，以保证各零件的形状、尺寸等能协调一致。由装配图拆画零件图的步骤如下：

1. 分析零件

拆图前，必须认真阅读装配图，全面了解设计意图，分析清楚装配关系、技术要求和各零件的主要结构。如果在装配图中，对某些零件的次要结构，并不一定都能表达完全，在拆画零件图时，应根据零件功用补充、完善零件的结构形状。在装配图上，零件的细小工艺结构，如倒角、圆角、拔模斜度、退刀槽等往往被省略，拆图时，应将这些结构补全并标准化。

2. 确定零件的表达方案

拆画零件图时，零件的表达方案应根据零件本身的结构特点重新考虑，不可机械地照抄装配图。如装配体中的轴套类零件，在装配图中可能有各种位置，但画零件图时，通常以轴线水平放置，长度方向为画主视图的方向，以便符合加工位置，便于看图。

3. 零件图上的尺寸标注

由于装配图上的尺寸很少，拆画零件时必须补全尺寸。零件图上的尺寸可用以下方法确定：

（1）直接抄注装配图上已标出的尺寸。装配图上已注出的零件的尺寸都可以直接抄录到零件图中；装配图上用配合代号注出的尺寸，需查出偏差数值，再注在相应的零件图上。

（2）查手册确定某些尺寸。对零件上的标准结构，如螺栓通孔、销孔、倒角、键槽、退刀槽等，均应从有关标准中查得。

（3）计算某些尺寸数值。某些尺寸可根据装配图所给定的尺寸通过计算而定，如齿轮的分度圆、齿顶圆直径等。

（4）在装配图上按比例量取尺寸。零件上大部分不重要或非配合的尺寸，一般都可以按比例在装配图上直接量取，并将量得的数值取整。在标注过程中，首先要注意对有装配关系的尺寸协调一致；其次，每个零件应根据它的设计和加工要求选择好尺寸基准，将尺寸标注得正确、完整、清晰、合理。

4. 零件图上的技术要求

零件各表面的表面粗糙度应根据该表面的作用和要求来确定。有配合要求的表面要选择适当的精度及配合类别。根据零件的作用，还可加注其他必要的要求和说明。通常技术要求制订的方法是查阅有关的手册或参考同类型产品的图样加以比较来确定。

图 10-23 所示为固定钳身的零件图。

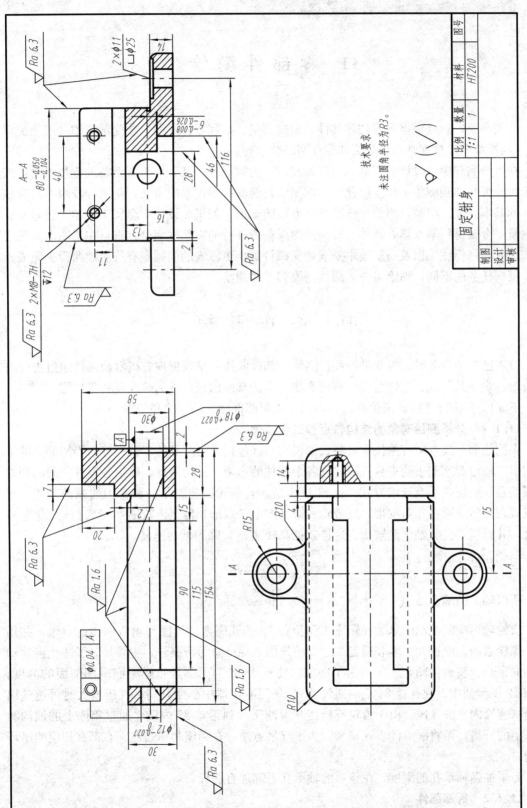

图 10-23 固定钳身的零件图

11 零部件测绘

所谓测绘，就是根据现成的零部件，通过测量、绘制零件草图、装配示意图（或装配草图），根据草图经整理画出装配图和零件图的全过程。

在生产实践中，设计新产品、引进新技术、仿制某种产品、对原有设备进行技术改造或修配时，都会遇到测绘工作。因此，掌握测绘技能具有很重要的意义，是工程技术人员应该具备的基本技能。但是，测绘工作需要多方面的知识，如机械设计、金属工艺学、公差与技术测量、金属材料学及热处理等。机械制图课程所进行的零部件测绘，重点在于图形如何表达，尺寸如何标注，以及一般技术要求如何拟订等，更深入的问题则有待后续课程去完成。

根据任务的不同，测绘可分为部件测绘和零件测绘。

11.1 部件测绘

改造已有的设备时，需要进行部件测绘。部件测绘就是根据现有机器或部件通过查阅有关资料、观察其外观、工作情况、测量实物等方法来画出该部件的装配图和零件图。

下面以如图 11-1 所示齿轮减速箱为例、说明部件测绘的方法和步骤。

11.1.1 分析测绘对象的结构特点和工作原理

在测绘前，要查阅有关技术资料、如说明书（包括说明产品的广告）等，弄清部件的工作情况；通过观察或手动来分析部件的各个零件的作用、结构特点，确定各零件之间的相对位置关系、装配关系及连接方式。如图 11-1 所示，齿轮减速箱是一种常用的减速装置。电动机以较高转速通过三角皮带、皮带轮和键（图中未画出）传至齿轮轴 4，经过与大齿轮 11 啮合，并经键 8 传至轴 7 而输出。这样就把高转速 n_1，降为低转速 n_2。

因为传动比 $\quad i_{12} = \dfrac{n_1}{n_2} = \dfrac{z_2}{z_1} = \dfrac{79}{20}$

所以轴 7 的输出转速 $\quad n_2 = n_1 \times \dfrac{20}{79} \approx 0.25 n_1$

齿轮轴两端的滚动轴承装在箱座 1 和箱盖 22 的孔座内。箱座与箱盖用销钉定位，并用六组螺栓紧固。端盖 26、6 和通盖 2、30 的作用，除可防污防漏外，主要是为了防止齿轮轴的轴向窜动。毡封油圈 5、31 是为了防漏。油标 14 是为了测量箱座中润滑油油面的高度。螺塞 12 供泄油用。视孔盖 24 上的通气器 23 是当减速器中温度升高、气压增大时可透气以平衡减速器内、外气压。由于齿轮旋转使润滑油飞溅到箱盖 22 内壁，通过箱座上的油沟和端盖上的开槽，可将润滑油引入轴承。为了起吊方便，在箱座和箱盖左、右都有相应的吊环结构。

为了加强轴承孔的刚度，在箱座的轴承孔下部加有肋板。

11.1.2 拆卸部件

拆卸时注意按装配干线顺序，即主动齿轮和轴。拆卸时应注意以下事项：

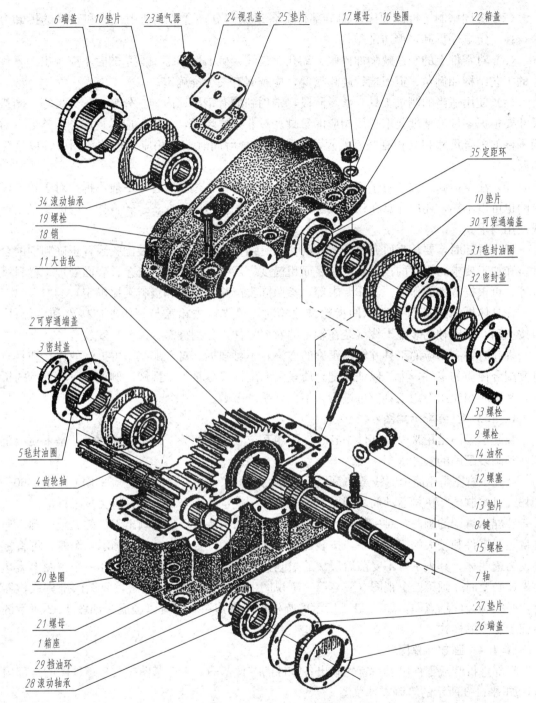

图 11-1 圆柱齿轮减速箱立体图

（1）准备标签，对拆下的零件要进行分类、分组，并对所有零件进行编号登记。对标准件不必绘制，但还是要进行测量，看与其他有连接关系的零件尺寸是否一致，要画出装配示意图，以便记录零件的装配位置、名称。拆下的零件要有秩序地放置，防止碰伤、变形、生锈或丢失，以便再装配时仍保证部件的性能和要求。

(2) 要周密制定拆卸顺序，划分部件的各组成部分，合理地选用工具和正确的拆卸方法，按一定顺序拆卸，严防乱敲打。

(3) 对零件上的制造缺陷如砂眼、缩孔、裂纹、破旧磨损等，画草图时不应画出。零件上的工艺结构如倒角、退刀槽、越程槽等，应查阅有关标准确定。

(4) 使用适当的测量工具，学习阶段，常用到的有钢尺、内卡、外卡、千分尺等。测量尺寸要根据零件的精度要求选用相应的量具。对非主要尺寸，测量后应尽量调整为整数。对两零件的配合尺寸和互相有联系的尺寸，应在测量后同时填入相应零件的草图中，以避免错漏。

(5) 注意拆卸过程，对于不可拆连接（如焊、铆接，过盈配合）一般不拆，对于较紧配合的也可以不拆，还应注意在还原装配后必须保持配合精度不变、运转自如，要能满足生产或使用要求。

(6) 拆卸时，要认真研究每个零件的作用、结构特点及零件的装配关系，正确判别配合性质和加工要求。零件的技术要求如表面粗糙度、尺寸公差和几何公差、表面处理、材料牌号等，可根据零件的作用、工作要求等，参照同类产品的图样和资料类比确定。

在具体拆卸如图 11-1 所示的齿轮减速箱时，可先拆去箱盖与箱座的连接件和定位件，再按主动、从动轴的装配干线（装在轴上的有关零件）分别拆卸、编号、安放。

拆卸时要有相应的工具并辅以正确的方法，不可强拆。对于那些不可拆卸的连接和具有过渡配合性质的零件，为了保证原配合质量和精度，应尽量不予拆卸。例如，滚动轴承的拆卸，必要时须使用专用工具方可进行，不允许胡乱敲砸。

11.1.3　画装配示意图

装配示意图是用来表示部件中各零件的相互位置和装配关系的示意性图样，是重新装配部件和画装配图的参考依据。

装配示意图是用简单的线条和符号示意性的画出部件图样。画图时应采用 GB/T 4460—2013《机械制图　机构运动简图用图形符号》中所规定的符号，可参见有关技术标准。

装配示意图的画法：对一般零件可按其外形和结构特点形象地画出零件的大致轮廓。通常从主要零件和较大的零件入手，按装配顺序和零件的位置逐个画出。画示意图时，可将零件视为透明体，其表示可不受前后层次的限制，并尽量把所有零件都集中在一个视图上表达出来，必要时才画第二个视图（应与第一个视图保持投影关系）。测绘较复杂的部件或机器时，必须画装配示意图，如图 11-1 所示的圆柱齿轮减速箱，就可以画成为如图 11-2 所示的装配示意图的样式。

11.1.4　画零件草图

将部件拆卸成零件以后，首先画出各零件的零件草图。零件草图应具备零件图的全部内容，如图 11-3 所示的箱盖零件草图。

11.1.5　画装配图

有了全部的零件草图（标准件除外），根据装配示意图提供的零件之间的连接装配关系，即可画出如图 11-3 所示的齿轮减速箱装配图。其中，主视图按照工作位置的原则放置，并采用了局部剖视，表达了箱座、箱盖、齿轮等的结构形状，还表达了箱盖 22 与箱座 1 采用螺栓 19、20、21、15、16、17 连接的情况，轴承端盖上的螺钉 30、31、32、33 分布情况，视孔盖 24 通气器 23 与箱盖 22 的装配关系，箱盖、箱座接合面的油槽深度和宽度、油标 14、

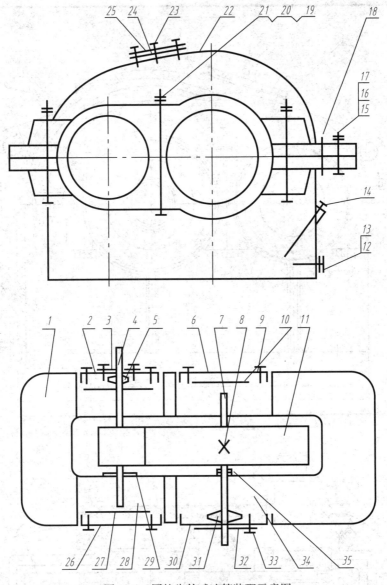

图 11-2　圆柱齿轮减速箱装配示意图

泄油螺塞 12 与箱座 1 的装配关系，以及润滑油油面高度等。

由于传动轴的方向均处于正垂线位置，加上沿轴向装配的零件较多，采用俯视图来表现其复杂的装配关系是较为合适的。图 11-3 中采用了沿箱盖、箱座结合面剖切的拆卸画法，在减速箱装配图中，采用俯视图的这种表达方法是比较典型的。

左视图采用局部剖并按剖视规定画法比较清晰地画出了肋板。左端外形视图中对销连接和为拆卸时顶起箱盖用的螺栓 9 做了表示，箱座下方底板上为整台齿轮减速箱的安装而设置的沉孔，也用局部剖视予以表示。可以看出，每个基本视图都体现了各自的目的和作用。最后，根据装配图、零件草图画出零件图，从而完成测绘整套图纸的任务。

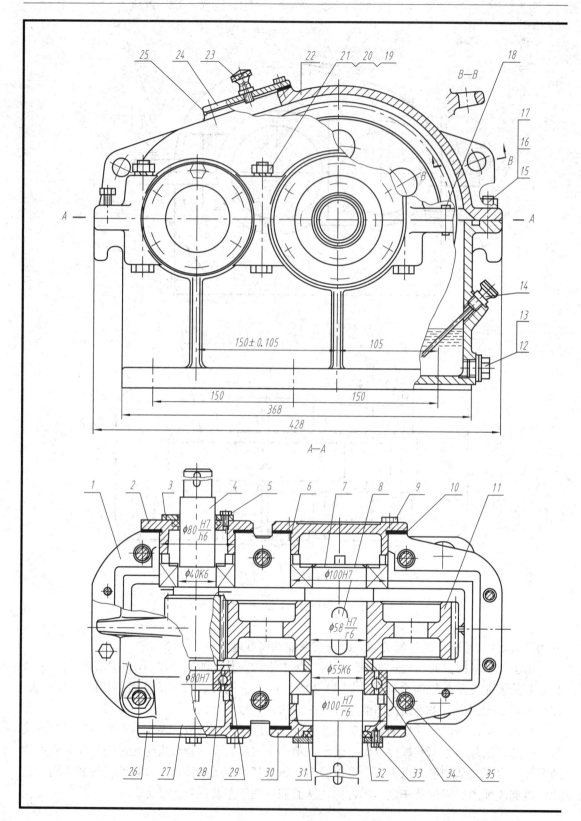

图 11-3 圆柱齿

11 零部件测绘

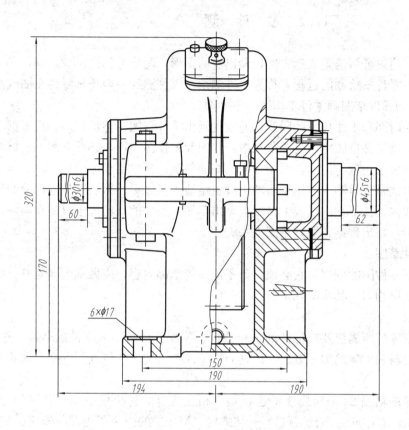

技术要求

1. 在装配前,除滚动轴承用汽油清洗外其余零件用煤油清洗。
2. 用涂色法检验斑点,齿高接触斑点不少于45%,齿长接触斑点不少于60%。
3. 部分面各接触面及密封处均不许漏油,剖分面允许用密封油漆或水玻璃。
4. 机座内装45号机油至规定高度。

22	10.01.13	箱盖	1	HT200	
21	GB/T 6171—2016	螺母M12	6	A3	
20	GB/T 93—1987	垫圈12	6	65Mn	
19	GB/T 5782—2016	螺栓M12×110	6	A3	
18	GB/T 117—2000	销8×30	2	35	
17	GB/T 6171—2016	螺母M10	2	A3	
16	GB/T 93—1987	垫圈10	2	65Mn	
15	GB/T 5782—2016	螺栓M10×35	2	A3	
14	10.01.12	油标M12	1		组合件
13	10.01.11	垫片	1	石棉	
12	10.01.10	螺塞M16×15	1	A3	
11	10.01.09	大齿轮	1	40	$m=3, z=7$
10	10.01.08	垫片	2	08F	
9	GB/T 5782—2016	螺栓M8×25	25	A3	
8	GB/T 1096—2003	键14×50		A6	
7	10.01.07	轴	1	45	
6	10.01.06	端盖	1	HT200	
5	10.01.05	毡封油圈	1	毛毡	
4	10.01.04	齿轮轴		45	$m=3, z=2$
3	10.01.03	密封盖	1	A3	
2	10.01.02	可穿通端盖	1	HT150	
1	10.01.01	箱座	1	HT200	
序号	代号	名称	数量	材料	备注
35	10.01.23	定距环	1	A3	
34	GB/T 276—2013	滚动轴承308	2		
33	GB/T 5782—2016	螺栓M6×15	12	A3	
32	10.01.22	密封盖	1	A3	
31	10.01.21	毡封油圈		毛毡	
30	10.01.20	可穿通端盖	1	HT150	
29	10.01.19	挡油环	2	A0	
28		滚动轴承	2		
27	10.01.18	垫片	2	08F	
26	10.01.17	端盖	1	HT200	
25	10.01.16	垫片		石棉	
24		透视盖	1	A3	
23		油塞			

圆柱齿轮减速箱	比例	10.01.00	
	1:4	共1张	第1张
制图			
审阅		××学院	

轮减速箱装配图

11.2 零件测绘

依据实际零件，通过分析选定表达方案，画出它的图形，测量并标注尺寸，制订必要的技术要求，从而完成零件图绘制的过程，称为零件测绘。零件测绘一般先画零件草图（徒手图），再根据整理后的零件草图画零件工作图（零件图）。

测绘时，往往受时间和工作场所的限制，通常先画出零件草图、整理以后，再根据草图画出零件的工作图。画零件草图绝不是潦草从事，草图和工作图一样，必须有图框、标题栏等，视图和尺寸同样要求正确、清晰、线型分明、图面整洁，技术要求完全。

测零件草图的方法是凭目测或利用手边的工具粗略地测量之后，得出零件各部分的比例关系；再根据这个比例，徒手在白纸或方格纸上画出草图。尺寸的真实大小只是在画完尺寸线后，再用工具测量，得出数据，填到草图上去。

11.2.1 画零件草图

零件草图是绘制零件图的依据，它必须具备零件图的全部内容，应做到内容完整、表达正确、图线清晰、比例均匀。其步骤如下：

1. 分析零件

首先应概括了解零件所属机器或部件的工作原理、装配关系，了解零件的名称、作用、用途，了解零件的材料和大致的加工方法，认真分析零件的结构形状特点，酝酿合理的表达方案。

例如齿轮减速箱的箱盖 22 与箱座 1 的连接是靠相互接合的连接板中六个孔（$6×\phi13$）装螺栓（M12）之用，右端两个小孔（$\phi11$）是装螺栓（M10）的。为了箱盖与箱座的定位，箱盖、箱座上共钻有两个锥销孔（$\phi8$）。左端前方螺孔（M8）是为装入螺栓供拆卸时顶开箱盖之用。为了观察箱内的情况，箱盖顶部斜面上开有供探视用的方孔，为了使润滑油的飞溅容易到达箱座连接板的油槽内，在紧靠箱盖内壁的连接板处，做成 45°斜面（如图 11-4 所示箱盖主视图右边的局部剖部分）。

由于箱盖的材料是灰口铸铁，毛坯又是铸造成形，造型又是壳体，故属箱体类零件，因而主视图应按工作位置放置，视图的表达方案如图 11-4 所示。

2. 绘制零件草图

(1) 画出各主要视图的基准线，确定各视图的位置。
(2) 画出零件的内外结构形状。
(3) 画剖面线，标注表面粗糙度符号，引出尺寸线，并检查加深图形。
(4) 将测绘的尺寸记入图中，并定出技术要求。
(5) 检查、填写标题栏，完成草图。

11.2.2 测量零件

零件图上全部尺寸的测量，应在画完草图之后集中进行，以便提高工作效率，避免尺寸错误和遗漏。根据零件工作情况及加工情况、合理地选择尺寸基准，并进行尺寸测量和标注，对有配合要求的尺寸，应进行精确测量并查阅有关手册，拟订合理的极限配合级别。

零件测量时，必须注意以下几个问题：

(1) 制造时产生的误差、缺陷或使用过程中产生的磨损，如对称图形不对称、圆形不

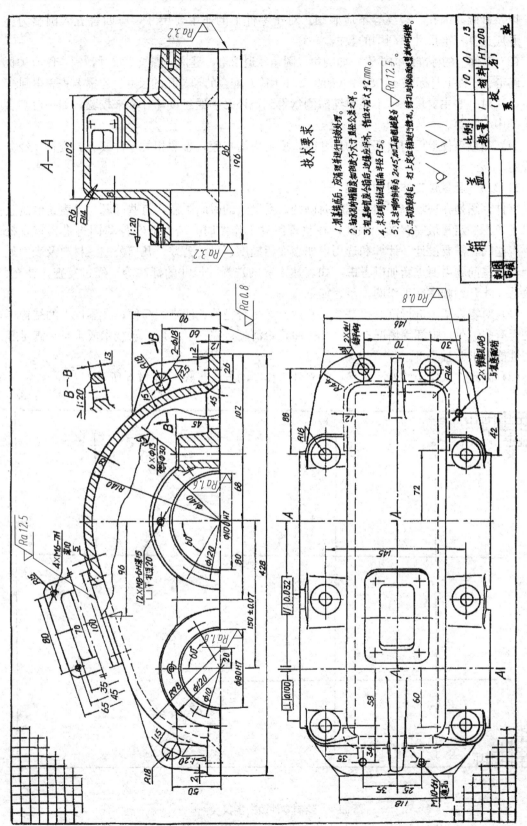

图 11-4 箱盖零件草图

圆,以及砂眼、缩孔、裂纹等不应照画。对于零件上的非主要尺寸,应四舍五入圆整为整数,并应选择标准尺寸系列中的数据。

(2) 零件上的标准结构要素,如倒角、圆角、退刀槽、键槽、螺纹等尺寸,需查阅有关标注来确定。零件上与标准零、部件(如滚动轴承等)配合的轴与孔的尺寸,也需要查表得到。

(3) 对一些主要尺寸,不能单纯靠测量得到,还必须通过设计计算来校验,如一对啮合齿轮的中心距等。

(4) 测量零件上已磨损部位的尺寸时,应考虑磨损值,参照相关零件或有关资料,经分析确定。

11.2.3 画零件工作图的步骤

零件草图是在现场(车间)测绘时画的。受测绘的时间限制,有些问题只要表达清楚就可以了,不一定是最完善的。因此,在整理零件工作图时,需要对零件草图再进行审查校核。有些问题需要设计、计算和选用,如表面粗糙度、尺寸公差、几何公差、材料及表面处理等;有些问题需要重新加以考虑,如表达方案的选择、尺寸的标注等。经过复查,补充、修改后,才开始画零件工作图。步骤如下:

(1) 对零件草图进行审查校核。①表达方案是否完整、清晰和简便;②零件上的结构形状是否有多、少、损坏等情况;③尺寸标注是否清晰、完整、合理;④技术要求是否满足零件的性能要求并且经济。

(2) 画零件工作图的方法步骤。画零件工作图的方法步骤如图 11-5 所示。

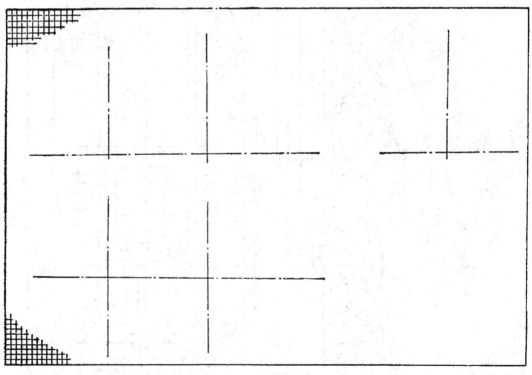

(a)

图 11-5 绘制零件图的步骤(一)

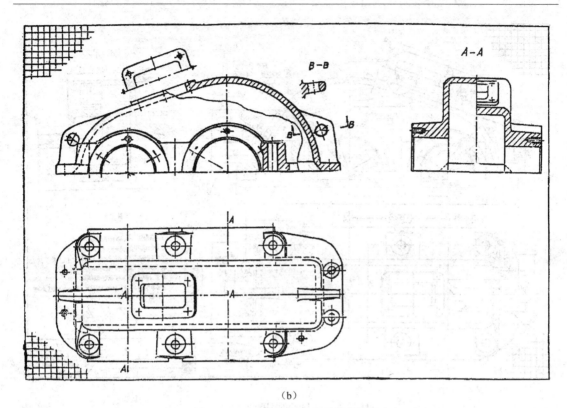

(b)

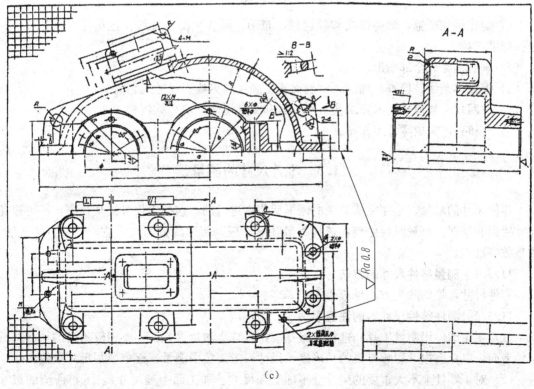

(c)

图 11-5 绘制零件图的步骤（二）

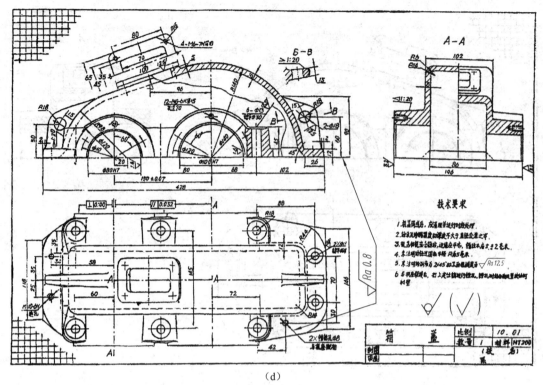

图 11-5　绘制零件图的步骤（三）

1) 定比例和图幅，画边框线和标题栏，布图，画各视图基准线，比例尽量采用 1∶1，选择标准图幅。

2) 画底稿完成全部图形。

3) 擦去多余线，检查、加深、画剖面线，画尺寸界线、尺寸线和箭头。

4) 注写尺寸数值、技术要求找（符）号和文字说明，填写标题栏。

5) 校核，即完成零件工作图。

11.3　零件尺寸的测量

零件尺寸的测量，是在完成草图的图形后集中进行的，这样不仅可提高效率，还可避免尺寸错误和遗漏。测量时要做到：选择测量基准合理，使用测量工具合适，测量方法正确，测量数字准确。

11.3.1　测量零件尺寸的方法

零件尺寸常见的测量方法见表 11-1。

11.3.2　测注零件尺寸时的注意事项

（1）要正确使用测量工具和选择测量基准，以减小测量误差；不要用较精密的量具测量粗糙表面，以免磨损，影响量具的精确度，尺寸一定要集中测量，逐个填写尺寸数值。

（2）对于零件上不太重要的尺寸（不加工面尺寸、加工面一般尺寸），可将所测的尺寸数值圆整到整数。对于功能尺寸（如中心距、中心高、齿轮轮齿尺寸等）要精确测量，并予以必要的计算、核对，不应有意调整。

表 11-1　　零件尺寸常见的测量方法

测量直线尺寸	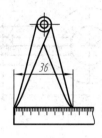 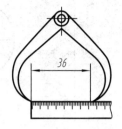 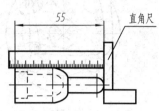
	一般用直尺直接测量，也可用直角尺配合测量
测量直径	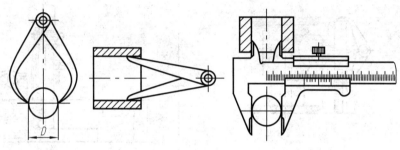
	测量外径用外卡钳，测量内孔用内卡钳，若尺寸精度要求高，则用游标卡尺
测量壁厚及深度	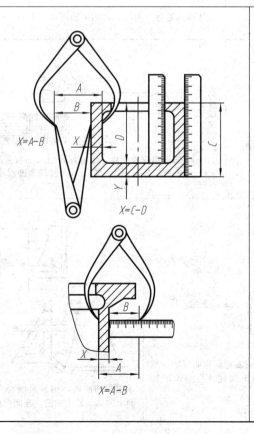 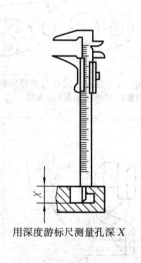 用深度游标尺测量孔深 X

续表

测量孔间距	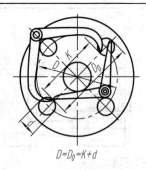 $D=D_0=K+d$ 用外卡尺或内卡尺测得 $D=K+d$ 或 D	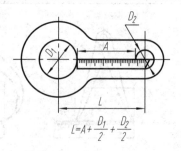 $L=A+\dfrac{D_1}{2}+\dfrac{D_2}{2}$ 用直尺测得相邻孔边尺寸 A 及直径 D_1、D_2，$L=A+D_1/2+D_2/2$
测得孔中心高	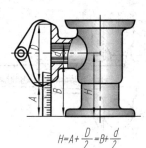 $H=A+\dfrac{D}{2}=B+\dfrac{d}{2}$ 用直尺测得孔边到底部距离 A 或 B，用外卡尺测得凸缘直径 D 或内卡尺测得 d。$H=A+\dfrac{D}{2}=B+\dfrac{d}{2}$	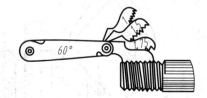 $H=H_1-\dfrac{d}{2}$ 用高深游标尺测得 H，测量轴径 d，$H=H_1-\dfrac{d}{2}$
测量圆弧半径	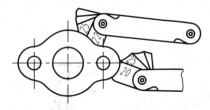 选用圆角量规卡片圆弧与零件轮廓圆弧相吻合，卡片标值即圆弧半径如 $R20$、$R22$	测量螺纹螺距 选用螺纹的卡片，使卡片牙型大小与被测零件上的螺纹牙型大小相吻合，卡片标值即螺纹距
测量曲线面尺寸	 把曲面轮廓拓印在纸上，找出其半径，如 R_1、R_2	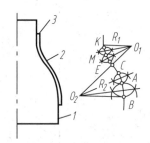 用铅丝沿曲面轮廓弯曲成形，然后把铅丝画出曲线，找圆弧半径 R_1、R_2 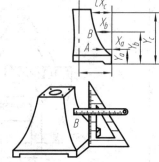 用非圆曲面，用量具测得每一曲面上的 X、Y 坐标值，连面曲线

(3) 相配合的孔、轴的基本尺寸应一致。零件上的配合尺寸，测后应圆整到基本尺寸（标准直径或标准长度），然后根据使用要求，定出配合基准制、配合类别和公差等级，再从公差配合表中查出偏差值。长度和直径尺寸，测后一般应按标准长度和标准直径系列核对后取值。

(4) 标准结构要素，测得尺寸后，应查表取标准值。

(5) 测量零件上已磨损部位的尺寸时，应考虑磨损值，参照相关零件或有关资料，经分析确定。

11.4 测绘项目指导书

11.4.1 测绘的目的和任务

对装配体测绘的基本要求是：了解装配体的工作原理，熟悉拆装顺序，绘制装配示意图、零件草图、装配图及零件图。

1. 测绘目的

(1) 复习和巩固已学知识，并在测绘中综合应用。
(2) 掌握测绘的基本方法和步骤，培养初步的部件或零件的测绘能力。
(3) 运用 AutoCAD 软件绘制零件图和装配图。
(4) 为后续课程的课程设计和毕业设计奠定基础。

2. 测绘任务

(1) 拆卸、装配部件并绘制装配示意图。
(2) 绘制部件的零件草图。
(3) 绘制装配图。
(4) 绘制零件图。
(5) 绘制零件图和装配图 CAD 工程图样，撰写工程制图测绘实训报告。

11.4.2 测绘的方法与步骤

1. 测绘前的准备工作

(1) 由测绘指导教师进行动员、布置测绘任务。
(2) 强调测绘过程中的设备、人身安全注意事项。
(3) 领取部件、量具、工具等。
(4) 准备绘图工具、图纸并做好测绘场地的清洁卫生。

2. 了解部件

仔细阅读有关资料，了解测绘对象的用途、性能、工作原理、结构特点、装配关系等。

3. 绘制装配示意图

装配示意图是机器或部件拆卸过程中所画的记录图样，是绘制装配图和重新进行装配的依据。它所表达的内容主要是各零件之间的相互位置、装配与连接关系、传动路线等。

装配示意图的画法没有严格的规定，通常用简单的线条画出零件的大致轮廓，有些零件可参考有关参考资料的机构运动简图符号画出。装配示意图是把装配体看作透明体画出的，既要画出外部轮廓，又要画出内部构造，对各零件的表达一般不受前后层次的限制，其顺序可从主要零件着手，依次按照装配顺序把其他零件逐个画出。装配示意图一般只画一两个视图，而且两接触面之间要留有间隙，以便区分不同零件。

装配示意图上应按顺序编写零件序号，并在图样的适当位置上按序号注写出零件的名称及数量，也可直接将名称注写在指引线水平线上。

为方便装配，应对拆下的每个（组）零件系上标签，并在标签上注明与装配示意图一致的序号及名称。

4. 绘制零件草图

除标准件外，装配体中的每一个零件都应根据零件的内、外结构特点，选择合适的表达方案画出零件草图。由于测绘工作一般在机器所在现场进行，经常采用目测的方法徒手绘制零件草图，画草图的步骤与画零件图相同，不同之处在于目测零件各部分的比例关系，不用绘图仪器，徒手画出各视图。为了便于徒手绘图和提高工效，草图也可画在方格纸上。

5. 量注尺寸

选择尺寸基准，画出应标注尺寸的尺寸界线、尺寸线及箭头。最后测量零件尺寸，将其尺寸数字填入零件草图中。应特别注意尺寸的完整性及相关零件之间的配合尺寸或关联尺寸间的协调一致。

量注尺寸时应注意以下三点：

（1）两零件的配合尺寸，一般只在一个零件上测量。例如，有配合要求的孔与轴的直径及相互旋合的内、外螺纹的大径等。

（2）对一些重要尺寸，仅靠测量还不行，尚需通过计算来校验，如一对啮合齿轮的中心距等。有的尺寸取标准上规定的数值。对于不重要的尺寸可取整数。

（3）零件上已标准化的结构尺寸，如倒角、圆角、键槽、退刀槽等结构和螺纹的大径等尺寸，需查阅有关标准来确定。零件上与标准零部件（如挡圈、滚动轴承等）相配合的轴与孔的尺寸，可通过标准零部件的型号查表确定。

6. 确定并标注有关技术要求

（1）根据零件各表面的作用和加工情况用代号标注表面粗糙度。

（2）根据设计要求和各尺寸的作用注写尺寸公差要求。

（3）几何公差由使用要求决定。

（4）其他技术要求用符号或文字说明。

7. 绘制装配图

根据装配示意图和零件草图绘制装配图，这是测绘的主要任务。装配图不仅要求表达出装配体的工作原理、装配关系及主要零件的结构形状，还要检查零件草图上的尺寸是否协调合理。在绘制装配图的过程中，若发现零件草图上的形状或尺寸有错，应及时更改后方可画图。装配图画好后必须注明该机器或部件的规格、性能及装配、检验、安装时的尺寸，还必须用文字说明或采用符号标注形式指明机器或部件在装配调试、安装使用中必需的技术条件。最后应按规定要求填写零件序号和明细栏、标题栏的各项内容。

8. 绘制零件图

根据装配图和零件草图绘制零件图，注意每个零件的表达方法要合适，尺寸应正确、可靠。零件图技术要求采用类比法，也可按指导教师的规定标注。最后应按规定要求填写标题栏的各项内容。

在完成以上测绘任务后,对图样进行全面检查、整理。

9. 绘制零件图和装配图 CAD 图样

根据已绘制的装配图和零件图,绘制零件图和装配图 CAD 图样。

10. 撰写工程制图测绘实训报告

根据拆装部件、测量零部件、绘制装配图与零件图、绘制零件图和装配图 CAD 图样的过程,撰写工程制图测绘实训报告。

附 录

附表1 普通螺纹直径与螺距、基本尺寸（GB/T 193—2003 和 GB/T 196—2003）

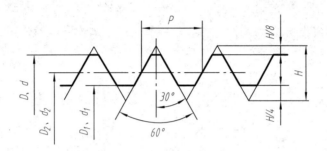

标记示例

公称直径 24mm，螺距 3mm，右旋粗牙普通螺纹，其标记为：M24

公称直称 24mm，螺距 1.5mm，左旋细牙普通螺纹，公差带代号 7H，其标记为：M24×1.5-LH

公称直径 D、d		螺距 P		粗牙小径 D_1、d_1	公称直径 D、d		螺距 P		粗牙小径 D_1、d_1
第一系列	第二系列	粗牙	细牙		第一系列	第二系列	粗牙	细牙	
3		0.5	0.35	2.459	16		2	1.5, 1	13.835
4		0.7	0.5	3.242		18	2.5	2, 1.5, 1	15.294
5		0.8		4.134	20				17.294
6		1	0.75	4.917		22			19.294
8		1.25	1, 0.75	6.647	24		3	2, 1.5, 1	20.752
10		1.5	1.25, 1, 0.75	8.376		30	3.5	(3), 2, 1.5, 1	26.211
12		1.75	1.25, 1, 1.5, 1.25*, 1	10.106	36		4	3, 2, 1.5	31.670
	14	2		11.835		39			34.670

注 应优先选用第一系列，括号内尺寸尽可能不用，带 * 号仅用于火花塞。

附表 2　　　　　　　　　　　　六角头螺栓　　　　　　　　　　　　（mm）

六角头螺栓——C 级 GB/T 5780—2000
六角头螺栓——A 级和 B 级 GB/T 5782—2000

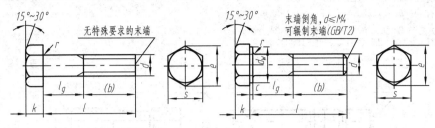

标记示例

螺纹规格 d＝M12、公称长度 l＝80mm、性能等级为 8.8 级、表面氧化 C 级的六角头螺栓：螺栓 GB/T 5780—2000 M12×80

螺纹规格 d			M3	M4	M5	M6	M8	M10	M12	M16	M20	M24	M30	M36	M42
b 参考	l≤125		12	14	16	18	22	26	30	38	46	54	66	—	—
	125<l≤200		18	20	22	24	28	32	36	44	52	60	72	84	96
	l>200		31	33	35	37	41	45	49	57	65	73	85	97	109
c			0.4	0.4	0.5	0.5	0.6	0.6	0.6	0.8	0.8	0.8	0.8	0.8	1
d_w	产品等级	A	4.57	5.88	6.88	8.88	11.63	14.63	16.63	22.49	28.19	33.61	—	—	—
		B、C	4.45	5.74	6.74	8.74	11.47	14.47	16.47	22	27.7	33.25	42.75	51.11	59.95
e	产品等级	A	6.01	7.66	8.79	11.05	14.38	17.77	20.03	26.75	33.53	39.98	—	—	—
		B、C	5.88	7.50	8.63	10.89	14.20	17.59	19.85	26.17	32.95	39.55	50.85	60.79	72.02
k 公称			2	2.8	3.5	4	5.3	6.4	7.5	10	12.5	15	18.7	22.5	26
r			0.1	0.2	0.2	0.25	0.4	0.4	0.6	0.6	0.8	0.8	1	1	1.2
s 公称			5.5	7	8	10	13	16	18	24	30	36	46	55	65
l（商品规格范围）			20~30	25~40	25~50	30~60	40~80	45~100	50~120	65~160	80~200	90~240	110~300	140~360	160~440
l 系列			12，16，20，25，30，35，40，45，50，55，60，65，70，80，90，100，110，120，130，140，150，160，180，200，220，240，260，280，300，320，340，360，380，400，420，440，460，480，500													

注　1. A 级用于 d≤24 和 l≤10d 或≤150 的螺栓；B 级用于 d>24 和 l>10d 或>150 的螺栓。
　　2. 螺纹规格 d 范围：GB/T 5780 为 M5~M64；GB/T 5782 为 M1.6~M64。

附表3　　　　　　　　　　　双头螺柱　　　　　　　　　　　　　(mm)

双头螺柱——$b_m=1d$ (GB/T 897—1988)
双头螺柱——$b_m=1.25d$ (GB/T 898—1988)
双头螺柱——$b_m=1.5d$ (GB/T 899—1988)
双头螺柱——$b_m=2d$ (GB/T 900—1988)

标记示例

两端均为粗牙普通螺纹、$d=10mm$、$l=50mm$、性能等级为4.8级、不经表面处理B型、$b_m=1d$ 的双头螺柱：螺柱 GB/T 897—1988 M10×50。

旋入一端为粗牙普通螺纹、旋螺母一端为螺距1mm的细牙普通螺纹、$d=10mm$、$l=50mm$、性能等级为4.8级、A型、$b_m=1d$ 的双头螺柱：螺柱 GB/T 897—1988 AM10－M10×1×50。

螺纹规格		M5	M6	M8	M10	M12	M16	M20	M24	M30	M36	M42
b_m	GB/T 897—1988	5	6	8	10	12	16	20	24	30	36	42
	GB/T 898—1988	6	8	10	12	15	20	25	30	38	45	52
	GB/T 899—1988	8	10	12	15	18	24	30	36	45	54	65
	GB/T 900—1988	10	12	16	20	24	32	40	48	60	72	84
d_s		5	6	8	10	12	16	20	24	30	36	42
x		1.5P	1.5P	1.5P	1.5P	1.5P	1.5P	1.5P	1.5P	1.5P	1.5P	1.5P
$\dfrac{l}{b}$		$\dfrac{16\sim22}{10}$ $\dfrac{25\sim50}{16}$ $\dfrac{32\sim75}{18}$	$\dfrac{20\sim22}{10}$ $\dfrac{25\sim30}{14}$ $\dfrac{32\sim90}{22}$	$\dfrac{20\sim22}{12}$ $\dfrac{25\sim30}{16}$ $\dfrac{40\sim120}{26}$	$\dfrac{25\sim28}{14}$ $\dfrac{30\sim38}{16}$ $\dfrac{40\sim120}{26}$ $\dfrac{130}{32}$	$\dfrac{25\sim30}{16}$ $\dfrac{32\sim40}{20}$ $\dfrac{45\sim120}{30}$ $\dfrac{130\sim180}{36}$	$\dfrac{30\sim38}{20}$ $\dfrac{40\sim55}{30}$ $\dfrac{60\sim120}{38}$ $\dfrac{130\sim200}{44}$	$\dfrac{35\sim40}{25}$ $\dfrac{45\sim65}{35}$ $\dfrac{70\sim120}{46}$ $\dfrac{130\sim200}{52}$	$\dfrac{45\sim50}{30}$ $\dfrac{55\sim75}{45}$ $\dfrac{80\sim120}{54}$ $\dfrac{130\sim200}{60}$	$\dfrac{60\sim65}{40}$ $\dfrac{70\sim90}{50}$ $\dfrac{95\sim120}{60}$ $\dfrac{130\sim200}{72}$ $\dfrac{210\sim250}{85}$	$\dfrac{65\sim75}{45}$ $\dfrac{80\sim110}{60}$ $\dfrac{120}{78}$ $\dfrac{130\sim200}{84}$ $\dfrac{210\sim300}{91}$	$\dfrac{65\sim80}{50}$ $\dfrac{85\sim110}{70}$ $\dfrac{120}{90}$ $\dfrac{130\sim200}{96}$ $\dfrac{210\sim300}{109}$
l 系列		16, (18), 20, (22), 25, (28), 30, (32), 35, (38), 40, 45, 50, (55), 60, (65), 70, (75), 80, (85), 90, (95), 100, 110, 120, 130, 140, 150, 160, 170, 180, 190, 200, 210, 220, 230, 240, 250, 260, 280, 300											

注　P为粗牙螺纹的螺距。

附表 4　　螺　钉　　(mm)

开槽圆柱头螺钉 GB/T 65—2000

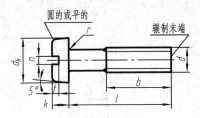

开槽盘头螺钉 GB/T 67—2000

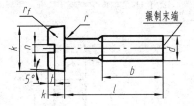

标记示例

螺纹规格 d＝M5、公称长度 l＝20mm、性能等级为 4.8 级、不经表面处理、A 级的开槽圆柱头螺钉：螺钉 GB/T 65—2000 M5×20

标记示例

螺纹规格 d＝M5、公称长度 l＝20mm、性能等级为 4.8 级、不经表面处理、A 级的开槽盘头螺钉：螺钉 GB/T 67—2000 M5×20

(GB/T 65—2000)

螺纹规格 d	M4	M5	M6	M8	M10
P（螺距）	0.7	0.8	1	1.25	1.5
b	38	38	38	38	38
d_k	7	8.5	10	13	16
k	2.6	3.3	3.9	5	6
n	1.2	1.2	1.6	2	2.5
r	0.2	0.2	0.25	0.4	0.4
t	1.1	1.3	1.6	2	2.4
w	1.1	1.3	1.6	2	2.4
公称长度 l	50～40	6～50	8～60	10～80	12～80
l 系列	5, 6, 8, 10, 12, (14), 16, 20, 25, 30, 35, 40, 45, 50, (55), 60, (65), 70, (75), 80				

注　1. 括号内的规格尽可能不采用。
　　2. 公称长度在 40mm 以内的螺钉，制出全螺纹。

(GB/T 67—2000)

螺纹规格 d	M1.6	M2	M2.5	M3	M4	M5	M6	M8	M10
P（螺距）	0.35	0.4	0.45	0.5	0.7	0.8	1	1.25	1.5
b	25	25	25	25	38	38	38	38	38
d_k	3.2	4	5	5.6	8	9.5	12	16	20
k	1	1.3	1.5	1.8	2.4	3	3.6	4.8	6
n	0.4	0.5	0.6	0.8	1.2	1.2	1.6	2	2.5
r	0.1	0.1	0.1	0.1	0.2	0.2	0.25	0.4	0.4
r_f 参考	0.5	0.6	0.8	0.9	1.2	1.5	1.8	2.4	3
t	0.35	0.5	0.6	0.7	1	1.2	1.4	1.9	2.4
公称长度 l	2～16	2.5～20	3～25	4～30	5～40	6～50	8～60	10～80	12～80
l 系列	2, 2.5, 3, 4, 5, 6, 8, 10, 12, (14), 16, 20, 25, 30, 35, 40, 45, 50, (55), 60, (65), 70, (75), 80								

注　1. 括号内规格尽可能不采用。
　　2. M1.6～M3 的螺钉，公称长度在 30mm 以内的，制出全螺纹；M4～M10 的螺钉，公称长度在 40mm 以内的，制出全螺纹。

附表 5　　螺　母　（mm）

1 型六角螺母——C 级 GB/T 41—2016	1 型六角螺母——A 级和 B 级 GB/T 6170—2015	六角薄螺母——A 级和 B 级—倒角 GB/T 6172.1—2016
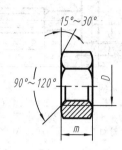	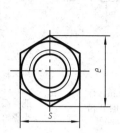	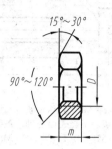
标记示例 螺纹规格 D=M12、性能等级为 5 级、不经表面处理、C 级的 1 型六角螺母：螺母 GB/T 41—2016 M12	标记示例 螺纹规格 D=M12、性能等级为 10 级、不经表面处理、A 级的 1 型六角螺母：螺母 GB/T 6170—2015 M12	标记示例 螺纹规格 D=M12、性能等级为 04 级、不经表面处理、A 级的六角薄螺母：螺母 GB/T 6172.1—2016 M12

	螺纹规格 D	M3	M4	M5	M6	M8	M10	M12	M16	M20	M24	M30	M36
e	GB/T 41—2016			8.63	10.89	14.20	17.59	19.85	26.17	32.95	39.55	50.85	60.79
	GB/T 6170—2015	6.01	7.66	8.79	11.05	14.38	17.77	20.03	26.75	32.95	39.55	50.85	60.79
	GB/T 6172.1—2016	6.01	7.66	8.79	11.05	14.38	17.77	20.03	26.75	32.95	39.55	50.85	60.79
s	GB/T 41—2016			8	10	13	16	18	24	30	36	46	55
	GB/T 6170—2015	5.5	7	8	10	13	16	18	24	30	36	46	55
	GB/T 6172.1—2016	5.5	7	8	10	13	16	18	24	30	36	46	55
m	GB/T 41—2016			5.6	6.1	7.9	9.5	12.2	15.9	18.7	22.3	26.4	31.5
	GB/T 6170—2015	2.4	3.2	4.7	5.2	6.8	8.4	10.8	14.8	18	21.5	25.6	31
	GB/T 6172.1—2016	1.8	3.2	2.7	3.2	4	5	6	8	10	12	15	18

注　A 级用于 D≤16；B 级用于 D>16。

附表6 普通平键、导向平键键槽的断面尺寸及公差（GB/T 1095—2003） (mm)

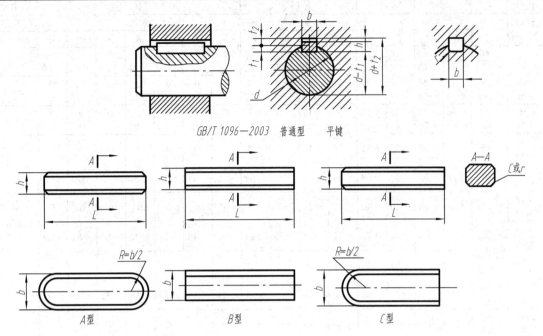

GB/T 1096—2003 普通型 平键

标记示例：
宽度 $b=12$mm、$h=18$mm、$L=90$mm 的普通A型平键；GB/T 1096 键 12×18×90

轴径 d	键的公称尺寸			键槽						深度				半径 r	
				宽度 b						轴		毂			
					极限偏差										
				b	松连接		正常连接		紧密连接	t_1	极限偏差	t_2	极限偏差	最小	最大
	b	h	L		轴 H9	毂 D10	轴 N9	毂 JS9	轴和毂 P9						
6～8	2	2	6～20	2	+0.025 0	+0.060 +0.020	−0.004 −0.029	±0.0125	−0.006 −0.031	2	+0.1 0	1	+0.1 0	0.08	0.16
>8～10	3	3	6～36	3						1.8		1.4			
>10～12	4	4	8～45	4	+0.030 0	+0.078 +0.030	0 −0.030	±0.015	−0.012 −0.042	2.5		1.8			
>12～17	5	5	10～56	5						3.0		2.3			
>17～22	6	6	14～70	6						3.5		2.8		0.16	0.25
>22～30	8	7	18～90	8	+0.036 0	+0.098 +0.040	0 −0.036	±0.018	−0.015 −0.051	4.0		3.3			
>30～38	10	8	22～110	10						5.0		3.3			
>38～44	12	8	28～140	12						5.0	+0.2 0	3.3	+0.2 0		
>44～50	14	9	36～160	14	+0.043 0	+0.120 +0.050	0 −0.043	±0.0215	−0.018 −0.061	5.5		3.8		0.25	0.40
>50～58	16	10	45～180	16						6.0		4.3			
>58～65	18	11	50～200	18						7.0		4.4			

L系列：6、8、10、12、14、16、18、20、22、25、28、32、36、40、45、50、56、63、70、80、90、100、110、125、140、160、180、200

注 $(d-t_1)$ 和 $(d+t_2)$ 的极限偏差按相应的 t_1 和 t_2 的极限偏差选取，但 $(d-t_1)$ 的极限偏差值应取负号。

附表 7 公称尺寸至 500mm 优先及常用配合轴公差带极限偏差表

代号 公称尺寸(mm)	e ⑪	d 8	d ⑨	e 7	e 8	f ⑦	f 8	g ⑥	g 7	h 5	h ⑥	h ⑦	h 8	h ⑨	h 10	h ⑪	js 6
≤3	−60 −120	−20 −34	−20 −45	−14 −24	−14 −28	−6 −16	−6 −20	−2 −8	−2 −12	0 −4	0 −6	0 −10	0 −14	0 −25	0 −40	0 −60	±3
>3～6	−70 −145	−30 −48	−30 −60	−20 −32	−20 −38	−10 −22	−10 −28	−4 −12	−4 −16	0 −5	0 −8	0 −12	0 −18	0 −30	0 −48	0 −75	±4
>6～10	−80 −170	−40 −62	−40 −76	−25 −40	−25 −47	−13 −28	−13 −35	−5 −14	−5 −20	0 −6	0 −9	0 −15	0 −22	0 −36	0 −58	0 −90	±4.5
>10～14	−95 −205	−50 −77	−50 −93	−32 −50	−32 −59	−16 −34	−16 −43	−6 −17	−6 −24	0 −8	0 −11	0 −18	0 −27	0 −43	0 −70	0 −110	±5.5
>14～18																	
>18～24	−110 −240	−65 −98	−65 −117	−40 −61	−40 −73	−20 −41	−20 −53	−7 −20	−7 −28	0 −9	0 −13	0 −21	0 −33	0 −52	0 −84	0 −130	±6.5
>24～30																	
>30～40	−120 −280	−80 −119	−80 −142	−50 −75	−50 −89	−25 −50	−25 −64	−9 −25	−9 −34	0 −11	0 −16	0 −25	0 −39	0 −62	0 −100	0 −160	±8
>40～50	−130 −290																
>50～65	−140 −330	−100 −146	−100 −174	−60 −90	−60 −106	−30 −60	−30 −76	−10 −29	−10 −40	0 −13	0 −19	0 −30	0 −46	0 −74	0 −120	0 −190	±9.5
>65～80	−150 −340																
>80～100	−170 −390	−120 −174	−120 −207	−72 −107	−72 −126	−36 −71	36 −90	12 −34	−12 −47	0 −15	0 −22	0 −35	0 −54	0 −87	0 −140	0 −220	±11
>120～140	−200 −450	−145 −208	−145 −245	−85 −125	−85 −148	−43 −83	−43 −106	−14 −39	−14 −54	0 −18	0 −25	0 −40	0 −63	0 −100	0 −160	0 −250	±12.5
>140～160	−210 −460																
>160～180	−230 −480																
>180～200	−240 −530	−170 −242	−170 −285	−100 −146	−100 −172	−50 −96	−50 −122	−15 −44	−15 −61	0 −20	0 −29	0 −46	0 −72	0 −115	0 −185	0 −290	±14.5
>200～225	−260 −550																
>225～250	−280 −570																
>250～280	−300 −620	−190 −271	−190 −320	−110 −162	−110 −191	−56 −108	−56 −137	−17 −49	−17 −69	0 −23	0 −32	0 −52	0 −81	0 −130	0 −210	0 −320	±16
>280～315	−330 −650																
>315～355	−360 −720	−210 −290	−210 −350	−125 −182	−125 −214	−62 −119	−62 −151	−18 −54	−18 −75	0 −25	0 −36	0 −57	0 −89	0 −140	0 −230	0 −360	±18
>355～400	−400 −760																
>400～450	−440 −840	−230 −327	−230 −385	−135 −198	−135 −232	−68 −131	−68 −165	−20 −60	−20 −83	0 −27	0 −40	0 −63	0 −97	0 −155	0 −250	0 −400	±20
>450～500	−480 −880																

(GB/T 1800.2—2009)（圆圈者为优先公差带） (μm)

k		m		n			p		r		s		t		u	v	x	y	z
⑥	7	6	7	5	⑥	7	⑥	7	6	7	5	⑥	6	7	⑥	6	6	6	6
+6 0	+10 0	+8 +2	+12 +2	+8 +4	+10 +4	+12 +6	+16 +6	+16 +10	+20 +10	+18 +14	+20 +14	—	—	+24 +18	—	+26 +20	—	+32 +26
+9 +1	+13 +1	+12 +4	+16 +4	+13 +8	+16 +8	+20 +12	+20 +12	+23 +15	+27 +15	+24 +19	+27 +19	—	—	+31 +23	—	+36 +28	—	+43 +35
+10 +1	+16 +1	+15 +6	+21 +6	+16 +10	+19 +10	+24 +15	+24 +15	+28 +19	+34 +19	+29 +23	+32 +23	—	—	+37 +28	—	+43 +34	—	+51 +42
+12 +1	+19 +1	+18 +7	+25 +7	+20 +12	+23 +12	+29 +18	+29 +18	+34 +23	+41 +23	+36 +28	+39 +28	—	—	+44 +33	+51 +40 +55 +39	+56 +45	—	+61 +50 +71 +60
+15 +2	+23 +2	+21 +8	+29 +8	+24 +15	+28 +15	+35 +22	+35 +22	+41 +28	+49 +28	+44 +35	+48 +35	—	+54 +41	+60 +47 +62 +41	+67 +54 +61 +48	+76 +63 +68 +55	+77 +64	+86 +73 +101 +88
+18 +2	+27 +2	+25 +9	+34 +9	+28 +17	+33 +17	+42 +26	+42 +26	+51 +34	+50 +34	+59 +43	+54 +43	+59 +43	+64 +48 +70 +54	+73 +48 +79 +54	+76 +60 +86 +70	+84 +68 +97 +81	+96 +80 +113 +97	+110 +94 +130 +114	+128 +112 +152 +136
+21 +2	+32 +2	+30 +11	+41 +11	+33 +20	+39 +20	+51 +32	+51 +32	+62 +41 +62 +43	+60 +41 +73 +43	+71 +53 +72 +59	+66 +53 +78 +59	+72 +53	+85 +66 +94 +75	+96 +66 +105 +75	+106 +87 +121 +102	+121 +102 +139 +120	+141 +122 +165 +146	+163 +144 +193 +174	+191 +172 +229 +210
+25 +3	+38 +3	+35 +13	+48 +13	+38 +23	+45 +23	+59 +37	+59 +37	+72 +37	+73 +51 +76 +54	+86 +51 +89 +54	+86 +71 +94 +79	+93 +71 +101 +79	+113 +91 +126 +104	+126 +91 +139 +104	+146 +124 +166 +144	+168 +146 +194 +172	+200 +178 +232 +210	+236 +214 +276 +254	+280 +258 +332 +310
+28 +3	+43 +3	+40 +15	+55 +15	+45 +27	+52 +27	+68 +43	+68 +43	+83 +43	+88 +63 +90 +65 +93 +68	+103 +63 +105 +65 +108 +68	+110 +92 +118 +100 +126 +108	+117 +92 +125 +100 +133 +108	+147 +122 +159 +134 +171 +146	+162 +122 +174 +134 +186 +146	+195 +170 +215 +190 +235 +210	+227 +202 +253 +228 +277 +252	+273 +248 +305 +280 +335 +310	+325 +300 +365 +340 +405 +380	+390 +365 +440 +415 +490 +465
+33 +4	+50 +4	+46 +17	+63 +17	+51 +31	+60 +31	+79 +50	+79 +50	+96 +50	+106 +77 +109 +80 +113 +84	+123 +77 +126 +80 +130 +84	+142 +122 +150 +130 +160 +140	+151 +122 +159 +130 +169 +140	+195 +166 +209 +180 +221 +196	+212 +166 +226 +180 +242 +196	+265 +236 +287 +258 +313 +284	+313 +284 +339 +310 +369 +340	+379 +350 +414 +385 +455 +425	+454 +425 +499 +470 +549 +520	+549 +520 +604 +575 +669 +640
+36 +4	+56 +4	+52 +20	+72 +20	+57 +34	+66 +34	+88 +56	+88 +56	+108 +56	+126 +94 +130 +98	+146 +94 +150 +98	+181 +158 +193 +170	+190 +158 +202 +170	+250 +218 +272 +240	+270 +218 +292 +240	+347 +315 +382 +350	+417 +385 +457 +425	+507 +475 +557 +525	+612 +580 +682 +650	+742 +710 +822 +790
+40 +4	+61 +4	+57 +21	+78 +21	+62 +37	+73 +37	+98 +62	+98 +62	+119 +62	+144 +108 +150 +114	+165 +108 +171 +114	+215 +190 +233 +208	+226 +190 +244 +208	+304 +268 +330 +294	+325 +268 +351 +294	+426 +390 +471 +435	+511 +475 +566 +530	+626 +590 +696 +660	+766 +730 +856 +820	+936 +900 +1036 +1000
+45 +5	+68 +5	+63 +23	+86 +23	+67 +40	+80 +40	+108 +68	+108 +68	+131 +68	+166 +126 +172 +132	+189 +126 +195 +132	+259 +232 +279 +252	+272 +232 +292 +252	+370 +330 +400 +360	+393 +330 +423 +360	+530 +490 +580 +540	+635 +595 +700 +660	+780 +740 +860 +820	+960 +920 +1040 +1006	+1140 +1100 +1290 +1250

附表 8　公称尺寸至 500mm 优先及常用配合孔公差带极限

代号 公称尺寸（mm）	C ⑪	D ⑨	D 10	E 8	E 9	F ⑧	F 9	G 6	G ⑦	H 6	H ⑦	H ⑧	H ⑨	H 10	H ⑪	H 12
≤3	+120 +60	+45 +20	+60 +20	+28 +14	+39 +14	+20 +6	+31 +6	+8 +2	+12 +2	+6 0	+10 0	+14 0	+25 0	+40 0	+60 0	+100 0
>3～6	+145 +70	+60 +30	+78 +30	+38 +20	+50 +20	+28 +10	+40 +10	+12 +4	+16 +4	+8 0	+12 0	+18 0	+30 0	+48 0	+75 0	+120 0
>6～10	+170 +80	+76 +40	+98 +40	+47 +25	+61 +25	+35 +13	+49 +13	+14 +5	+20 +5	+9 0	+15 0	+22 0	+36 0	+58 0	+90 0	+150 0
>10～14	+205 +95	+93 +50	+120 +50	+59 +32	+75 +32	+43 +16	+59 +16	+17 +6	+24 +6	+11 0	+18 0	+27 0	+43 0	+70 0	+110 0	+180 0
>14～18	+205 +95	+93 +50	+120 +50	+59 +32	+75 +32	+43 +16	+59 +16	+17 +6	+24 +6	+11 0	+18 0	+27 0	+43 0	+70 0	+110 0	+180 0
>18～24	+240 +110	+117 +65	+149 +65	+73 +40	+92 +40	+53 +20	+72 +20	+20 +7	+28 +7	+13 0	+21 0	+33 0	+52 0	+84 0	+130 0	+210 0
>24～30	+240 +110	+117 +65	+149 +65	+73 +40	+92 +40	+53 +20	+72 +20	+20 +7	+28 +7	+13 0	+21 0	+33 0	+52 0	+84 0	+130 0	+210 0
>30～40	+280 +120	+142 +80	+180 +80	+89 +50	+112 +50	+64 +25	+87 +25	+25 +9	+34 +9	+16 0	+25 0	+39 0	+62 0	+100 0	+160 0	+250 0
>40～50	+290 +130	+142 +80	+180 +80	+89 +50	+112 +50	+64 +25	+87 +25	+25 +9	+34 +9	+16 0	+25 0	+39 0	+62 0	+100 0	+160 0	+250 0
>50～65	+330 +140	+174 +100	+220 +100	+106 +60	+134 +60	+76 +30	+104 +30	+29 +10	+40 +10	+19 0	+30 0	+46 0	+74 0	+120 0	+190 0	+300 0
>65～80	+340 +150	+174 +100	+220 +100	+106 +60	+134 +60	+76 +30	+104 +30	+29 +10	+40 +10	+19 0	+30 0	+46 0	+74 0	+120 0	+190 0	+300 0
>80～100	+390 +170	+207 +120	+260 +120	+126 +72	+159 +72	+90 +36	+123 +36	+34 +12	+47 +12	+22 0	+35 0	+54 0	+87 0	+140 0	+220 0	+350 0
>100～120	+400 +180	+207 +120	+260 +120	+126 +72	+159 +72	+90 +36	+123 +36	+34 +12	+47 +12	+22 0	+35 0	+54 0	+87 0	+140 0	+220 0	+350 0
>120～140	+450 +200	+245 +145	+305 +145	+148 +85	+185 +85	+106 +43	+143 +43	+39 +14	+54 +14	+25 0	+40 0	+63 0	+100 0	+160 0	+250 0	+400 0
>140～160	+460 +210	+245 +145	+305 +145	+148 +85	+185 +85	+106 +43	+143 +43	+39 +14	+54 +14	+25 0	+40 0	+63 0	+100 0	+160 0	+250 0	+400 0
>160～180	+480 +230	+245 +145	+305 +145	+148 +85	+185 +85	+106 +43	+143 +43	+39 +14	+54 +14	+25 0	+40 0	+63 0	+100 0	+160 0	+250 0	+400 0
>180～200	+530 +240	+285 +170	+355 +170	+172 +100	+215 +100	+122 +50	+165 +50	+44 +15	+61 +15	+29 0	+46 0	+72 0	+115 0	+185 0	+290 0	+460 0
>200～225	+550 +260	+285 +170	+355 +170	+172 +100	+215 +100	+122 +50	+165 +50	+44 +15	+61 +15	+29 0	+46 0	+72 0	+115 0	+185 0	+290 0	+460 0
>225～250	+570 +280	+285 +170	+355 +170	+172 +100	+215 +100	+122 +50	+165 +50	+44 +15	+61 +15	+29 0	+46 0	+72 0	+115 0	+185 0	+290 0	+460 0
>250～280	+620 +300	+320 +190	+400 +190	+191 +110	+240 +110	+137 +56	+186 +56	+49 +17	+69 +17	+32 0	+52 0	+81 0	+130 0	+210 0	+320 0	+520 0
>280～315	+650 +330	+320 +190	+400 +190	+191 +110	+240 +110	+137 +56	+186 +56	+49 +17	+69 +17	+32 0	+52 0	+81 0	+130 0	+210 0	+320 0	+520 0
>315～355	+720 +360	+350 +210	+440 +210	+214 +125	+265 +125	+151 +62	+202 +62	+54 +18	+75 +18	+36 0	+57 0	+89 0	+140 0	+230 0	+360 0	+570 0
>355～400	+760 +400	+350 +210	+440 +210	+214 +125	+265 +125	+151 +62	+202 +62	+54 +18	+75 +18	+36 0	+57 0	+89 0	+140 0	+230 0	+360 0	+570 0
>400～450	+840 +440	+385 +230	+480 +230	+232 +135	+290 +135	+165 +68	+223 +68	+60 +20	+83 +20	+40 0	+63 0	+97 0	+155 0	+250 0	+400 0	+630 0
>450～500	+880 +480	+385 +230	+480 +230	+232 +135	+290 +135	+165 +68	+223 +68	+60 +20	+83 +20	+40 0	+63 0	+97 0	+155 0	+250 0	+400 0	+630 0

偏差表（GB/T 1800.2—2009）（圆圈者为优先公差带） （μm）

JS		K		M		N		P		R		S		T		U
7	8	6	⑦	7	8	6	⑦	6	⑦	6	7	6	⑦	6	7	⑦
±5	±7	0 −6	0 −10	−2 −12	−2 −16	−4 −10	−4 −14	−6 −12	−6 −16	−10 −16	−10 −20	−14 −20	−14 −24	—	—	−18 −28
±6	±9	+2 −6	+3 −9	0 −12	+2 −16	−5 −13	−4 −16	−9 −17	−8 −20	−12 −20	−11 −23	−16 −24	−15 −27	—	—	−19 −31
±7	±11	+2 −7	+5 −10	0 −15	+1 −21	−7 −16	−4 −19	−12 −21	−9 −24	−16 −25	−13 −28	−20 −29	−17 −32	—	—	−22 −37
±9	±13	+2 −9	+6 −12	0 −18	+2 −25	−9 −20	−5 −23	−15 −26	−11 −29	−20 −31	−16 −34	−25 −36	−21 −39	—	—	−26 −44
±10	±16	+2 −11	+6 −15	0 −21	+4 −29	−11 −24	−7 −28	−18 −31	−14 −35	−24 −37	−20 −41	−31 −44	−27 −48	−37 −50	−33 −54	−33 −54 −40 −61
±12	±19	+3 −13	+7 −18	0 −25	+5 −34	−12 −28	−8 −33	−21 −37	−17 −42	−29 −45	−25 −50	−38 −54	−34 −59	−43 −59 −49 −65	−39 −64 −45 −70	−51 −76 −61 −86
±15	±23	+4 −15	+9 −21	0 −30	+5 −41	−14 −33	−9 −39	−26 −45	−21 −51	−35 −54 −37 −56	−30 −60 −32 −62	−47 −66 −53 −72	−42 −72 −48 −72	−60 −79 −69 −88	−55 −85 −64 −94	−76 −106 −91 −121
±17	±27	+4 −18	+10 −25	0 −35	+6 −48	−16 −38	−10 −45	−30 −52	−24 −59	−44 −66 −47 −69	−38 −73 −41 −76	−64 −86 −72 −94	−58 −93 −66 −101	−84 −106 −97 −119	−78 −113 −91 −126	−111 −146 −131 −166
±20	±31	+4 −21	+12 −28	0 −40	+8 −55	−20 −45	−12 −52	−36 −61	−28 −68	−56 −81 −58 −83 −61 −86	−48 −88 −50 −90 −53 −93	−85 −110 −93 −118 −101 −126	−77 −117 −85 −125 −93 −133	−115 −140 −127 −152 −139 −164	−107 −147 −119 −159 −131 −171	−155 −195 −175 −215 −195 −235
±23	±36	+5 −24	+13 −33	0 −46	+9 −63	−22 −51	−14 −60	−41 −70	−33 −79	−68 −97 −71 −100 −75 −104	−60 −106 −63 −109 −67 −113	−113 −142 −121 −150 −131 −160	−105 −151 −113 −159 −123 −169	−157 −186 −171 −200 −187 −216	−149 −195 −163 −209 −179 −225	−219 −265 −241 −287 −267 −313
±26	±40	+5 −27	+16 −36	0 −52	+9 −72	−25 −57	−14 −66	−47 −79	−36 −88	−85 −117 −87 −121	−74 −126 −78 −130	−149 −181 −161 −193	−138 −190 −150 −202	−209 −241 −231 −263	−198 −250 −220 −272	−295 −347 −330 −382
±28	±44	+7 −29	+17 −40	0 −57	+11 −78	−26 −62	−16 −73	−51 −87	−41 −98	−97 −133 −103 −139	−87 −144 −93 −150	−179 −215 −197 −233	−169 −226 −187 −244	−257 −293 −283 −319	−247 −304 −273 −330	−369 −426 −414 −471
±31	±48	+8 −32	+18 −45	0 −63	+11 −86	−27 −67	−17 −80	−55 −95	−45 −108	−113 −153 −119 −159	−103 −166 −109 −172	−219 −259 −239 −279	−209 −272 −229 −292	−317 −357 −347 −403	−307 −370 −337 −400	−467 −530 −517 −580

附表 9　公称尺寸至 500mm 基孔制常用、优先配合（GB/T 1800.2—2009）

基准孔	轴																				
	a	b	c	d	e	f	g	h	js	k	m	n	p	r	s	t	u	v	x	y	z
	间隙配合								过渡配合				过盈配合								
H6						$\frac{H6}{f5}$	$\frac{H6}{g5}$	$\frac{H6}{h5}$	$\frac{H6}{js5}$	$\frac{H6}{k5}$	$\frac{H6}{m5}$	$\frac{H6}{n5}$	$\frac{H6}{p5}$	$\frac{H6}{r5}$	$\frac{H6}{s5}$	$\frac{H6}{t5}$					
H7						$\frac{H7}{f6}$	$\frac{H7}{g6}$▲	$\frac{H7}{h6}$▲	$\frac{H7}{js6}$	$\frac{H7}{k6}$▲	$\frac{H7}{m6}$	$\frac{H7}{n6}$▲	$\frac{H7}{p6}$▲	$\frac{H7}{r6}$	$\frac{H7}{s6}$▲	$\frac{H7}{t6}$	$\frac{H7}{u6}$▲	$\frac{H7}{v6}$	$\frac{H7}{x6}$	$\frac{H7}{y6}$	$\frac{H7}{z6}$
H8					$\frac{H8}{e7}$	$\frac{H8}{f7}$▲	$\frac{H8}{g7}$	$\frac{H8}{h7}$▲	$\frac{H8}{js7}$	$\frac{H8}{k7}$	$\frac{H8}{m7}$	$\frac{H8}{n7}$	$\frac{H8}{p7}$	$\frac{H8}{r7}$	$\frac{H8}{s7}$	$\frac{H8}{t7}$	$\frac{H8}{u7}$				
H8				$\frac{H8}{d8}$	$\frac{H8}{e8}$	$\frac{H8}{f8}$		$\frac{H8}{h8}$													
H9			$\frac{H9}{c9}$	$\frac{H9}{d9}$▲	$\frac{H9}{e9}$	$\frac{H9}{f9}$		$\frac{H9}{h9}$▲													
H10			$\frac{H10}{c10}$	$\frac{H10}{d10}$				$\frac{H10}{h10}$													
H11	$\frac{H11}{a11}$	$\frac{H11}{b11}$	$\frac{H11}{c11}$▲	$\frac{H11}{d11}$				$\frac{H11}{h11}$▲													
H12		$\frac{H12}{b12}$						$\frac{H12}{h12}$													

注 1. $\frac{H6}{n5}$、$\frac{H7}{p6}$ 在 ≤3mm 和 $\frac{H8}{r7}$ ≤100mm 时为过渡配合。
2. 方框中▲的配合符号为优先配合。

附表 10　公称尺寸至 500mm 基轴制常用、优先配合（GB/T 1800.2—2009）

基准轴	孔																				
	A	B	C	D	E	F	G	H	JS	K	M	N	P	R	S	T	U	V	X	Y	Z
	间隙配合								过渡配合				过盈配合								
h5						$\frac{F6}{h5}$	$\frac{G6}{h5}$	$\frac{H6}{h5}$	$\frac{JS6}{h5}$	$\frac{K6}{h5}$	$\frac{M6}{h5}$	$\frac{N6}{h5}$	$\frac{P6}{h5}$	$\frac{R6}{h5}$	$\frac{S6}{h5}$	$\frac{T6}{h5}$					
h6						$\frac{F7}{h6}$▲	$\frac{G7}{h6}$▲	$\frac{H7}{h6}$▲	$\frac{JS7}{h6}$	$\frac{K7}{h6}$▲	$\frac{M7}{h6}$▲	$\frac{N7}{h6}$▲	$\frac{P7}{h6}$	$\frac{R7}{h6}$▲	$\frac{S7}{h6}$▲	$\frac{T7}{h6}$	$\frac{U7}{h6}$▲				
h7					$\frac{E8}{h7}$	$\frac{F8}{h7}$▲		$\frac{H8}{h7}$	$\frac{JS8}{h7}$	$\frac{K8}{h7}$	$\frac{M8}{h7}$	$\frac{N8}{h7}$									
h8				$\frac{D8}{h8}$	$\frac{E8}{h8}$	$\frac{F8}{h8}$		$\frac{H8}{h8}$													
h9				$\frac{D9}{h9}$▲	$\frac{E9}{h9}$	$\frac{F9}{h9}$		$\frac{H9}{h9}$▲													
h10				$\frac{D10}{h10}$				$\frac{H10}{h10}$													
h11	$\frac{A11}{h11}$	$\frac{B11}{h11}$	$\frac{C11}{h11}$▲	$\frac{D11}{h11}$				$\frac{H11}{h11}$													
h12		$\frac{B12}{h12}$						$\frac{H12}{h12}$													

注　方格中▲的配合符号为优先配合。

参 考 文 献

[1] 白福民. 工程制图(含习题集). 西安:西安电子科技大学出版社,2007.
[2] 王幼龙. 机械制图. 2版. 北京:高等机教育出版社,2001.
[3] 朱冬梅,胥北澜,何建英. 画法几何及机械制图. 6版. 北京:高等教育出版社,2008.
[4] 文学红,董文杰. 机械制图,2版. 北京:人民邮电出版社,2012.
[5] 史艳红. 机械制图. 北京:高等机教育出版社,2012.
[6] 李向东,马新生. 计算机工程制图与测绘. 北京:中国电力出版社,2010.
[7] 曾令宜. 机械制图与计算机绘图. 2版. 北京:人民邮电出版社,2011.
[8] 全国技术产品文件标准化技术培训委员会. 技术产品文件标准汇编. 北京:中国标准出版社,2007.